U0381261

贯流式水轮发电机组
安装技术

GUANLIUSHI SHUILUN FADIAN JIZU
ANZHUANG JISHU

祁 峰◎主编

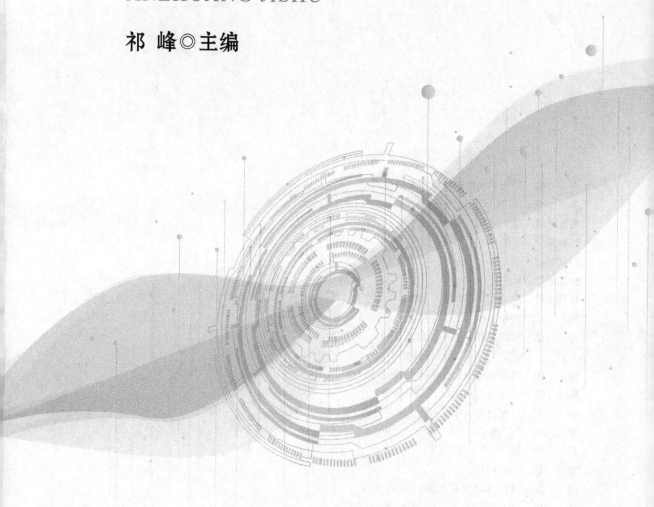

河海大学出版社
HOHAI UNIVERSITY PRESS
·南京·

图书在版编目（ＣＩＰ）数据

贯流式水轮发电机组安装技术 / 祁峰主编. -- 南京：
河海大学出版社，2023.3
ISBN 978-7-5630-7735-9

Ⅰ. ①贯… Ⅱ. ①祁… Ⅲ. ①贯流式水轮机－水轮发
电机－发电机组－设备安装 Ⅳ. ①TM312

中国版本图书馆 CIP 数据核字(2022)第 185480 号

书　　名	**贯流式水轮发电机组安装技术**	
书　　号	ISBN 978-7-5630-7735-9	
责任编辑	龚　俊	
特约编辑	梁顺弟　卞月眉	
特约校对	丁寿萍　许金凤	
封面设计	徐娟娟	
出版发行	河海大学出版社	
地　　址	南京市西康路 1 号(邮编：210098)	
电　　话	(025)83737852(总编室)	
	(025)83722833(营销部)	
经　　销	江苏省新华发行集团有限公司	
排　　版	南京布克文化发展有限公司	
印　　刷	广东虎彩云印刷有限公司	
开　　本	787 毫米×1092 毫米　1/16	
印　　张	20	
字　　数	489 千字	
版　　次	2023 年 3 月第 1 版	
印　　次	2023 年 3 月第 1 次印刷	
定　　价	120.00 元	

编写人员

主　编： 祁　峰

副主编： 谢　颖　　曹岸斌　　郑　源

编　者： 章海兵　　孙栓国　　马振宇　　陆金伦
　　　　　罗春华　　严平文　　钟建雄　　何玉婷
　　　　　谢荣新　　唐　涛　　余其涛　　孔维达
　　　　　陈　光　　曲　沅　　黄春萍　　冯珍妮
　　　　　谢良校　　张　玉

前言

1892年世界首台贯流式水轮发电设备研发成功，先在欧洲得到了长足的发展和应用后，我国于1984年自行研制的首台灯泡贯流式水轮机组在广东白垢贯流式水电站投入运行。三十多年来，灯泡贯流式水轮发电机组从全部进口逐渐过渡到自主研发、设计、制造及全面推广发展的新阶段。在安装和使用过程中通过不断的技术更新，使灯泡贯流式水轮发电机组逐渐完善，并且逐步从国内市场走向国际市场，开辟了中国灯泡贯流式水轮发电机组的新篇章。

按引水的情况以及结构和布置上的不同，贯流式水轮发电机组又分为灯泡贯流式、轴伸贯流式、竖井贯流式、全贯流式等不同类型，特别是灯泡贯流式水轮发电机组由于其机组效率高、单位容量投资相对较低、运行成本低、机组使用水头低、开发方便等特点，自2002年我国颁布了50 MW以下水轮机行业标准以来，在低水头水电站中大力推广灯泡贯流式发电机组，采用此种机型替代轴伸贯流式及轴流式机组，因机组尺寸小、重量轻、效率高及厂房小等优点，使电站投资大幅下降。

此前，湖南洪江水电站的应用水头最高达27.3 m，使灯泡贯流式机组突破了过去最高应用水头不超过25 m的界限，标志着贯流式水轮发电机组的生产研发技术逐步趋于成熟。巴西杰瑞水电站的投产，则标志着我国灯泡贯流式水轮发电机组的制造能力达到了国际先进水平。四川金沙江银江水电站的建设，则充分证明了中国制造的研发能力。

经过我国近十多年的开发，从发展趋势来看，单机容量越做越大，从30～45 MW，并将开发75 MW机组，转轮直径也从5.5～7.95 m越做越大，原来业界普遍认为灯泡贯流式水轮发电机组的应用水头为5～25 m，现在已向高、低水头两侧延伸。十几年来，更大直径、更大单机容量的机组层出不穷，红花、长洲水利枢纽、桥巩、沙坪二级、峡江航电、犍为航电等水电站，不断刷新单机容量纪录。目前，已建和在建的大型灯泡贯流式电站单机容量在30 MW以上的机组约有150台。在低水头段方面也有突破，出现多类型经济的大容量、小转轮直径、高转速的贯流式机组，和众多应用水头只有3～5 m的电站、大转轮直径、小容量、低转速的轴伸贯流式机组和竖井贯流式机组。

同类型电站的建设周期越来越短，施工技术越来越成熟，个别电站甚至出现当年施工当年投产的情况，大大缩短了投资回报周期。地域分布不再局限在广东、广西、福建、四川、湖南、青海等省区,在东北三省、浙江、贵州、陕西等省也均有水力发电、航电工程等不同形式的贯流式水电站出现。此外,由我国设计生产的灯泡贯流式机组已经向巴西、韩国、越南、泰国、老挝、柬埔寨、土耳其、巴基斯坦等国家出口。

贯流式机组作为利用低水头发电的机组,其安装技术已经逐渐成熟,鉴于贯流机组安装的特殊性及难度,其安装过程中还是会遇到一些难点。本书参考目前国内外几个电站的实践情况,以贯流式机组的安装为切入点,着重介绍了灯泡贯流式机组、竖井贯流式机组、轴伸贯流式机组的高效安装新技术,对相关知识进行总结与研究,希望对贯流式机组安装的学习研究有所帮助。

目录

第一章

贯流式水轮机概述

第一节　水轮机的基本工作参数及型号

　　自然界的河流蕴藏着丰富的水力资源。某一河段水流能量的大小,取决于流量和落差这两个要素。在天然状态下,河段落差是沿河分散的,流量是多变的,它们构成的能量在流动中被消耗了。为了把河流中蕴藏的水力资源加以利用,就必须采取一系列的技术措施,将分散的落差集中起来形成可以利用的水头,并对天然的流量加以控制和调节,这样就可以利用水流的能量发电。如果我们在河流上筑坝,抬高上游水位,以形成一定的落差,并让水流通过管道进入水力机械,就可以驱动水力机械旋转。这样,水流的能量就变成了旋转的机械能。若旋转的水力机械再带动发电机旋转,那么发电机便将旋转的机械能转换成电能,这就是水力发电的基本过程。

1.1.1　水轮机的基本工作参数

　　水轮机的工作参数是用来表明水轮机本身的性能特点及其所处的工作状态的特征值,最基本的工作参数有:工作水头(H)、流量(Q)、转速(n)、功率(P)和效率(η_t),分别说明如下。

　　1.1.1.1　工作水头(H)

　　(一)水电站毛水头(H_g)是指水电站进口断面与尾水出口断面之间的水位差。

　　依靠水工建筑物,如大坝和引水渠道或管道,在水电站上、下游之间形成水位差,这个水位差就叫作水电站毛水头,即:

$$H_g = Z_u - Z_d$$

　　式中:Z_u 为水电站上游水位,m;Z_d 为水电站下游水位,m。

（二）工作水头（H）是指水轮机进口与出口断面测量的水头差，即水轮机的水头。

水电站毛水头并非完全为水轮机所利用，因为水流在进入水轮机之前流经引水建筑物时，会损失掉一部分水头，见图1-1。

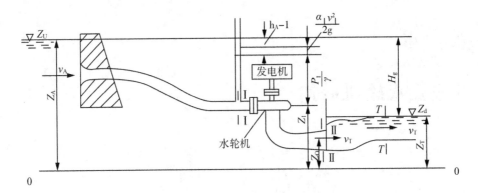

图1-1　水电站和水轮机的水头示意图

真正作用在水轮机上的水头应该是水轮机进口断面Ⅰ—Ⅰ和尾水管出口断面Ⅱ—Ⅱ的单位重量水流的能量差值，即水轮机工作水头为：

$$H = \left(Z_{\mathrm{I}} + \frac{p_{\mathrm{I}}}{\gamma} + \frac{\alpha_{\mathrm{I}} v_{\mathrm{I}}^2}{2g} \right) - \left(Z_{\mathrm{II}} + \frac{p_{\mathrm{II}}}{\gamma} + \frac{\alpha_{\mathrm{II}} v_{\mathrm{II}}^2}{2g} \right)$$

近似取 $\alpha_{\mathrm{I}} = \alpha_{\mathrm{II}} = 1$，则

$$H = \left(Z_{\mathrm{I}} + \frac{p_{\mathrm{I}}}{\gamma} + \frac{v_{\mathrm{I}}^2}{2g} \right) - \left(Z_{\mathrm{II}} + \frac{p_{\mathrm{II}}}{\gamma} + \frac{v_{\mathrm{II}}^2}{2g} \right)$$

式中：Z 为单位位能，m；$\frac{p}{\gamma}$ 为单位压能，m；$\frac{v^2}{2g}$ 为单位动能，m；α 为动能不均系数（考虑过水断面流速分布不均匀的系数）；$\gamma = 9\,810\ \mathrm{N/m^3}$。

通常我们把水头 H 称为水轮机工作水头，又称为净水头，是水轮机做功的有效水头。

水轮机工作水头又可表示为

$$H = H_g - \Delta h_{A-1}$$

式中：H_g 为水电站毛水头；Δh_{A1} 为水电站引水建筑物中的水头损失。

水轮机工作水头等于水电站水头扣除引水建筑物中的能量损失。

水轮机的工作水头随着水电站的上下游水位的变化而改变，一般用几个特征水头表示水轮机工作水头的范围。特征水头包括最大水头 $H_{\max}$、最小水头 $H_{\min}$、加权平均水头 Ha、设计水头 Hd、额定水头 Hr 等，这些特征水头由水能计算给出。

额定水头 Hr：水轮机在额定转速下，输出额定功率时的最小水头；

设计水头 Hd：水轮机在最高效率点运行时的水头；

最大（最小）水头 $H_{\max}(H_{\min})$：在运行范围内，水轮机水头的最大（最小）值；

加权平均水头 Ha：在电站运行范围内，考虑负荷和工作历史的水轮机水头的加权平均值。

1.1.1.2 流量(Q)

单位时间内通过水轮机进口断面测量的水的体积,用符号 Q 表示,通常采用 m^3/s 为单位。

常用的水轮机流量有以下两种:

(一)额定流量 Q_r:水轮机在额定水头、额定转速下,输出额定功率时的流量。

(二)水轮机空载流量 Q_0:水轮机在额定水头和额定转速下,输出功率为零时的流量。

1.1.1.3 转速(n)

水轮机转轮单位时间内旋转的次数,称水轮机转速,用符号 n 表示,通常采用 r/min 为单位。

额定转速 n_r:设计时选定的稳态转速。

一般情况下,水轮机的主轴与发电机主轴是直接连接的,所以水轮机的转速与发电机的转速相同。

1.1.1.4 功率(P)与效率(η_t)

(一)水流功率 P_n:水轮机进口水流所具有的水力功率,即水轮机输入功率。水流的功率即单位时间内流经水轮机的水流所具有的能量,水流的功率 P_n 为:

$$P_n = \gamma QH(\mathrm{W}) = 9.81QH(\mathrm{kW})$$

(二)水轮机功率 P:水轮机主轴输出的机械功率,即水轮机输出功率。

通过水轮机的水流的功率并不能全部被水轮机利用,这是因为有一部分能量被消耗于水力损失、容积损失和机械损失等方面,所以水轮机主轴轴端的功率 P 小于 P_n。我们称 P 为水轮机的功率,通常以 kW 为单位。

(三)效率 η_t:输出功率与输入功率之比。

水轮机功率 P 与通过水轮机的水流功率 P_n 之比,称为水轮机的效率,用 ηt 表示,即

$$\eta_t = P/P_n \times 100\%$$

效率是表明水轮机对水流能量的有效利用程度,是一个无量纲的物理量,用百分数(%)表示。

根据效率概念,水轮机的功率可表示为

$$P = P_n \eta_t = 9.81QH\eta_t(\mathrm{kW})$$

1.1.2 水轮机的基本型号

水轮机牌号是用来表示某台水轮机的类型、编排序号、装置型式及转轮标称直径等基本特征。水轮机产品牌号由三部分组成,各部分之间用"—"分开,见图 1-2。

第一部分,表示水轮机型式及转轮型号。

(一)水轮机型式用汉语拼音字母表示,见表 1-1 水轮机型式。

(二)对于可逆式水泵水轮机,则在水轮机型式代号后增加汉语拼音字母"N"(逆)。

(三)转轮的型号用阿拉伯数字表示,此数字表示该水轮机转轮的特征比转速。

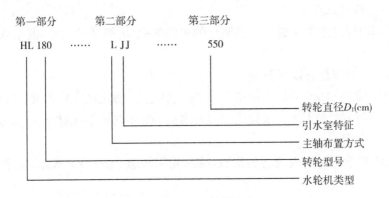

图 1-2　水轮机牌号

第二部分,表示水轮机主轴布置方式和引水室特征,其中第一个汉语拼音字母表示主轴布置方式,分立轴布置(L)和卧轴布置(W)两种;第二个汉语拼音字母表示引水室的特征,其规定代号见表 1-1。

表 1-1　水轮机型式、水轮机主轴布置型式和引水室特征代表符号

水轮机型式	代表符号	水轮机主轴布置型式和引水室特征	代表符号
混流式	HL	立轴	L
斜定式	XL	卧轴	W
轴流定桨式	ZD	金属蜗壳	J
轴流转桨式	ZZ	混凝土蜗壳	H
贯流定桨式	GD	灯泡式	P
贯流转桨式	DZ	明槽	M
水斗式	CJ	罐式	G
斜击式	XJ	竖井式	S
双击式	SJ	虹吸式	X
		轴伸式	Z

第三部分,表示水轮机转轮标称直径 D_1,用阿拉伯数字表示,单位为 cm。

对冲击式水轮机,第三部分表示如下:

$$\frac{水轮机标称直径(cm)}{作用在每一个转轮上的喷嘴数 \times 射流直径(cm)} = \frac{D_1}{Z_0 \times d_0}$$

如果在同一根轴上装有一个以上的转轮,则在水轮机牌号第一部分前加上转轮数。水轮机的尺寸大小常用其转轮的标称直径 D_1 表示。各种类型水轮机的标称直径是指:

(一)混流式水轮机:转轮进口边最大直径。

(二)轴流式、斜流式、贯流式水轮机:转轮叶片中心线与转轮室交点处转轮室直径。

(三)切击式水轮机:射流中心与转轮相切的节圆直径。

水轮机牌号示例:

（四）HL240—LJ—450 表示混流式水轮机，转轮型号（特征比转速）240，立轴，金属蜗壳，转轮标称直径为 450 cm。

（五）ZZ560—LH—1080 表示轴流转桨式水轮机，转轮型号 560，立轴，混凝土蜗壳，转轮直径为 1 080 cm。

（六）XLN200—LJ—300 表示斜流可逆水泵水轮机，转轮型号 200，立轴，金属蜗壳，转轮标称直径为 300 cm。

（七）GD600—WP—350 表示贯流定桨式水轮机，转轮型号 600，卧轴，灯泡式进水室，转轮标称直径为 350 cm。

第二节 常见水轮机的类型和特点

不同类型的水轮机，其水流能量转换的特征也不一样。水轮机的转轮是将水流能量转换为旋转机械能的核心部分，水轮机所利用的水流能量为水流势能量与水流动能量的总和。

利用水流动能的水轮机称为冲击式水轮机，同时利用水流动能和势能的水轮机称为反击式水轮机。由此，可将水轮机分为反击式和冲击式两大类，而每一大类又有多种型式不同的水轮机。

1.2.1 反击式水轮机

所谓反击式水轮机是指主要利用水流的压力能转换为机械能的水轮机。这种水轮机的特点是水流在压力流的状态下流经转轮，而且水流充满整个过水流道。反击式水轮机的转轮是由若干具有扭曲面的刚性叶片组成的，当压力水流通过整个转轮时，由于扭曲的流道改变了水流流动的方向及流速的大小，水流对叶片产生了一个反作用力，形成旋转力矩，推动叶片旋转，将水能转换为转轮的旋转机械能。

反击式水轮机根据水流流经转轮的方式不同，又可分为轴流式、混流式、斜流式和贯流式四种类型的水轮机。

1.2.1.1 轴流式水轮机

如图 1-3（a）所示，为轴流式水轮机示意图。水流在进入这种水轮机之前，流向已经变得和水轮机轴平行，因为水流在通过转轮时沿轴向进入而又沿轴向流出，所以称为轴流式水轮机。轴流式水轮机多适用于低水头、大流量的水电站中，它的水头应用范围一般在 50 m 以下，目前，最高已应用到 88 m。轴流式水轮机按其叶片结构特点又可分为定桨式和转桨式两种。轴流定桨式水轮机在运行时其叶片是固定不动的，因而其结构简单，但当水头和流量变化时，其效率相差较大，在偏离最优工作状态（以下简称工况）时效率会急剧下降，一般应用水头为 3～50 m，所以多应用于负荷变化不大、水头和流量比较固定的小型水电站上。轴流转桨式水轮机在运行时转轮的叶片是可以转动的，以适应水头和流量的变化，使水轮机在不同工况下都能保持较高的效率。由于这种水轮机需要通过主轴的内腔传递油压及在水轮机的轮毂内安装操作机构,所占尺寸和空间较大,所以轴流转桨式水轮机多用在大中型水电站上。在我国长江葛洲坝水电站,单机17万kW和12.5万kW的轴流转桨式水轮机于1982年完成安装并运行。目前,在大藤峡水利枢纽工程建设中,中国自主研发的世界上最大的单机20万kW轴流转桨水轮发电机已投产运行。

1.2.1.2　混流式水轮机

如图1-3(b)所示,为混流式水轮机示意图,水流沿转轮径向流入转轮而沿轴向流出转轮的水轮机,称为混流式水轮机。混流式水轮机适用的水头范围一般为20~450 m,最高已应用到672 m,是目前应用最为广泛的一种水轮机,我国三峡安装的70万kW的水轮机发电机组应用的就是混流式水轮机。这种水轮机适用水头范围广,结构简单,运行稳定,效率较高,目前投产发电运行平稳的包括三峡70万kW、向家坝80万kW、白鹤滩100万kW的巨型水轮机,皆选择了混流式水轮机,同样创造了此类型机组的世界之最。

1.2.1.3　斜流式水轮机

如图1-3(c)所示,为斜流式水轮机示意图。斜流式水轮机的转轮叶片轴线与水轮机轴线有一定夹角,水流斜向流经转轮。斜流式水轮机转轮叶片装置角可调整,高效区较宽,它的性能介于轴流转桨式水轮机和混流式水轮机之间,兼有轴流转桨式水轮机运行效率高、混流式水轮机强度高和适用水头高的优点。它的叶片3~12片,水头应用范围一般为20~200 m。斜流式水泵水轮机通常作为可逆式机组,在抽水蓄能电站中使用。

1969年,我国制成了第一台斜流式水轮机并在云南以礼河毛家村水电站安装运行,其容量为0.8万kW,1973年为密云水电站制成了1.5万kW的斜流式水泵水轮机。曾经一度试制单机容量为30万kW的斜流式水泵水轮机,但伴应用广泛后,混流式水泵水轮机成为抽蓄电站首选。目前,单机输出功率最大的斜流式水轮机是俄罗斯的泽雅水电站,转轮直径6 m,单机21.5万kW。

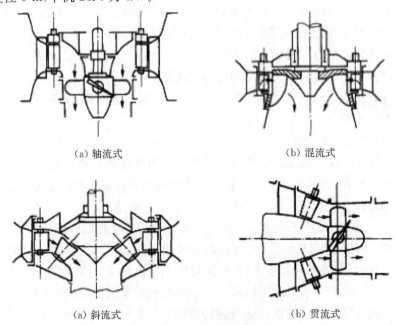

(a) 轴流式　　　　　　　　　　　　　　(b) 混流式

(a) 斜流式　　　　　　　　　　　　　　(b) 贯流式

图1-3　反击式水轮机类型

1.2.1.4 贯流式水轮机

如图 1-3(d)所示,为贯流式水轮机示意图。贯流式水轮机水流由管道进口到尾水管出口均为轴向流动,转轮与轴流式水轮机相似,只不过水轮机主轴装置成水平或倾斜,且不设置蜗壳,使水流沿轴向直贯流入、流出水轮机,故称为贯流式水轮机。贯流式水轮机的转轮和轴流式水轮机的转轮非常相似,水流由管道进口到尾水管出口为轴向流动,使水流直贯流经转轮。贯流式水轮机具有较高的过流能力和较大的比转速,水流条件较好,水力损失相对较小,安装贯流式水轮机的水电站流道型式简单,土建费用较低,电站的规模通常也较小。

根据转轮轮叶开度能否改变又可分为贯流转桨式和贯流定桨式。依据发电机装置形式的不同,贯流式水轮机又分为全贯流式和半贯流式两大类。将发电机的转子安装在水轮机转轮外缘的称为全贯流式水轮机,见图 1-4(a)。

全贯流式机组采用卧式布置,发电机的转子磁极直接安装在水轮机转轮叶片的外缘上,转子磁极通过密封装置与流道内的水流隔离。全贯流式机组的发电机又称为轮缘式发电机。

特点如下:

(1) 取消了水轮机与发电机之间的传动轴,从而缩短了机组轴线尺寸,又因发电机转子和水轮机的转轮已结合为一体,使机组结构更加紧凑,减小了厂房长度和跨度,降低了工程造价,而且增大了机组的转动惯量,有利于机组的稳定运行。

(2) 转轮叶片与发电机转子的连接比较特殊,制造工艺要求很高。

(3) 发电机转子轮缘的密封比较复杂。

由于全贯流机组转轮外缘线速度最大,而且密封十分困难,故现已很少使用。全贯流式机组最初由美国的哈尔扎(Harza)于 1919 年提出,因密封技术要求高,经瑞士爱舍维斯(Escher Wyss)公司近 20 年的努力,才于 1937 年制造出世界上第一台全贯流式机组,单机容量为 1 753 kW,转轮直径为 2.05 m,最大水头 9 m。目前,单机容量最大的全贯流式机组安装在加拿大的安纳波利斯(Annapolis)潮汐电站,1983 年投产,由爱舍维斯公司制造,机组最大功率 2 万 kW,转轮直径 7.6 m,最大水头 7.1 m。全世界现有 100 多台全贯流式机组投入了运行。国内全贯流式机组很少,以潮汐能应用为主要方向。

发电机采用灯泡式或轴伸式、竖井式布置的水轮机统称为半贯流式水轮机如图 1-4(b)、图 1-4(c)、图 1-4(d),本书简称为贯流式机组。其中,灯泡贯流式水轮机组应用较为广泛,如图 1-4(b)所示,这种机组是将发电机装置在灯泡形的密封机壳内并与水轮机直接相连,机组结构紧凑,流道形状平直,水力效率较高。我国已制成直径为 7.95 m、单机容量为 6.5 万 kW 的灯泡贯流式水轮机组,其中以东方电机厂制造的巴西杰瑞水电站、哈尔滨电机厂制造的四川银江水电站为典型代表。

贯流式水轮机的过流能力强,水能利用效率高,最高效率可达 90%以上。贯流式水轮机是开发微水头与低水头水力资源的较好方式,它一般适用水头在 30 m 以下的水电站中,如河床式、潮汐式水电站。随着内河航运的兴起,越来越多的贯流式机组在航电项目中发展为以电养航、航电并举模式。

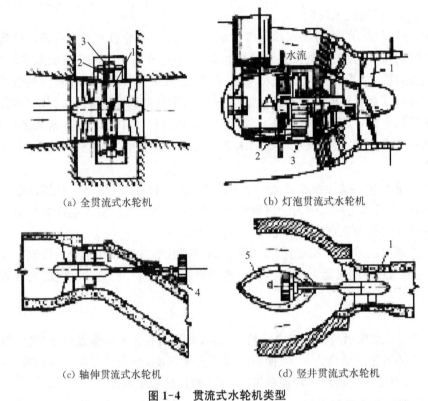

(a) 全贯流式水轮机　　　　　　　　(b) 灯泡贯流式水轮机

(c) 轴伸贯流式水轮机　　　　　　　(d) 竖井贯流式水轮机

图 1-4　贯流式水轮机类型

1. 水轮机转轮；2. 发电机转子；3. 发电机定子；4. 皮带轮；5. 竖井

1.2.2　冲击式水轮机类型

所谓冲击式水轮机是指通过喷嘴将水流能量全部转换成高速射流的动能，冲击安装在转轮外周轮盘上的部分勺斗使转轮转动，从而将水能转换成机械能的水轮机。

按射流是否在转轮旋转平面内，冲击式水轮机可分为水斗式水轮机、斜击式水轮机和双击式水轮机三种不同类型。

1.2.2.1　水斗式水轮机

所谓水斗式水轮机是指射流位于转轮旋转平面内的水轮机。如图 1-5(a)所示，由喷嘴射流出来的水流直接进入大气，射流内的压力和大气压相同，而且在整个工作过程中不发生变化，高速水流沿转轮切线方向冲击转轮上的水斗，将水能转换为机械能，因此又称为切击式水轮机。水斗式水轮机的转轮由轮盘和沿着轮盘圆周均匀分布着的叶片（即斗叶）两部分组成，由于叶片的形状像水斗而得名。水斗式水轮机适用于高水头、小流量的水电站，大型水斗式水轮机的水头应用范围大都在 400～1 000 m，目前最高应用水头已达 1 772 m。

水斗式水轮机根据主轴的安装方向不同可分为卧轴（指轴水平布置）和立轴（指轴垂直布置）两种型式；按喷嘴数目的多少又可分为单喷嘴（指有一个喷嘴）和多喷嘴（指有两个或两个以上喷嘴）两大类。水斗式水轮机的不利点是后续斗叶背面对射流会产生一定的阻隔作用，影响水轮机的效率。目前，国内较大的有冶勒水电站单机 12 万 kW 水斗式水轮机和金窝水电站单机 14 万 kW 的水斗水轮机,均为 6 喷嘴 21 水斗。

1.2.2.2 斜击式水轮机

所谓斜击式水轮机,是指喷嘴射流的方向与转轮旋转平面斜交的水轮机,如图 1-5(b) 所示。射流与转轮旋转平面成一斜射角 α(一般约 22.5°),射流由勺斗一侧进入,从另一侧 流出,射流内的压力也为大气压,从而将水能转换成旋转机械能。斜击式水轮机由喷管、 转轮和机壳等组成。由于射流与转轮旋转平面成斜射角,虽然可以避开斗叶背面的阻隔, 增加水轮机的过流流量,但也相应地产生了轴向水推力。斜击式水轮机结构比水斗式水 轮机简单,造价低,效率相对也较低,一般用于中小型水电站,适用水头为 25~300 m。

1.2.2.3 双击式水轮机

双击式水轮机是从喷嘴出来的射流由转轮的外周进入部分叶片流道,并将约 80% 的 水流再从转轮内部二次进入另一部分叶片流道,将剩余能量传给转轮的水轮机。由于在 工作过程中水流两次冲击叶片,故称为双击式水轮机,如图 1-5(c)所示。双击式水轮机 也主要由喷嘴、转轮和机壳等组成。由于这种水轮机通常将转轮室空腔和尾水通道密封 在一起,因此其射流内的压力不一定是大气压,一般会形成一定负压。双击式水轮机结构 简单,制造方便,但效率也同样相对较低,一般用于小型水电站,适用水头范围为 10~ 150 m。

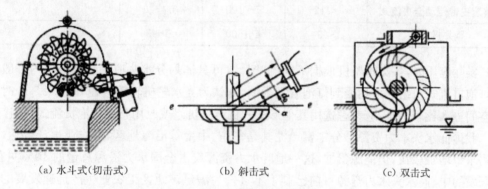

(a) 水斗式(切击式)　　　　(b) 斜击式　　　　(c) 双击式

图 1-5　冲击式水轮机类型

除上述常规类型的水轮机外,还有一种水轮机近年来得到了迅速发展和应用,那就是 可逆式水轮机。可逆式水轮机又叫水泵水轮机,同一台机组,既可作为水轮机运行,又能 作为水泵运行,其工作状态具有可逆性。这种水轮机的转轮兼有水轮机和水泵的特点。 在水轮机工况运行和水泵工况运行时转轮旋转方向相反,水流在流经转轮时的方向也相 反。可逆式水轮机用于抽水蓄能电站,调节电力系统供电的峰谷差。抽水蓄能电站有上、 下游两个水库,在用电低谷时,机组作水泵运行,消耗系统的负荷,将下游水库的水抽到上 游水库储存;在用电高峰时期,机组作水轮机运行,利用上游水库的水,向电力系统输送电 力,将水放入下游水库循环利用。

可逆式水轮机可分为混流式、斜流式和轴流式三种。混流式的应用水头为 50~700 m, 斜流式的应用水头为 20~200 m,轴流式的应用水头为 15~40 m(最高可达 80 m)。

抽水蓄能电站在发达国家起步要早一些,我国自 20 世纪 90 年代起强调资源合理配 置,逐步实行分时电价以后才进入抽水蓄能电站建设的实质阶段。

第三节　贯流式机组的应用范围

我国对贯流式机组的研究起步较晚,且进展缓慢。除灯泡贯流式机组已有大型机组外,其他各类贯流式机组的单机规模基本上还限于小型,同时,各类贯流式水轮机的转轮品种很少。因此,贯流式水轮机的型谱目前尚未正式编制出来。

贯流式水轮机的一般适用范围,见表1-2。

表1-2　贯流式水轮机适用范围

水轮机型式	适用水头	流量(m³/s)	容量(MW)	备注
全贯流式	<40	8~900	1.5~90	新型结构轮缘式发电机
灯泡贯流式	<25	4~900	2.5~90	
轴伸贯流式	<25	4~90	0.25~30	
整装齿轮传动灯泡式	<8	3~21	0.1~1	
整装皮带传动全贯流式	<12	7~100	0.4~6	
竖井贯流式	<9	4~500	0.1~30	

实际应用时,各类水轮机根据不同的叶片数可具体划分水头应用范围。国内一般认为灯泡贯流式机组的应用受到灯泡直径限制,即认为当水轮机转轮直径 $D_1 \leqslant 2.5$ m 时灯泡空间进入比较困难,应考虑选用其他形式的贯流式机组或改用整装灯泡贯流式机组。

我国低水头水力资源十分丰富。尤其是华东、中南等沿海地区,工农业生产发达,用电需求量增加较快,但能源紧缺,这一地区水力资源仅占全国水力资源总量的10%左右,可开发的中、高水头水力资源目前已剩下不多。为满足该地区工农业生产迅速发展的需要,开发利用低水头水力资源(包括沿海的潮汐资源)已引起各方面的关注。贯流式水电站是开发低水头水力资源较好的方式,一般应用于 25 m 水头以下。它与中、高水头水电站、低水头立轴的轴流式水电站相比,具有如下显著的特点:

(1)电站从进水到出水方向基本上是轴向贯通。如灯泡贯流式水电站的进水管和出水管都不拐弯,形状简单,过流通道的水力损失少,施工方便。

(2)贯流式水轮机具有较高的过流能力和大的比转速,所以在水头和功率相同的条件下,贯流式水轮机直径要比轴流转桨式小 10% 左右。

(3)贯流式水电站的机组结构紧凑,与同一规格的轴流转桨式机组相比其尺寸较小,可布置在坝体内,取消了复杂的引水系统,减少厂房的建筑面积,减少电站的开挖量和混凝土量,根据有关资料分析,土建费用可以节省 20% 左右。

(4)贯流式水轮机适合作可逆式水泵水轮机运行,由于进出水流道没有急转弯,使水流工况和水轮机工况均能获得较好的水力性能。如应用于潮汐电站上可具有双向发电、双向抽水和双向泄水等多种功能。因此,很适合综合开发利用低水头水力资源。

（5）贯流式水电站一般比立轴的轴流式水电站建设周期短，投资小，收效快，淹没移民少，电站靠近城镇，有利于发挥地区兴建电站的积极性。

1.3.1 贯流式水电站的形式

贯流式水电站的形式一般采用河床式水电站布置，电站厂房是挡水建筑物的一部分，厂房顶有时也布置成泄洪建筑。由于水头较低，挡水建筑大部分采用当地材料进行筑坝，以土石坝为主，广东的白垢贯流式水电站则采用橡胶坝作为挡水建筑物，在洪水期则作为泄洪建筑，降低了工程投资。有的水电站由于河流地形、地质条件的特点，也采用引水式布置。如我国四川安居水电站、湖南南津渡水电站则采用明渠引水式的布置。贯流式水电站也常有航运、港口通航的要求，枢纽中设有船闸、升船机等建筑。

贯流式水电站一般处于地形比较平坦、离城镇比较近、水量比较丰富的地点。枢纽的总体布局应认真研究，与当地的地区经济发展规划相结合（例如，除发电以外的灌溉、水产养殖、环境保护、旅游资源的综合利用），以发展水力资源的深度开发，增加贯流式水电站的经济效益。

贯流式水电站的动能计算、枢纽的布置等与一般水电站一样，与当地地形、人文条件有密切的关系。需要在前期设计中经过勘测设计、科学研究和技术经济方案的比较来确定。但贯流式水电站，尤其是它的厂房结构与布置受贯流式机组形式的影响很大。按常规采用的贯流式机组形式，可把贯流式水电站形式划分为半贯流式水电站和全贯流式水电站两类。半贯流式水电站又可分成轴伸贯流式、竖井贯流式和灯泡贯流式水电站三种。其中轴伸贯流式、竖井贯流式两种一般应用在小型电站上，大、中型水电站一般应采用灯泡贯流式。现按水轮发电机组形式分述如下：

1.3.1.1 轴伸贯流式

这种贯流式水轮发电机组基本上采用卧式布置，水流基本上沿轴向流经叶片的进出口，出叶片后，经弯形（或称 S 形）尾水管流出，水轮机卧式轴穿出尾水管与发电机大轴连接，发电机水平布置在厂房内。

轴伸贯流式机组按主轴布置的方式可分成前轴伸、后轴伸和斜轴伸等几种。这种贯流式机组与轴流式相比，没有蜗壳、肘形尾水管，土建工程量小，发电机敞开布置，易于检修、运行和维护。但这种机组由于采用直弯尾水管，尾水能量回收效率较低，机组容量大时不仅效率差，而且轴线较长，轴封困难，厂房噪音大都将给运行检修带来不便。所以，一般只用于小型机组。

1.3.1.2 竖井贯流式

这种机组主要特点是将发电机布置在水轮机上游侧的一个混凝土竖井中，发电机与水轮机的连接通过齿轮或皮带等增速装置连在一起。该机组除具有一般贯流式水轮机的优点外，因发电机和增速装置布置在开敞的竖井内，通风、防潮条件良好，运行和维护方便，机组结构简单，造价低廉。例如，福建省幸福洋潮汐电站建于 20 世纪 80 年代末，采用竖井式机组，其单位千瓦的投资为 2 107 元。如果采用灯泡式机组、单位千瓦投资将达 4 760 元，是竖井式的 2.26 倍。由于竖井式具有以上优点，所以广泛应用于小型电站机组上。这种机组的缺点为因竖井的存在把进水流道分开成两侧进水,增加了引水流道的水力损失,一般竖井式机组的水力效率比灯泡式要降低 3％左右,如果要作为反向发电,其效率下降更多。单机容量比较大的机组以采用灯泡贯流式机组为宜。

1.3.1.3 灯泡贯流式

这种机组的发电机密封安装在水轮机上游侧一个灯泡形的金属壳体中,发电机主轴与水轮机转轮水平连接。水流基本上轴向通过流道,与轴对称流过转轮叶片,流出直锥形尾水管,机组的轴系支承结构、导轴承、推力轴承都布置在灯泡体内。由于贯流式水轮机水流畅直,水力效率比较高,有较大的单位流量和较高的单位转速,在同一水头、同一出力下,发电机与水轮机尺寸都较小,从而缩小厂房尺寸,减少土建工程量。但是发电机装在水下密闭的灯泡体内,对发电机的通风冷却、密封、轴承的布置和运行检修带来困难,对发电机设计制造提出了特殊的要求,增加了造价。但它与立式轴流式机组相比仍具有明显的优点。灯泡贯流式机组近 20 年来已积累了许多成功的经验,并逐渐向较高水头和较大容量发展,在国内外得到广泛应用。

1.3.1.4 全贯流式

这种机组采用卧式布置,发电机的转子磁极与水轮机转轮叶片合为一体,发电机的磁极直接安装在水轮机叶片的外缘上,密封隔离磁极与流道内的水流,防止渗漏。

该机型的主要特点为:取消了水轮机与发电机的传动轴,缩短了轴线尺寸,结构紧凑,厂房尺寸减小,使整个工程造价降低,而且增大了机组的转动惯量,有利于机组的运行稳定性。但叶片与发电机转子连接结构比较特殊,制造工艺要求很高,转子轮缘的密封复杂,我国目前尚处试验研究阶段。

第四节 水轮发电机及机组装置形式

1.4.1 发电机的组成

发电机是把旋转机械能转换成电能的工作机械,由定子、转子两大部件以及润滑、冷却、制动等附属系统(装置)组成。直流电流流过转子上的磁极线圈时形成磁场,随着转子的旋转,磁场也旋转,定子线圈作切割磁感线运动产生三相交流电。

水轮发电机指与水轮机配套使用的发电机,在结构上都是凸极式的,其磁极一个个地悬挂在磁轭外圆上,并凸出在外。

1.4.1.1 转子

发电机转子由主轴、轮载、轮臂、磁轭、风扇、磁极等组成,如图 1-6 所示。

主轴是用来传递转矩,并承受机组转动部分的轴向力;轮载是主轴与轮臂之间的连接件;轮臂是用来固定磁轭并传递扭矩的;磁轭的作用主要是产生转动惯量和挂装磁极,同时也是磁路的一部分;磁极是产生磁场的主要部件,由磁极铁芯、励磁线圈和阻尼绕组三部分组成,并由"T"形结构固定在磁轭上。

1.4.1.2 定子

发电机的定子由机座、铁芯、定子绕组等部件组成,机座是用来固定铁芯的,对于悬式发电机,机座承受转动部分的所有重量;铁芯是发电机磁路的一部分;绕组则形成发电机的电路。

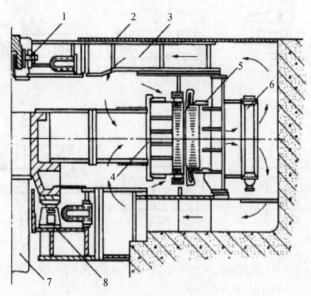

图 1-6 半伞式发电机

1. 上导轴承;2. 上风洞盖;3. 上机架;4. 转子;5. 定子;
6. 空气冷却器;7. 主轴;8. 推力轴承

1.4.2 水轮发电机组的分类

水轮机与发电机共同构成水轮发电机组,水轮发电机组可按以下方式分类。

1.4.2.1 按机组轴线及布置方式分类

轴线铅垂的是立式发电机组,水电站厂房上下分层布置发电机和水轮机。而轴线水平的是卧式发电机组,一般在单层的厂房内按水平方向布置,水轮机在轴线的一端(常称为后端),而发电机在另一端(前端)。

1.4.2.2 立式发电机组按推力轴承位置分类

立式机组都装有一个推力轴承,用来承担转子的重量和水轮机的轴向水推力,并把这些力传递给荷重机架。

当推力轴承布置在机组的不同位置时,机组在结构上会有明显的区别。

(1)悬式机组[见图 1-7(a)],发电机有上、下两个机架,推力轴承和上导轴承位于上机架内,整个机组的转动部分由推力轴承支撑,为顶部悬挂型式,因而称为悬式结构。中小型立式机组多为悬式机组。

(2)伞式机组[见图 1-7(d)、(e)]。发电机不设上机架,而是将推力轴承和导轴承都放在发电机转子以下,整个转动部分的支撑型式像一把伞一样,因而称为伞式结构。

（3）半伞式机组［见图1-6、图1-7(f)］。推力轴承在发电机转子以下，但发电机设有上机架，装有上导轴承，称为半伞式结构。

伞式机组主轴长度最短，多用于大型机组；半伞式机组主轴长度介于伞式和悬式之间，多用于中型机组。

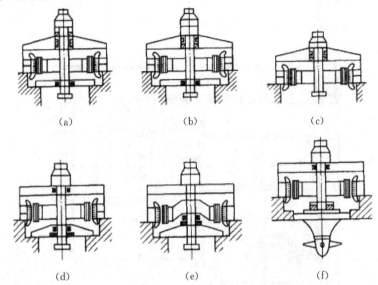

(a) 具有两个导轴承，推力在上导上面的悬式水轮发电机；(b) 具有两个导轴承，推力在上导下面的悬式水轮发电机；
(c) 无下导轴承的悬式水轮发电机；(d) 普通伞式；(e) 全伞式；(f) 半伞式

图1-7 水轮发电机类型

1.4.2.3 按冷却方式分类

（1）开启式自通风冷却发电机。额定功率为1 000 kW及以下的发电机，常在定子机座上开窗口，在转子上装设风扇。发电机运行时，风扇使空气沿轴线流入发电机，冷却转子、定子，再从窗口流出。

（2）管道通风冷却式发电机。额定功率为1 000～4 000 kW的发电机，常在发电机定子外围装设通向厂房外的风道。机组运行时，转子上的风扇和风道口的通风机使空气穿过转子、定子，再由风道排出。空气的流通就像沿着管道单方向的流入和流出。

（3）密闭循环通风冷却式发电机。额定功率为4 000 kW以上的发电机，常使发电机密闭起来，转子上的风扇使空气在闭合空间内循环流动，在发电机定子外围装设若干个用水冷却的冷却器，从而控制发电机的工作温度。

对于容量很大的发电机，还可采用绕组水内冷和双水内冷的冷却方式，灯泡贯流式水轮发电机组早年因冷却问题使用过强迫式水循环方式。

1.4.3 立式机组的轴承

立式机组的轴承包括推力轴承和导轴承，而导轴承又包括水轮机导轴承和发电机导轴承。水轮机导轴承常称水导轴承，前面已述。发电机导轴承根据位置不同可分为上部导轴承和下部导轴承。

1.4.3.1 推力轴承

立式机组常用的推力轴承有四种结构型式：刚性支柱式推力轴承；液压支柱式推力轴承；平衡块支柱式推力轴承；径向推力轴承。

（一）推力轴承结构

推力轴承一般由推力头、镜板、推力瓦、轴承座及油槽等部件组成。推力头用键固定在转轴上，随轴旋转，在伞式发电机中也有直接固定在轮毂下面，或与轮毂铸成整体的。镜板固定在推力头下面。推力瓦为推力轴承中的静止部件，做成扇形分块式，在推力瓦钢坯上浇铸一层薄的合金。推力瓦的底部有托盘，托盘可使推力瓦受力均匀，减少机械变形。托盘安放在支柱螺栓球面上，支柱螺栓球面使瓦在运行中可以自由倾斜，以形成楔形油膜。

（二）薄形推力瓦

液压支柱式推力轴承普遍采用薄形推力轴承结构，它将厚瓦分成薄瓦和托瓦两部分，这种结构有利于薄瓦散热，可使推力瓦受力均匀，从而大大降低推力瓦的热变形和机械变形。

（三）液压减载推力瓦

对于起动频繁的水泵水轮发电机和单位荷重较大的推力瓦，在推力轴承中专门设置了液压减载装置——液压减载推力瓦。机组在启动前、启动过程中以及停机过程中，不断向推力瓦油槽孔中注入高压油，使转动部件略微抬高，在镜板与推力瓦间形成高压油膜，以改善润滑条件，降低摩擦系数，减少摩擦损耗，提高推力瓦的工作可靠性。

（四）双排推力瓦

对于大型水轮发电机的推力轴承，其负荷、直径和损耗都相当大，故有时采用双排推力瓦结构。

（五）径向推力轴承

中小型立轴机组常采用径向推力轴承，它一般由推力头、机组机架、镜板、导轴承及抗重螺栓等组成。

推力轴承部分的结构与常规的相类似。但因径向推力轴承离发电机较近，容易在轴承转动部分的金属内部感应出电动势，而且一旦形成回路，就会有电流通过轴瓦，并击穿油膜产生火花，烧坏轴瓦。为此，需在镜板与推力头之间加绝缘垫以切断这种轴电流回路。

径向轴承部分是一个分块瓦浸油式径向轴承，是以推力头代替了轴颈、分块瓦代替了通常的分半瓦作为发电机的上导轴承。

径向推力轴承的油循环冷却方式为内循环，由冷却器冷却润滑油。

1.4.3.2 发电机导轴承

发电机的导轴承承受发电机转动部分的径向机械不平衡力和电磁不平衡力，维持机组轴线的稳定。发电机导轴承多采用浸油式分块瓦结构。对于中小型立轴机组，发电机的导轴承通常与推力轴承合用一个油槽，组成径向推力轴承。

（一）分块瓦式导轴承

主要由轴领、分块轴瓦、轴承体、冷却器和调整螺钉等组成。

主轴轴领的外围是若干块分块轴瓦。通过调整螺钉可调整导轴瓦与主轴轴领之间的间隙,间隙调整完成后再用螺母将分块轴瓦固定在轴承体上。而轴承体用螺栓和定位销固定在轴承支架上。冷却器用于冷却油箱内的润滑油。温度信号器用于监测轴瓦的温度,当瓦温超过上限时发出报警信号。

主轴轴领上开有通气孔,用于平衡主轴轴领内外侧的压力,以防止润滑油和油露外溢。

(二)转动油盆式导轴承

通常采用的转动油盆式导轴承,主要由转动油盆、轴承体和上油箱等构成。转动油盆安装在主轴上,随主轴一起转动。在轴承体下端的法兰上钻有径向进油孔,进油孔有时装有进油嘴,进油嘴的进口迎着主轴旋转方向。在轴承体内圆表面的轴瓦合金上开有 $60°$ 的斜油槽。

当机组运行时,在离心力作用下,转动油盆内的油面呈抛物面状,油面外高内低,进油嘴进口处的油压增大,润滑油就沿着径向方向的进油孔进入轴承与大轴的间隙和斜油槽内。在进油孔进口油压和主轴表面摩擦力的共同作用下,斜油槽内的润滑油一边润滑摩擦面,一边沿斜油槽向上流动,到达轴承体上端,经径向排油孔、油管排入上油箱,最后经排油管和轴承体上的轴向油孔流回到转动油盆。

1.4.4 卧式水轮发电机组

卧式水轮发电机组的机组轴线成一条水平线,水轮机和发电机分别装在轴线的两端,与主轴直接相连并一起旋转。

与立式水轮发电机组相比,卧式机组一般结构上相对简单,尺寸较小,但转速相对较高;从水电站厂房布置看,卧式机组占地面积较大,但只需一层厂房,而且水下的结构简单,工程量较小。因此,对中小型水电站而言,采用卧式机组往往更为经济,中等水头的混流式水轮机、中高水头的水斗式水轮机常为卧式布置。

卧式水轮发电机组由于尺寸小、转速高,其转动部分的转动惯量往往不够大,为此常需在主轴上加装一个飞轮。另外,因机组主轴是水平安装的,需要两个或更多的轴承来支撑主轴,其中的径向轴承(导轴承)一般为分成上下两半的筒式轴承。如果是反击型水轮机,还必须在某个轴承座中设有推力轴承来承受轴向水推力。

1.4.4.1 卧式水轮发电机组的类型

由飞轮的位置、轴承座的个数和布置位置的不同,构成了卧式水轮发电机组在结构上的不同类型。最基本的分类按轴承座的个数不同分为四支点机组、三支点机组和两支点机组。

(一)四支点机组

水轮机和发电机各有两个轴承座支撑,飞轮设在水轮机主轴的中段,装在径向推力轴承与第一个径向轴承之间。就整个机组而言,转动部分由四个径向轴承支撑,因而称为四支点机组。

水轮机主轴与发电机主轴一般由法兰或者联轴器连成一体。如果轴不直接相连,则水轮机、发电机可以单独安装、定位。

（二）三支点机组

将飞轮设在水轮机和发电机之间，两根主轴利用飞轮连接在一起，机组转动部分只需要三个轴承座来支撑，因而称为三支点机组。

三支点机组中，发电机可以单独安装定位，但水轮机主轴不能独立定位。

（三）两支点机组

如果把发电机主轴延长，将水轮机转轮安装在轴的端部，整个机组就只有一根主轴了，也就只需要两个轴承座来支撑，构成了两支点机组。

不同类型卧式水轮发电机组的特点及适用范围是：①两支点机组结构最简单，主轴长度也最短。但推力轴承受轴的长度限制，设计和安装都比较困难。两支点机组最适合于没有轴向水推力的水斗式机组。②四支点机组的轴线最长，但制造和安装比较简单，在小型机组中采用最多。③容量较大的机组，缩短轴线长度成了需重点考虑的问题，此时常采用三支点的型式。但三支点机组主轴要在飞轮处连接，加大了制造和安装的难度。

1.4.4.2　卧式水轮发电机组的轴承

卧轴机组的轴承有推力轴承和径向轴承（导轴承）两种，且卧轴机组的水轮机导轴承常与推力轴承组合在一起构成径向推力轴承。

（一）径向推力轴承

常用的卧轴机组径向推力轴承主要由推力瓦、推力盘、调节螺钉、反向推力盘、轴瓦和轴承体等组成。推力瓦与推力盘一起组成推力轴承。通过调节螺钉可调节每块推力瓦的受力，或调整主轴的轴向位置。调节完后用螺母紧固调节螺钉。

正常运行工况下，机组转动部分所受轴向力的方向指向尾水管方向。该轴向力经推力盘、推力瓦和调整螺钉传递到轴承座上。而当机组空载运行时，机组转动部分可能有沿轴向窜动的现象；在机组紧急停机时，产生的反向水击也有可能使轴向力反向。在这两种工况下，尽管反向轴向力不会很大，但推力盘不再起固定机组转动部分轴向位置的作用。为此，需在径向推力轴承的另一边主轴上加装一个反向推力盘，当轴向力出现反向时，反向轴向力经反向推力盘、上下导轴瓦传递到轴承座上，从而限制了主轴的反向位移。

径向轴承部分为一个简式的、分半瓦卧式径向轴承。

（二）径向轴承

卧轴机组常用的径向轴承主要由轴瓦、油套圈、管状油标、温度信号器和轴承座等组成。

径向轴承的轴瓦采用上下分半结构。因上轴瓦所受径向力很小，所以只需在轴瓦两端的瓦面上浇敷一小段巴氏合金。下轴瓦水平安放在轴承座上。

罩在上轴瓦内的两个油套圈从上轴瓦径向缺口处伸出，且同时套着主轴和下轴瓦，下半部分浸泡在润滑油中，当主轴旋转时，两个油套圈就随之转动，并不断地将轴承座下部的润滑油带到主轴上，润滑、冷却轴承的摩擦面。

观察孔用来察看径向轴承的工作情况。管状油标用来指示油位，温度信号器用来自动监测轴瓦的温度。

由于本书以贯流式水轮发电机组为主，因此发电机轴线均为水平布置，并不再设置飞轮增加转动惯量。

第二章

灯泡贯流式水轮发电机发展概况及机组结构介绍

第一节　贯流式水轮机发展概况

自 1892 年首台灯泡贯流式水轮发电设备开始研发成功，一百多年以来，在欧洲得到了长足的发展和应用。1984 年，我国自行研制的首台灯泡贯流式水轮发电机组在广东白垢电站投入运行。三十年来，随着我国水力发电行业的不断开发，灯泡贯流式水轮发电机组从全部进口逐渐过渡到自主研发、设计、制造及全面推广发展的新阶段。在安装和使用过程中通过不断的技术更新，使灯泡贯流式水轮发电机组逐渐趋于完美，并且逐渐从国内市场走向国际市场，开辟了中国灯泡贯流式式水轮发电机组的新篇章。

灯泡贯流式水轮发电机组由于其机组效率高、单位容量投资相对较低、运行成本低、机组使用水头低、开发方便等特点，在过去十年中，在我国得到了广泛应用，特别是 2002 年我国颁布了 50 MW 以下水轮机的行业标准以来，在低水头电站中大力推广灯泡贯流式水轮发电机组，采用此种机型替代轴伸贯流式及轴流式，使机组尺寸减小、重量减轻、效率提高及厂房减小，电站投资大幅下降。近年来，单机容量为 50 MW 及以上或转轮的名义直径为 6.0 m 及以上的灯泡贯流式水轮机定义为大型灯泡贯流式水轮发电机组。

2.1.1　灯泡贯流式机组优点

单位容量投资相对较低。灯泡贯流式的水轮发电机组为水平布置，开挖深度相对较浅，引水流道较短，大坝高度较小，总的土建工程量相对较小，因此，土建投资相对较低。另外，低水头电厂所在位置一般地势较平坦，离城市较近，设备运输线路平坦而且距离较短，现场施工和设备安装也更方便，降低了有关费用，还可缩短工期，从而实现提前发电的目的。水资源相对丰富。一般一条河流上游在山区，水头高，适合开发建设高水头电厂，而下游一般在平原地区，水头低，一般适合修建低水头电厂。这使得下游低水头电厂净流量大,克服了其单位电量耗水大的劣势。机组效率高。灯泡贯流机组轴线是水平布置的,没有混流机组一样的蜗壳,流道由圆锥形导水机构和直锥扩散形尾水管组成,从流道进口到尾水管出口,水流沿水平轴向几乎呈直线流动,水流平顺,水力损失小,效率高,见图2-1。另外,贯流式水轮机为双调节机组,机组的发电工况可由导叶调节水流量大小,再通过协联关系,由桨叶调节机组效率。因此,这种双调节机组能适应水头变化率大的电厂,而保证其高效率运行,甚至在极低水头时也能稳定运行(如超低水头 2 m 以下)。运行成本相对较低。低水头电厂往往位于经济发达、人口稠密的平原或河谷地区,输电线路投资较少;可充分利用城市资源(如零件加工、物流等),减少不必要的投资;其紧急停机方式一般采用在导水机构上加装重锤,当调速器等设备发生故障时,利用重锤重量自动将导叶关闭,重锤方式设备简单,每年的维护工作很少;汽蚀比高水头电厂相对而言比较轻微,年维护费也较少,社会效益更大。低水头电厂一般可实现发电、防洪、供水、航运等综合利用功能,其社会效益相对高水头电厂而言更大。另外,低水头电厂由于位于地势较平坦的地区,它的大坝可同时作为当地交通桥梁,这样就不必另外修建桥梁,就已经达到了景观效果。

图 2-1　灯泡贯流式机组剖面图

2.1.2　我国灯泡贯流式机组的发展与应用

我国研制大、中型灯泡贯流式水轮发电机组的起步较晚,但发展很快,从 20 世纪 80 年代初到现在,可以分为五个发展阶段。

摸索、试制阶段。这个阶段的代表为1984年投产的我国自行研制的广东白垢贯流式水电站的机组(转轮直径 5.5 m,单机容量 10 MW),它是我国自行研制大、中型灯泡贯流式机组的始祖。由于是试验机组,机组投产后,生产厂家及科研院所进行了各方面的测试,取得了很多非常宝贵的第一手资料。

进口设备阶段。20 世纪 80 年代初，湖南马迹塘水电站在引进灯泡贯流式机组以后，我国开始了较大规模的研制工作，取得了宝贵经验，这是我国在大、中型灯泡贯流式机组的设计制造发展史上的第一级台阶。

消化、吸收阶段。20 世纪 90 年代初，通过消化吸收后，生产了转轮直径 5.8 m、单机容量 18 MW 的广东英德白石窑水电站发电机组，是我国在大、中型灯泡贯流式机组的设计制造发展史上的第二级台阶。

引进技术、合作生产制造阶段。20 世 90 年代后期，单机容量从 20 MW、30 MW 到 40 MW 的大型机组的需求不断出现。我国最大的水轮发电机组制造和研究单位哈尔滨电机厂、东方电机厂也加入了研究制造的行列，世界著名厂商如富士电机、阿尔斯通等跨国公司加入国内水轮发电机组制造业的激烈市场竞争和技术合作。

通过引进、消化和吸收国外的先进技术，大量先进的独具特色的灯泡贯流机组设计、制造技术被引进。我国与国外公司合作生产了广西百龙滩电站机组（6×32 MW、$D_1 =$ 6.4 m、富士—富春江、1996 年投产）和广西贵港电站机组（4×30 MW、$D_1 = 6.9$ m、ABB—东电、1999 年投产），引进了湖南大源渡电站机组（4×30 MW、$D_1 = 7.5$ m、维奥、1998 年投产）和广东飞来峡水利枢纽发电机组（4×35 MW、$D_1 = 7.0$ m、维奥、1999 年投产）。

全面提升阶段。自 2000 年以来，灯泡贯流式机组的生产制造进入了第五个发展阶段，可自行设计、制造大型灯泡贯流式机组，技术得到全面提升。2001 年，四川红岩子电站机组（3×30 MW、$D_1 = 6.4$ m、东电）投产、青海尼那水电站（4×40 MW $= 160$ MW、$D_1 = 6.0$ m、由天津阿尔斯通水电设备有限公司设计制造）和湖南洪江水电站（5×45 MW $= 225$ MW、$D_1 = 5.46$ m、前两台由日立—ABB 联合设计制造、后三台由哈尔滨电机厂制造）投产，标志着我国已能生产单机容量 $30 \sim 45$ MW 等级的机组，并已具备生产更大容量、更大外形尺寸灯泡贯流式机组的能力。

2010 年投产运行的广西梧州长洲水利枢纽是目前亚洲单机容量最大（630 MW）、装机台数最多（15 台单机 42 MW 机组）的大型灯泡贯流式水电站。2013 年 9 月，巴西杰瑞水电站左岸电站首台机组成功完成调试和试运行，标志着由东方电气制造出口的迄今世界单机容量最大的贯流式水轮发电机组（单机 75 MW、转轮直径 7.9 m）成功投入运行，我国灯泡贯流式机组的制造能力赶超了国际先进水平。

目前在我国，灯泡贯流式水轮发电机组已经投入使用比较集中的地方有青海黄河中上游流域、甘肃洮河、白龙江流域、四川嘉陵江、涪江流域、陕西和湖北交界的汉江流域、广西左江和柳江流域、湖南沅水和湘江流域、浙江钱塘江流域、广东珠江水系、梅江流域、福建九龙溪流域等，以上地区均出现不同程度的梯级开发。

同时，在低水头段也有突破，出现了众多应用水头只有 $3 \sim 5$ m 的电站，装机为大转轮直径、小容量、低转速的灯泡贯流式机组和竖井贯流式机组。与此同时，建设周期越来越短，施工技术越来越成熟，个别小水电站甚至出现当年施工当年投产的情况，大大缩短了投资回报周期。整个灯泡贯流式水轮发电机组产业形势继续向国际迈进，并在设备输出和人员技术输出中奠定了一定业界基础。

第二节 贯流式水轮机部件组成

2.2.1 部件概述

贯流式水轮机用于开发较低水头、较大流量的水利资源。它的比转速大于混流式水轮机,属于高比转速水轮机。在低水头条件下,贯流式水轮机与混流式水轮机相比较具有较明显的优点,当它们使用水头和出力相同时,轴流式水轮机由于过流能力大可以采用较小的转轮直径和较高的转速,从而缩小了机组尺寸,降低了投资。当两者具有相同的直径并使用在同一水头时,贯流式水轮机能有更多的效率。

贯流式水轮机又分为轴流定桨式和轴流转桨式两种,其中转桨式水轮机由于转轮叶片和导叶随着工况的变化形成最优的协联关系,提高了水轮机的平均效率,扩大了运行范围,获得了稳定的运行特性,是值得更广泛使用的一种机型。与混流式水轮机所不同的是当负荷发生变化时,它不但能调节导叶转动,同时还能调节转轮叶片,使其与导叶转动保持某种协联关系,以保持水轮机在高效区运行。

贯流式水轮机转轮位于转轮室内,主要由转轮体、叶片、泄水锥等部件组成。轴流转桨式水轮机转轮还有一套叶片操作机构和密封装置。转轮体上部与主轴连接,下部连接泄水锥,在转轮体的四周放置悬臂式叶片。在转桨式水轮机的转轮体内部装有叶片转动机构,在叶片与转轮体之间安装着转轮密封装置,用来止油和止水。

贯流式水轮机转轮由于叶片数少,叶片单位面积上所承受的压差较混流式的大,叶片正背面的平均压差较混流式的大,所以它的空化性能较混流式的差。因此,在同样水头条件下,贯流式水轮机比混流式水轮机具有更小的吸出高度和更深的开挖量。随着应用水头的增加,将会使电站的投资大量增加,从而限制了贯流式水轮机的最大应用水头。另一方面是由于贯流式水轮机叶片数较少,叶片呈悬臂形式,所以强度条件较差,对制造要求较高。

当使用水头增高时,为了保证足够的强度,就必须增加叶片数和叶片的厚度,为了能够方便地布置叶片和转动机构,转轮的轮毂比亦要随之增大,这些措施将减少转轮流道的过流断面面积,使得单位流量下降。

2.2.1.1 灯泡体支撑方式

按照灯泡体向基础传递力和力矩作用的不同,支撑方式分为主支撑和辅助支撑。通常以管型座为主支撑。辅助支撑设置在发电机侧的灯泡头处。

作为主支撑的管型座,向基础传递力和力矩的方式有两种:支柱式;固定导叶式。支柱式管型座一般由内外壳和上下立柱四大部件组成。

辅助支撑有多种形式。典型结构是在灯泡头的下部设置垂直支撑,在灯泡头两侧的水平方向设置水平防震支撑。

(1)以管型座为主要支撑的布置方式机组的大部分受力主要通过管型座传到厂房基

础。发电机灯泡头下部的支撑主要是平衡灯泡头和定子部分在水里产生的浮力和其重力的合力。灯泡头两侧的侧向支撑是防止机组在运行时因产生振动而引起的摆动。

(2) 以固定导叶为主要支撑的布置方式,这种机组主要通过固定导叶(座环),将转动部分、定子等受力传至厂房基础。以固定导叶为主要支撑的布置方式,其受力方式较复杂,包括内壳、外壳、前椎体、上游管型座、固定导叶等多个部件。

2.2.1.2 轴系支撑方式

轴系支撑方式分为三导支撑方式和两导支撑方式。

三导支撑方式,机组结构复杂,安装检修难度大,由于灯泡头尺寸加长,对水力性能不利。一般用于高水头大容量的贯流机组。

两导支撑方式结构简单、可靠、性价比高,是目前国内外大中型灯贯机组轴系支撑的主导结构。但因两导支撑受到轴承负荷大小及负荷平衡性的限制,有时被迫采用三导结构。所以,拓宽两导支撑使用的范围是研究的重要课题,比如树脂瓦的应用等。

2.2.2 埋设部件

包括尾水管里衬、管型座(内壳体,外壳体)发电机进入框架、盖板、墩子盖板,接力器基础以及下部支承、侧向支承基础板等,见图 2-2。

2.2.2.1 尾水管里衬

灯泡贯流式尾水管是直锥形尾水管,一般由两部分组成:前面部分带金属里衬,后面部分为钢筋混凝土。为了改善流态,防止水轮机转轮出口的水流直接排入范围较大的水体中,会引起转轮出口处水流紊乱,影响水轮机平稳运行,而且会损失水轮机工作水流的能量,降低水轮机的效率。因此,在水轮机的转轮出口装置尾水管,使从转轮流出的水流进入尾水管,并通过尾水管排至下游。由于安装了尾水管,必然会使水流的流态发生变化。为了提高水轮机的运行效率,就必须对尾水管的工作情况和工作原理进行分析。

大型灯泡机组的尾水管里衬,一般分为 12～20 节,运到现场后再拼焊成整体。如管型座与尾水管里衬一起安装,则对尾水管的基础环法兰面要求可低一些。因为机组的高程、中心、水平均以管型座的法兰面为基准。如管型座晚安装,先装尾水管里衬,以便厂房先盖起留下机坑,则对尾水管基础环的要求高些。大型灯泡机组尾水管基础环是分节运至工地后再拼焊成整体。故在现场拼焊时应用仪器监视变形,以免波浪度超差。

2.2.2.2 座环(管型座)

座环分为外壳体及内壳体。外壳体由上、下部分,四块侧向块和前锥体组成。内壳体由上、下两半组成。外壳体上游面与发电机进人孔的框架,墩子盖板连接。下游面与外导水环连接。内壳体的上游面与定子机座连接,下游面与内导水环连接。管型座的结构应满足受力要求。先根据机组的外部荷载,确定管型座的受力情况,然后参考已有相近机组的结构尺寸定出机组管型座的结构,再按受力分析对各部位进行校核,使其刚、强度均能满足规范要求。

2.2.2.3 发电机进人孔的框架盖板(流道盖板)

发电机进人孔的框架盖板是为了安装检修时吊入发电机定、转子,主轴和灯泡头等部件,并可固定发电机进人孔竖井。大型灯泡机组的发电机盖板还分为盖板和下盖板。

下盖板为多孔板,目的是减少甩负荷升压时对盖板的升压值。对于能正、反向运行的灯泡机组,框架基础应考虑在运行紧急停机时的水锤作用带来的压力。框架基础板宜与管型座的内壳体焊为整体。

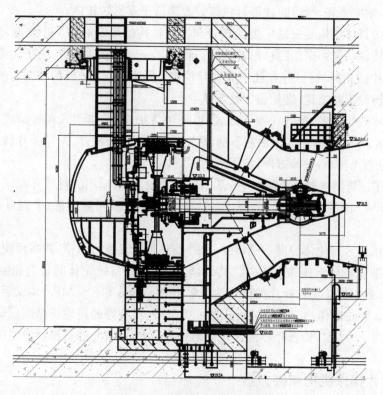

图 2-2　灯泡贯流式机组剖面图

2.2.2.4　球面支撑与侧向支撑

灯泡头下的球面支撑是承受灯泡头、定子等部件的重量,在充水后承受浮力,并允许灯泡体有微小的位移,这可减轻灯泡体的结构重量。设立侧向支撑的目的是可以承受灯泡体的侧向力,并可防止灯泡体在运行时产生振动。

2.2.2.5　围板

在发电机下部支墩与定子外壳之间设立围板,其目的是为了导向水流,并可减少运行时水的阻力。围板下部用螺栓与支墩相连,上部随定子外壳切割而成。

2.2.3　转轮体及叶片

贯流式水轮机的转轮体上装有全部叶片和操作机构,安放叶片处转轮体的外形有圆柱形和球形两种。大中型转桨式水轮机的转轮体多数采用球形,它能使转轮体与叶片内缘之间的间隙在各种转角下都保持不大,达到减少漏水损失的目的。另外,球形转轮体增大了放置叶片处的轮毂直径,有利于操作机构的布置。但是相同的轮毂直径下,球形转轮体减小了叶片区转轮的过水面积,水流的流速增加,使球形转轮体的抗空蚀性能比圆柱形差。

圆柱形转轮体其形状简单,同时水力条件和空蚀性能均比球形转轮体好。但转轮体与叶片内缘之间的间隙是根据叶片在最大转角时的位置来确定的,而当转角减小时,转轮体与叶片之间的间隙显著增大,叶片在中间位置时,一般间隙达几十毫米,增加了通过间隙的漏水量,效率下降,所以圆柱形转轮体的效率低于球形转轮体。

转轮体的具体结构要根据接力器布置与操作机构的形式而定。小型水轮机转轮、定桨式水轮机转轮一般都采用圆柱形转轮体。转轮体一般用整体铸造,为了支撑叶片,转轮体开有与叶片数相等的孔,并在孔中安置叶片轴。随着工艺、材料和结构的改进,转轮体球面直径与转轮直径之比,即轮毂比逐步减少。

灯泡式水轮机转轮,按叶片操作方式,可采用活塞式,操作架式和缸动式等结构。图2-3为缸动方式的结构,也就是活塞不动,活塞缸带动连杆、转臂,操作叶片转角度。这种结构简单,轮毂比较小,安装方便,应用极为广泛。

转轮体采用铸钢材料。转轮叶片一般采用不锈钢制造,采用的材质有:ZG0Cr13Ni4M、ZG0Cr13Ni6M 和 ZG0Cr16Ni5。为防止叶片与转轮室间的间隙空蚀,个别叶片设有抗空蚀边。

为防止水进入转轮体腔内,一般在厂房外侧建筑设置重力油箱,其高程使充满转轮体腔内的轮毂油压略高于外部水压力。此外,转轮的叶片与转轮体间设有密封,常用的有"Y"形和"X"形密封。轮轮叶片的操作油压常用为 4 MPa 和 6.3 MPa,本文后续中会增加介绍 16 MPa 转轮操作油。转轮在正式吊入机坑前,组装好的转轮应做耐压试验,要求每小时转动叶片 2~3 次,检查叶片密封处有无漏油现象,一般允许有滴状渗油现象。

2.2.4 叶片操作机构和接力器

贯流式水轮机随着比转数的增高,转速流道的几何形状也相应发生变化。为了适应水轮机过流量的增大,同时既要保证水轮机具有良好的能量转换能力和空化性能,又要保持叶片表面的平滑不产生扭曲,贯流式转轮取消了混流式转轮的上冠和下环,叶片数目相应减少,一般为 3~5 片,叶片轴线位置变为水平,使得转轮流道的过流断面面积增大,提高了贯流式水轮机的单位流量和单位转速。

贯流式转轮叶片由叶片本体和枢轴两部分组成。对于尺寸较小的水轮机,一般采用整体轴,因为这样可以减少零件数目,铸造、加工、安装的困难也不大。但当水轮机尺寸大时,采用分成叶片本体和枢轴两部分就比较有利。这是因为分成叶片本体和枢轴两部分,每一部分的重量和尺寸都减少了,对于铸造,加工和安装都带来方便;因为叶片易受空蚀损坏,分开的结构可单独地拆卸某个叶片进行检修;分开的结构有可能对两个部件采用不同的材料,例如叶片本体采用不锈钢,而枢轴采用优质铸钢。但是分开结构对转轮的强度是有所削弱的,因为为了布置叶片、枢轴和转臂的连接螺钉,分件式叶片法兰和枢轴法兰的外径都要比整体时大,这一缺点对于高水头的转轮可能就是致命的,因为水头高,叶片数目就多,转轮上相邻叶片轴孔之间的宽度本来就很小,如果采用分开式结构,转轮体就无法满足要求。

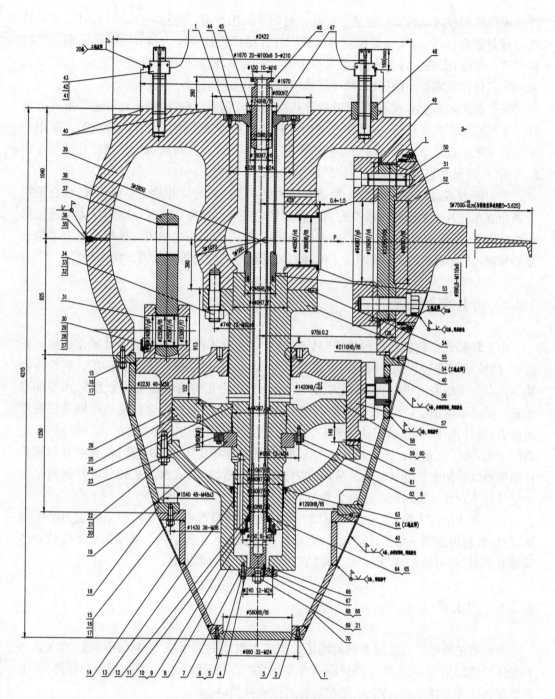

图 2-3 缸动式转轮体结构图

1. 转轮体；2. 连杆；3. 转臂；4. 叶片；5. 活塞缸；6. 活塞；7. 泄水锥；8. 泄水锥头；9. 操作油管；10. 水封

　　贯流式转轮的叶片一方面承受其正背面水压差所形成的弯曲力矩；另一方面承受水流作用的扭转力矩，同时还要承受离心力作用。受力最大位置在叶片根部，叶片的断面是外缘薄，逐渐增厚，根部断面最厚。叶片根部有一法兰，这是为了叶片与转轮体的配合。

　　叶片本体末端是枢轴，枢轴上套有转臂。这样，把枢轴插在转轮体内，通过转臂，连上叶片操作机构就可以转动叶片了。叶片的材质多采用铸钢,并根据电站运行条件,在叶片正面铺焊耐磨材料,背面铺焊抗空蚀材料。叶片操作机构由接力器、活塞杆、曲柄连杆机构等零件构成,安装在转轮体内,用来变更叶片的转角,使其与导叶开度相适应,从而保证水轮机运行在效率较高的区域,叶片操作机构是由调速器进行自动控制的。

根据接力器布置方式不同,叶片操作机构的形式很多,目前应用比较普遍的形式有带操作架传动的直连杆机构,带操作架的斜连杆机构和不带操作架的直连杆机构。采用一个操作架来实现几个叶片同时转动的机构称为操作架式叶片转动机构。当叶片转角在中间位置时,转臂水平、连杆垂直的称带操作架直连杆机构。

转轮接力器的布置方式很多,通常把接力器布置在转轮体叶片中心线上部,也有把接力器布置在叶片下部泄水锥的空腔内。控制转轮接力器活塞作往复运动的压力油通过操作油管输入,操作油管由不同管径的无缝钢管组成,并安装在主轴内。操作油管上部与受油器相连,从油压装置输送来的压力油和回油都通过受油器进入和流出操作油管。

2.2.5 叶片密封装置

由于转桨式水轮机在运行中需要转动叶片以适应不同的工况,当叶片操作机构工作时,一些转动部件与其支持面间需要进行润滑,因此,在转轮体内是充满油的。转轮体内油是具有一定压力的压力油,这是因为一部分主轴中心孔的油最后排入受油器,而受油器布置在发电机的顶上,所以转轮体内的油有相当于发电机的顶部至转轮体这段油柱高度的压力,另外由于转轮旋转,油的离心力使油产生一定的压力。在另一方面,转轮体外是高压水流,为了防止水流进入转轮体内部和防止转轮体内部的油向外渗漏,在叶片与转轮体的接触处必须安装密封装置。从电站的运行实践看,转桨式水轮机转轮叶片密封结构性能的好坏对保证机组正常运行关系很大。

为了防止水进入轮毂腔内,一般设有高位轮毂油箱,依靠高位轮毂油的重力产生油压,使轮毂腔内的油压略于外部水压,阻止外界的水进入轮毂腔内。转动的叶片与转轮体间设有密封,常用的有"X"形、"V"形、"Y"形和"VX"结合形密封。

2.2.6 泄水锥

泄水锥的外形尺寸由模型试验确定。中小型机组的泄水锥大多采用铸造,泄水锥与转轮体的连结结构,泄水锥上部周围开有带筋的槽口,用螺钉把合,除加保险垫圈外,装配后螺母还应和锥体点焊,防止机组在运行时泄水锥脱落。

2.2.7 转轮室

转轮室的上游侧与导水机构相连,下端与尾水管里衬相接,中间用伸缩节来弥补安装中的误差。转轮室的形状要求与转轮叶片的外缘相吻合,以保证在任何叶片角度时叶片和转轮室之间都有最小的间隙。在水电站运行中,发现转轮室壁受到强烈的振动,在叶片出口处的转轮室内表面上，常出现严重的间隙空蚀和磨损现象，需要采取抗磨抗空蚀的措施。

在机组调整过程中，转轮叶片与转轮室间隙是盘车检查的必测项目，20 世纪 90 年代时要求间隙均匀对称，但随着富士电机理论引入，考虑到水浮力和转轮体重力等因素也有设置—Y 间隙为总间隙 1/3，＋Y 方向间隙是总间隙 2/3 的，不同厂家设计参数不尽相同。

2.2.8 导水机构

2.2.8.1 导水机构的作用

导水机构的作用是调节进入水轮机转轮的流量和形成水流推动转轮旋转的环量，实现开停机和调节水轮机流量。灯泡贯流式水轮机的导水机构主要部件有：内配水环、外配水环、导叶、导叶套筒、导叶传动机构（导叶臂、连杆、连板）、控制环等部件。导水机构按电力系统所需的功率调节水轮机流量，导叶在关闭位置时能使水轮机停止运行，并在机组甩负荷时防止发生飞逸。调节水轮机流量即调节水轮机的过流能力，可以通过不同的途径实现：对于微小型和较小型的水轮机，可以用一个装在进水管中的阀，或转轮前的筒形阀来调节通过水轮机的流量。但这种用阀调节流量的方法是很不经济的，因这种方法实质是节流调节，它会造成水头损失，流量并不节省，这是人们所不希望的。理想的调节机构是工况变化时，仅仅只改变流量而水头损失极小。在水轮机转轮前布置多个导水叶片的导水机构就能满足这种要求。它们在调节时做同步的绕自身轴线转动，有如百叶窗一样，只改变水流过水断面面积，水流流经叶片通道，水头损失极小。

灯泡贯流式机组的导水机构与立式机组不同，为锥形导水机构。其部件由控制环、连杆、拐臂锥形导叶和内、外导水环等组成。为防止机组飞逸，在控制环的右侧设有关闭重锤。当调速器失去油压时，可依靠重锤所形成的关闭力矩，加上导叶水力矩有自关趋势，能可靠地关闭导叶。

但在有油压而调速器的主配压阀卡住时，难以实现快速关闭。因此应设置事故配压阀。当主配压阀卡住时，高压油可直接通过事故配压阀进入接力器，从而关闭导叶。内外导水环均为球面结构，导叶两端面亦为球面，这样能保证导叶在转动时能有效地封水。

由于导叶担负着在转轮前、导叶后的水流形成转轮所需要的环量，故导叶形状为空间扭曲面。为保证导叶间在关闭时能有效地封水，除要求两端面的间隙较小，还要求导叶的立面间隙较小，一般根据需要将空间扭曲的导叶按锥形要求加设立面密封测量。

2.2.8.2 导叶

导叶是导水机构的主要部件，担负着开停机、调节负荷，并使导叶后、转轮前的水流形成环量。导叶体的断面为头部厚、尾部薄的翼型。

（一）导叶的分类

第一种是整体铸造的导叶为了减轻导叶的重量，将叶体制成中空式。

第二种为铸焊导叶，导叶体和轴分别铸造后再焊在一起。

第三种为全焊导叶，导叶体用钢板压制成，然后焊接成型再与导叶轴焊成整体。

（二）导叶密封

导叶密封的作用是：一是水轮机停机时要求导叶关闭不漏水，如果漏水量大水能损失多，也会造成不容易停机；二是导叶有间隙容易产生间隙汽蚀；三是为检修前后提供静水落下，或提起检修闸门的条件。导叶密封分成端面密封和立面密封。

（三）导叶轴颈密封

导叶轴颈密封分为上下轴颈密封。可以防止水从导叶轴颈分别漏至检修廊道和泡体内。

2.2.8.3 导叶传动结构

导叶传动机构的作用是把接力器传来的开或关导叶的操作力矩传递到导叶，以实现开关导叶、调节流量的目的。主要由调速环、连杆、拐臂等组成。有叉头式和耳柄式两种传动机构。在运行中，为了防止水流中夹有异物而导致导叶传动机构损坏，设置有导叶传动结构保护装置。按保护形式主要有以下四种方式：① 刚性连杆的剪断销式；② 桡曲连杆与液压连杆相间布置式；③ 弹簧连杆式；④ 摩擦环式。

2.2.8.4 控制环与接力器

（一）控制环

控制环又叫调速环，作用是将接力器的作用力传递给导叶的传动机构。灯泡贯流式水轮机调速环垂直布置，支撑在外配水环上，依靠钢珠球滑动。

（二）接力器与重锤

灯泡贯流式机组的接力器按个数有单接力器和双接力器。布置方式有垂直式和倾斜式。重锤的作用是在调速器油压失去后，也能依靠重锤的重力所形成的力矩关闭导叶。

2.2.9 水导轴承

水轮机导轴承简称水导轴承。它的形式很多，按轴瓦材料可分为橡胶轴承和金属轴承；按润滑方式可分为水润滑轴承和油润滑轴承；按轴承形状可分为筒式和分块瓦式。水轮机导轴承位于水轮机转轮侧。由于水轮机转轮为悬臂形式，故要求水导轴承除承受径向力外，还应适应悬臂引起的挠度（转角）变化。目前，适应以上要求的导轴承结构有两种：一是筒式结构，二是球面结构。水导轴承分两瓣。上部两边各留一段巴氏合金以封住油。径向力通过轴承的凸缘和扇形支承板传至管型座。安装时，先根据厂家通过设计计算提供的尺寸和管型座安装的实际位置来调整轴线。轴线调整好后再加工扇形支承与连接法兰凸缘之间的配合片。为适应轴的倾斜位移，法兰凸缘与扇形支承连接时的套管应比凸缘长，套管外径应比凸缘螺孔直径小。这样，在运行时主轴产生较小的挠度变形，可由法兰凸缘和轴承套管来承受。较大的变形则应由扇形支承板来承担。灯泡贯流式水导轴承常采用油润滑筒式导轴承，见图2-4。

灯泡贯流式水导轴承位于大轴的下游侧。水导轴承除了承受水轮机的重量外，还要承受由于水力不平衡和水轮机重心偏移带来的径向力。正因为如此，水导轴承还应适应悬臂引起的挠度变化。目前，适应上述要求的导轴承结构有两种：一是筒式水导轴承；二是球面筒式水导轴承。

2.2.9.1 筒式水导轴承

筒式水导轴承分为上下两瓣，一般由轴承体、轴瓦及瓦座、绝缘层、扇形支撑板和端盖组成。上半部轴瓦受力小，只有上下游侧两端有两块轴瓦；下半部轴瓦与瓦座同宽，最下部中间有一个压力油室，其作用是扩大大轴所受压力的面积。扇形支撑板是水导轴承和内管型壳连接件，将水导轴承所承受的载荷传递至内管型壳。

2.2.9.2 筒式球面轴承

筒式球面轴承由球面座、球面支撑、绝缘层、轴瓦、轴承盖、油封和端盖等组成。球面轴承可以通过球面支撑直接承受轴挠度引起的大小位移。

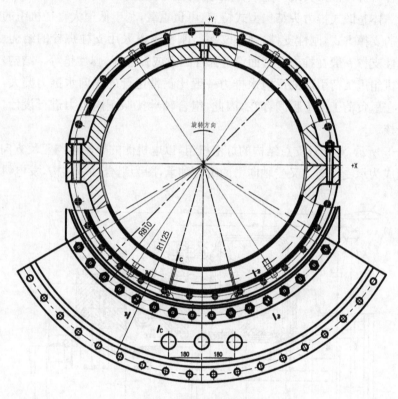

图 2-4 水轮机侧导轴承

2.2.10 组合轴承

发电机组的组合轴承包括发电机导轴承、正向推力轴承和反向推力轴承。

发电机导轴承承受转子的重量和一部分主轴的重量。正、反推力轴承分别承受机组正常运行时的正向水推力和甩负荷工况时的反向水推力。

组合轴承一般布置在定转子的下游侧，尽量向上游侧靠近定转子，以减轻轴承的负荷，减小主轴的挠度，增加轴系的稳定性。

2.2.10.1 发电机导轴承的结构型式

按照导轴承瓦体的结构，发导轴承可以分为筒式瓦和扇形分块瓦结构。

筒式瓦结构的特点:结构简单、安装检修方便。但在大尺寸和重负荷的情况下,其设计和制造的难度大。

分块瓦结构的特点:轴承可承受重载,瓦受力较好,但结构相对复杂,安装检修难度大。

2.2.10.2 发电机推力轴承的结构型式

正反推力轴承按照推力头的型式不同,可以分为可拆卸推力头结构型式、与主轴一体式推力头结构型式。

分瓣组合可拆卸推力头结构型式特点:结构简单、重量轻,安装检修方便。

与主轴一体整锻式推力头结构型式特点:可负重载,利于低速大直径机组的布置。

推力瓦的支撑方式:刚性支撑、弹性支撑。刚性支撑采用支柱螺栓的结构型式,结构较简单。弹性支撑一般在推力瓦背面设置弹性圆盘或弹性板、弹性垫等。结构较复杂,受力较均匀。机组甩负荷引起的反向水推力一般比正常运行的正向水推力要大,但由于反向水推力只在甩负荷工况下瞬间存在,因此,组合轴承按照正向推力进行设计,用反向水推力进行校核。

如图 2-5 所示,对于双支点结构的灯泡机组,以电机侧的导轴承与正反方向推力轴承组合在一起成为承受径向力又受轴向力的组合轴承,图为组合轴承结构,发电机导轴承是

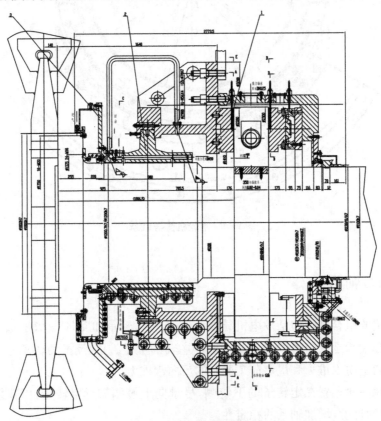

图 2-5 组合轴承结构图

1. 顶轴千斤顶;2. 发电机导轴瓦;3. 轴承支持环;4. 配合垫片;5. 发电机导轴承壳体;6. 反推力瓦;7. 护板;
8. 推力环;9. 正推力瓦;10. 推力轴承壳体;11. 抗重螺钉;12. 主轴

承受发电机转子和偏心磁拉力等所引起的径向力。由于发电机转子为悬臂结构,为适应轴线倾斜,在导轴承与轴承支承环的组合面上设有配合片,根据轴线计算的挠值来选择配合片的楔形厚度。

推力轴承设有正反向推力瓦。正反向推力瓦可以互换,每块瓦通过抗重螺丝支承在分两瓣的轴承壳上。正反向推力瓦面与镜板之间的总间隙为固定间隙,调整可以在轴承壳体外通过修刮调整垫片来实现。为便于轴线调整,组合轴承内设有千斤顶,也可用在安装时支撑主轴。

由于主轴挠度计算以及轴承支撑环安装精度难以保证,配合片的配置比较困难。因此,组合轴承中的导轴承采用球面支承结构,用球面支撑来适应主轴挠度的变化。另外,为解决正反向推力瓦受力调整和适应主轴挠度引起的推力瓦对中偏移,受力分配不均等问题,可采用支柱螺丝加托盘的结构方式。

2.2.11 主轴与主轴密封

2.2.11.1 主轴

主轴是重要的转动部件。以管型座为主要支撑结构的灯泡机组常采用水轮机和发电机共轴的结构形式。采用低合金钢锻造制成,主轴为中空结构,内腔布置有操作油管。主轴上游侧与发电机转子相连,下游侧与转轮连接,两端均为悬臂形式。

主轴外部设置大轴保护罩,以作安全防护和搜集渗漏油之用。

2.2.11.2 主轴密封

为防止流道中的水通过静止与转动部分结合面的间隙大量流入管型座,在转轮与内管型壳之间均需设置密封装置,通常称为主轴密封。

主轴密封一般分为工作密封与检修密封。工作密封在机组正常运行时使用;检修密封在设备检修时,特别是需要维修工作密封时才投入使用。

灯泡贯流式机组的主轴密封有多种结构形式。以奥地利 VIET 公司灯泡贯流式机组主轴密封为例,该型机组主轴密封由梳齿密封、检修密封和单层橡胶平板密封三部分组成,梳齿密封在减少漏水量上起着主要作用,同时也减轻泥沙及污物对密封面的破坏。在梳齿密封后装有检修密封,它是一种丁腈橡胶制成的空气围带。当单层橡胶平板密封需要检修时,可通过一个转换三通阀接通 0.2 MPa 的压缩空气气源投入该密封。

2.2.12 受油器

受油器是双调节水轮机特有的设备。不论轴流式还是贯流式机组,操纵水轮机桨叶的接力器位于水轮机轮毂内。

为桨叶接力器和轮毂输送压力的油管均由两部分组成:一部分为固定油管,用于连接桨叶控制器与受油器,以及高位油箱与受油器。另一部分为旋转操作油管,用于连接受油器和桨叶接力器,装设在水轮发电机组的主轴空腔内,与轴同心。

灯泡贯流式水轮机的桨叶接力器一般采用活塞套筒式和活塞缸动式两种。活塞套筒式水轮机接力器的开启腔和关闭腔两腔压力油通过受油器从静止油管输送到旋转的压力油管。活塞缸动式水轮机接力器除了开启腔和关闭腔两腔压力油外,还有轮毂油通过受油器从静止的油管输送到旋转的操作油管,活塞缸动式水轮机接力器位于水轮机转轮的轮毂内,接力器缸外充满防尾水渗进水轮机轮毂的压力油。因此,活塞缸动式水轮机有接力器开启腔、关闭腔和轮毂油三种压力油要从静止的管路输送到旋转的接力器中。由于厂家不同,受油器的结构多种多样,但工作原理基本相同,部分厂家还在活塞上设置了漏油栓塞。

2.2.13　灯泡贯流式机组发电机定子的结构

发电机定子包括:机座、铁芯、线圈。

(1) 机座:是一个支撑和受力的部件,除了承受铁芯、线圈、冷却器、制动装置等部件的重力外,还承受灯泡头部分的荷重并传递到水轮机座环,运行过程中承受了额定转矩、突然短路力矩、不平衡磁拉力等复杂的力。

(2) 定子铁芯:是磁路的主要组成部分并用以固定线圈。

(3) 定子绕组线圈:产生电势和输送电流。

定子机座结构方式:框架式和贴壁式。

框架式结构:与一般的立式机组相同,发电机定子铁芯叠压成型后,通过螺栓将其固定在定子机座上,再和灯泡体外壁结合在一起。框架还可用作冷却通风通道。

优点:适用性强、机械强度高、运输变形小、安装容易。

贴壁式结构:铁芯部分的厚壁圆筒经薄壁圆筒过度与上下游法兰焊接而成。铁芯在运行后膨胀与厚壁机座直接接触,铁芯的散热经由机座壁直接传导到流道水中。这部分热量占发电机总热量的 $40\% \sim 50\%$ 。

优点:冷却效率高、尺寸较小、水力特性好。缺点:机座刚度较差,重量较重,机座外壁温度高易生长水生物。

2.2.14　灯泡贯流式机组发电机转子结构

2.2.14.1　转子组成

(1) 转子支架:固定磁轭并传递扭力矩,是把磁轭和转轴连成一体的中间部件。

(2) 磁轭圈:产生转动惯量和固定磁极,同时也是磁路的一部分。

(3) 磁极:产生磁场的部件,由磁极铁芯、磁极线圈和阻尼绕组组成。

2.2.14.2　灯贯机组转子有两种典型结构

(1) 筒形磁轭圈并通过螺栓连接磁极。

(2) 叠片磁轭通过鸽尾槽连接磁极。

2.2.15 灯泡贯流式机组灯泡头和进人竖井

灯泡头是一个用较厚的钢板制成的球面,作用是减小水流的阻力,内侧有加强肋板,顶部有测压孔,下游为法兰与中间环相连,上部、下部均有进人孔。

灯泡头尺寸较大时,常将灯泡头在轴向分成泡头和中间环两个构件,以利运输和组装。

中间环是用钢板制成的一个圆锥台,上游与灯泡头的法兰相连接,下游与定子外壳连接。发电机采用不同冷却方式时,中间环有不同构造。当采用二次冷却时,中间环是双层结构。

进人竖井:进人竖井设置在灯泡头上方,作为人员通道,并且作为发电机各种引出线、电缆、管道的进出通道。

第三节 灯泡贯流式机组辅助设备简要介绍

由于每个电站特点不同,本章以某装机三台的河床式电站为例,做简单介绍。

2.3.1 灯泡贯流式水轮发电机的通风与冷却

通风方式:轴向通风方式、轴径向通风方式、径向通风方式。

冷却方式:冷却介质、通风路径、循环方式、发电机定子结构等,常用的冷却通风方式为密闭循环强迫通风的冷却方式。

2.3.2 灯泡贯流式机组的润滑油系统

润滑油系统作用:给发电机组合轴承、水轮机导轴承输送润滑油。

组成:包括轴承润滑油系统和高压油系统。

轴承润滑油系统:由高位油箱采用自流的方式提供或由安装在回油箱上的油泵直接供给或者两者结合使用。

高压油系统:由高压油泵直接向轴承的摩擦面补充供油。机组转速小于95%额定转速时投入高压油系统。高压油系统一般配备交流电机油泵和一台备用直流电机油泵。

2.3.3 水力机械辅助设备

水力机械辅助设备包括起重设备,水、气、油、水力监测系统设备,机械修理设备。

2.3.3.1 起重设备

主厂房桥机主要用于转轮、导水机构、定子、转子、主轴等部件的吊运和翻身。若吊运和翻身的最重部件为河床电站机组的导水机构(不含重锤、底环),根据最重部件质量(导水机构或转子)、上下游行走限位(上游以灯泡头,下游以转轮体为极限部件)、设备起吊高度(通常为导水机构翻身后或座环外环整体拼装),以及设备翻身等运用方式,选择桥式起重机一台,充分考虑主钩、副钩起吊质量和起重机跨度。机组台数多的电站可以考虑使用多台桥式起重机配合多个安装间和拼装平台使用,同时设计时还需要考虑上下游的行走极限和主、副钩的起升最大高度。

新型水电站,也会在 GIS 室内和水泵房内增设手动葫芦,方便设备拆装。个别流域电站,由于安装高程等原因,直接选用开敞式厂房,用门机直接进行设备安装,也有厂房纵深较大的电站,使用坝顶门机倒运卸车,主厂房桥机配合安装。

2.3.3.2 技术供水系统

（一）设备用水单元

机组的技术供水用户端有:主轴密封供水,轴承油冷却器供水、发电机空冷器供水,以及辅助设备供水等(发电机和轴承的冷却采用锥体冷却套二次自循环冷却)。

（二）供水方式

常用电站选择一个技术供水系统,设计多采用地下取水作为电站的水轮机主轴密封以及冷却润滑用水的水源,对于发电机和轴承的冷却,平常从上游流道取水作为主水源,当水源含沙量超过 20 kg/m³ 时,采用地下取水作为备用水源,技术供水两台水泵可互为备用,在水泵事故情况下,可以使用高位水池进行补给。

部分机组的设计材料选择要求。由于主轴密封用水要求较高,润滑水取自施工生活水池或者纯净水,设有两台卧式离心泵,将水抽至电站的高位水池,然后自流供水到厂内。在上游流道取水,可设有两台卧式离心泵,经加压过滤后,直接供给电站。

2.3.4 排水系统

排水系统分为机组检修排水和厂内渗漏排水两部分。

2.3.4.1 厂内渗漏排水

（一）厂内渗漏排水量及集水井有效容积

厂房渗漏排水量包括:轴密封排水、灯泡体内的冷凝水、辅助设备冷却润滑排水、渗漏集水井的有效容积。

（二）渗漏排水方式

厂内上下游设有渗漏排水总管与厂内集水井连通,渗漏排水总管的高程可以满足各部分自流排水的要求,机电设备各部分的排水分别由支管引至总管排至集水井。选用两台型号长轴深井泵,一台工作,一台备用。深井泵由水位计控制自动运行,将集水井中的水排至尾水,排水管出口高程在最低水位冰冻层以下。深井泵润滑水来自技术供水系统。

可以增选清污泵一台,作为集水井检修时清污用。

2.3.4.2　机组检修排水

机组检修排水采用有排水廊道的间接排水方式,厂房设置2台卧式离心泵或者长轴深井泵作为机组检修排水设备,一台工作,一台备用,用于排水廊道的排水,操作系统与渗漏系统相同。

2.3.5　压缩空气系统

压缩空气系统包括低压压缩空气系统和中压压缩空气系统。

2.3.5.1　低压压缩空气系统

(一)低压压缩空气系统供气用户及工作压力

机组用气:机组制动用气、检修密封围带用气;工业用气:检修风动工具、设备维护吹扫、集水井清淤用气等;通常工作压力:0.8~1.2 MPa。

(二)设备选择

采用机组制动空压机和检修空压机联合供气方式,以便互为备用,但应分开设置储气罐和供气管路。工业用气可作为机组用气的备用气源,二者之间用管路和止回阀连接,以提高机组用气的可靠性。

空气压缩机两台,一台工作,一台备用。一台空压机可在最大制动耗气量后5~6 min内恢复储气罐的工作压力。为方便厂区各处临时用气,另设移动式空压机两台。

储气罐:选择容积6 m³的制动储气罐两个,可满足多台机组同时制动的用气要求,同时能满足风动工具同时工作所要求的气源。

2.3.5.2　中压压缩空气系统

(一)中压压缩空气系统供气用户及工作压力

供气对象:机组油压装置用气;供气压力:8.0 MPa。

(二)设备选择

供气方式采用二级压力供气,即压缩空气自高压储气罐经减压后供给压力油罐。这种供气方式可以达到空气干燥度的要求。

选择空气压缩机两台,首次充气时两台空压机同时工作,可在1 h内将电站一台油压装置的压力升至6.4 MPa以上,之后一台工作,一台备用。自由空气经空压机压缩后,进入空压机自带的油水分离器、冷却器,去掉空气中的油脂,降低空气温度和湿度,将合格的空气送入两个压力8.0 MPa的高压储气罐,再分别经减压阀供出。

2.3.6　透平油系统

贯流式电站油系统包括透平油系统和绝缘油系统为主,本书简要介绍透平油系统。其中高压油系统是用于机组导叶和桨叶的开关控制,低压油有高位油箱注入机组形成轮毂润滑,同时保持对外侧水的压力。润滑油则用于组合轴承和导轴承。

(一)用油设备及用油量

机组总用油量包括:机组润滑油用油量、调速系统用油量;透平油牌号:L-TSA46(个别地区选择 L-TSA68)。

（二）设备选择

储油设备：选用两个或者多个净油罐，用于储存净油及备用油。两个运行油罐，用于储存新油和油处理。

输油设备：选用两台齿轮油泵，用于接收新油、设备充油、排油和油净化。一台油泵可在 4 h 内充满一台机组的用油量，接收新油时，从主安装场自流滤油至运行油罐。

2.3.7　水力监视测量系统

河床及下游电站水力监视量测系统分全厂性测量和机组段测量两部分。

2.3.7.1　全厂性测量

全厂性测量的项目有：上游水位、下游水位、电站毛水头、水库水温和冷却水水温的测量。上游水位、下游水位及毛水头的测量采用水位测量仪，测量范围为 0～30 m。水温测量采用深水温度计 1 个，测量范围 0～70 ℃。

全厂性测量采用集中显示方式，设置非电量监测盘一块，并留有接口与计算机监控系统连接。

2.3.7.2　机组段测量

机组段的测量项目有：拦污栅压差、上游流道压力、尾水管出口压力、水轮机净水头、水轮机流量、导叶前压力、导叶后真空压力、尾水管进口真空压力测量。

拦污栅压差测量：拦污栅前的测点采用上游水位的测量信号，拦污栅后的测点在每台机的拦污栅后各设一个水位测量仪，测量范围 0～30 m。

水轮机净水头测量：上游测点设在进口流道闸门后，下游测点设在尾水管出口。采用压力变送器测量。

水轮机流量测量：采用上游流道与导叶前两个端面的压差测量，采用差压变送器，导叶前压力测量测点设在导叶前。8 只压力变送器测点设在导叶后、尾水管进口。机组段测量的显示，采用集中显示和现场显示，集中显示在每台机组的机旁盘设有非电量显示盘一块，并留有接口与计算机监控系统连接。现场显示的项目有：上游流道压力、尾水管出口压力、导叶前压力、导叶后压力、尾水管压力。

第四节　灯泡贯流式水电站电气自动化介绍

机组自动化是实现水电站远方集中控制和计算机监控的基础，其任务是按照给定的运行命令自动地以规定的顺序操作机组的调速器、励磁装置、同期装置及自动化元件，完成运行方式转换。由此可见，灯泡贯流式机组自动化与机组本身的特性及其调节装置的形式、机组润滑、冷却和制动系统、水力保护系统的要求紧密相关。

2.4.1 机组自动操作

灯泡贯流式机组(潮汐电站例外)一般只有发电运行工况,有的还有泄流工况等。下面以某水电站的灯泡贯流式机组(转桨式)为例,叙述机组各种自动操作程序的主要步骤。

2.4.1.1 开机程序(停机→发电)

机组处于开机准备状态时应具备如下条件。

(1)机组无事故。

(2)制动系统无压力。

(3)断路器在跳闸位置。

(4)灭磁开关在合闸位置。

当上述条件具备时,开机准备继电器动作,同时点亮中控室开机准备灯。当操作开、停机控制开关发出开机命令后,开机继电器动作并自保持,同时作用于以下各处:

(1)启动高压顶起油泵。

(2)启动空冷器风机及其冷却水泵,开启空冷器冷却水电磁配压阀。

(3)启动润滑油泵及其冷却排水泵,开启润滑油电磁配压阀和润滑油冷却水电磁配压阀。

(4)主轴密封围带排气,开启主轴密封润滑水电机配压阀。

(5)准备好同期装置的投入及接入准同期装置的调整回路。

当上述辅助设备投入运行,开主机继电器动作。向调速器发出主机启动命令。调速器的机械开度限制和电气开度限制自动上升至空载开度位置,同时,调速器开始执行开机程序,主接力器自动打开和开始自动协联,机组启动,转速上升。

当机组转速上升到95%额定转速时,励磁装置自动启动;高压顶起油泵自动退出,同期装置自动接入。

当机组与系统并列后,调速器机械开度限制机构和电气开度限制机构自动升至全开位置,机组带上给定负荷,发电机运行继电器动作,复归开机回路,中控室发电运行指示灯点亮。

2.4.1.2 停机程序(发电→停机)

操作开停机控制开关发出停机命令后,停机继电器动作,同时作用于以下各处。

(1)调速器执行停机程序,减有功功率、无功功率至空载。

(2)导叶开度关至空载时跳开发电机断路器。

(3)调速器电气开度限制自动关至空载开度,机械开度限制自动关至全关位置,桨叶关至启动位置。

(4)当机组转速下降至95%额定转速时,自动启动高压顶起油泵;当机组转速下降至25%额定转速时加机械制动;当机组转速下降至0时,停高压顶起油泵;停空冷器风机及其冷却水泵,停润滑油泵及其冷却排水泵,停主轴密封润滑水、主轴密封围带供气,关闭有关的电磁配压阀;若剪断销未剪断则可复归机组制动。至此,停机程序完成,机组重新处于开机准备状态,中控室点亮开机准备灯。

2.4.1.3 泄流工况。

当电站水头为 1.8~3.0 m 时,机组利用飞逸工况泄水,飞逸转速为机组额定转速;当水头为 0.3~1.8 m 时,机组并网工况泄水,系统供给有功功率,机组保持额定转速。

泄流工况运行时,向调速器发泄流工况运行命令,调速器的调节器完全按泄流运行方式运行,导叶与桨叶之间不具备原来的协联关系,机组保持额定转速运行。

2.4.1.4 机组保护与信号。

机组运行过程中出现不正常运行情况是难免的,机组保护的任务就是当出现不正常运行情况时及时发出报警信号,当出现可能危及机组安全事故时,应及时作用于停机,防止事故扩大。本例机组保护与信号设置如下。

(一)水力机械事故停机保护

机组在下列情况下,事故停机保护继电器动作,作用于调速器紧急事故停机电磁阀、正常停机回路和发电机断路器跳闸回路。

(1)油压装置事故低油压。

(2)机组轴承温度过高。

(3)机组空冷器冷风温度过高。

(4)机组电气事故。

(5)机组转速超过 115%额定转速(具体以设计定值为准)。

(6)手动事故停机。

(二)水力机械紧急事故停机保护

机组在下列情况下,紧急事故停机继电器动作。作用于导叶自关闭电磁阀及事故停机保护继电器,导叶在自关闭力矩及重锤力矩的作用下自行关闭。

(1)机组转速超过 140%额定转速(具体以设计定值为准)。

(2)机组转速超过 115%额定转速时,或者调速器主配压阀发生卡阻(具体以设计定值为准)。

(3)事故停机过程中剪断销剪断。

(4)手动紧急事故停机。

(三)水力机械故障

由于灯泡贯流式机组甩负荷时容易过速和产生较大的反向轴推力,对确保机组长期、安全、稳定运行不利。因此,不论是紧急事故停机时导叶自关闭,或是事故停机时调速器通过接力器控制导叶关闭,都是采用两段关闭。两段的拐点和两段关闭时间都可以分别调整,因而可以选择合适的导叶关闭规律,对降低机组的过速和反向轴推力将起决定性作用。

2.4.2 辅助设备自动化

辅助设备是指辅助电站运行的油、气、水等公用系统设备。为保证灯泡贯流式机组的安全运行和开停机的顺利进行,要求辅助设备系统有较高的可靠性和自动化程度。辅助设备中的主要系设备可考虑配置直流泵备用,以保证辅助设备电源的绝对可靠。下面介绍某电站的辅助设备的自动控制。

2.4.2.1 机组润滑系统的自动化

某电站的灯泡贯流式机组设有推力轴承、发电机导轴承和水轮机导轴承。轴承的润滑是由重力油箱供给润滑油。

当开机继电器动作后，润滑油管电磁阀打开，重力油箱开始供油。同时，启动主用润滑油泵，将回油箱的润滑油打上重力油箱。当回油箱油位上升到上限时，启动备用润滑油泵；当回油箱油位下降到正常油位时，停备用润滑油泵；当回油箱油位下降到下限时，停主用润滑油泵；当重力油箱油位超过上限时，由溢油管流回回油箱；当重力油箱油位过低、回油箱油位过高或过低，液位信号器发出故障信号。各油箱的油混水信号器可在油箱内积水过多时，发出故障信号。由于机组运行期间，主用润滑油泵一直运转，因此，两台润滑油泵自动轮换，在开机时切换主用润滑油泵启动。

为了使轴承在开、停机过程中形成油膜，保证润滑，设置主、备用两台高压顶起油泵。

高压顶起油泵在开机时投入，机组转速上升到95%额定转速时退出。停机过程中转速下降至95%额定转速时投入，停机完成后退出。主用高压顶起油泵投入后，油压达不到整定值时，延时自动投入备用高压顶起油泵。

润滑油在灯泡体外由冷却水冷却，设有润滑油冷却水泵，开机时投入，停机完成后退出。

各轴承埋设测温电阻，并分别接到动圈式温度指示调节仪表、数字式温度巡检仪和计算机监控系统。当轴承温度升高时，发出故障信号；当轴承温度过高时，发出事故信号并事故停机。

重力油箱各轴承供润滑油的管路及轴承至回油箱的管路都装有示流信号器，当油流中断时发出故障信号。

2.4.2.2 机组冷却系统自动化

灯泡式水轮发电机转速低、直径小、长度长，灯泡体内空间小，因此，发电机的通风冷却比其他机型的发电机困难得多。这是灯泡机组的要害之一。如解决得不好，将会导致发电机温度过高而必须限负荷运行。某电站机组采用贴壁结构，冷却效果相对好些，流道中的流水带走较多的热量。

发电机的冷却系统采用4~8台空冷器风机和专用的空冷器冷却水泵，风机和冷却水泵都是开机时投入，停机后退出。由于灯泡机组通风冷却系统的重要性，所以对其加强监测。当空冷器4~8台风机中只要有一台故障、空冷器冷风温度升高、空冷器冷却水温度升高时，发出故障信号，当空冷器冷风温度过高时，发出事故信号并事故停机。

2.4.2.3 其他

调速器油压装置设置两台互为备用的油泵，并设置压力油箱及其压力继电器和液位信号器。当油箱油压降低时启动主用油泵；油箱油压过低时启动备用油泵，油压恢复正常时自动停主、备用油泵。油箱油位过高或过低时发故障信号，油压装置事故低油压时动作于事故停机。

为了解决灯泡机组的潮湿问题，还增加配备了电加热器和除湿器，可在停机后自动投入或手动控制。

为了防止水流漏入轴承及机组内部,设置了主轴空气围带密封装置。开机时,自动操作电磁空气阀使空气围带排气,同时开启密封润滑水电磁阀。停机时,自动操作电磁空气阀使围带通入压缩空气而膨胀,同时关闭密封润滑水电磁阀,这样在停机时可止住漏水。

2.4.3 计算机监控系统

水电站计算机监控系统的应用,可以提高安全监控和经济运行水平,提高管理水平和改善劳动条件。梯级电站采用计算机监控系统,有利于实现梯级的集中监控和经济调度。贯流式水电站一般为梯级电站,具有水头变幅大,运行调度复杂,运行条件差等特点。因此,采用计算机监控系统更有必要并可取得较明显的经济效益。

水电站计算机监控方式主要有以下几种模式:以常规系统为主、计算机监控为辅的方式;常规系统与计算机系统并存的方式;计算机系统为主、常规为辅的方式;全计算机监控的方式。

电站的监控采用以常规为主、计算机为辅的方式。远期扩展为以计算机为主、常规为辅的方式。调度方式近期由地区调度所调度,远期将由梯级计算机系统统一调度。计算机监控系统采用分层分布结构,由主控制级和单元控制级组成。主控制级采用单机系统。单元控制级设置现地控制单元(LCU),其中含机组 LCU 和 1 个公用 LCU。主控制级与单元控制级采用串行口通信。

2.4.3.1 数据采集与处理

数据采集与处理是计算机监控系统的基础,本系统通过现地 LCU 采集全厂内电气运行和生产过程的各种实时信息,并检出事故、故障、状态以及模拟量和温度量越复限等事件信息,经处理后送给主控制级,在主控制级主机中及时更新数据库,为实现其他功能提供实时的运行状态信息。

2.4.3.2 运行监视

用彩色监视器,运行人员可以从各种画面、一览表中得到全厂极为详细的实时运行信息,在出现事故或设备异常时,能自动以语音和醒目的简报报警,指出事件的性质和异常参数值。

2.4.3.3 控制与调节

运行人员可以通过功能键盘做发电、停机、空载、断路器合闸或分闸等控制操作,也可以进行机组的有功、无功调节。对运行人员的任何操作,计算机都将作命令的合法性检查和控制的闭锁条件检查,对非法命令和不满足闭锁条件的控制操作,监控系统将拒绝执行,并在屏幕上提示运行人员拒绝执行的具体原因。

2.4.3.4 自动发电控制和自动电压控制

自动发电控制(AGC)和自动电压控制(AVC)的工作方式可选开环指导或闭环工作。

AGC 是根据地调要求的发电功率,同时考虑效率特性曲线、水位、流量、航运基流要求等因素,确定最佳运行的机组台数、机组的组合方式和机组间最佳有功功率分配。在功率分配时将考虑机组运行限制条件,按躲过振动区、空蚀区、低效率区,实现负荷的经济分配。

AVC 是根据地调要求及安全运行约束条件,合理分配机组间的无功功率,维持

110 kV 母线电压为系统的给定值。

2.4.3.5 运行操作指导

运行操作指导包括对复杂操作开列操作票和对典型事故给出事故处理指导。

2.4.3.6 事故处理

当发生事故、故障、状态和越复限等事件时,监控系统将自动做一系列处理,如推出简报、登录一览表、发出音响、推荐画面、启动事故追忆、屏幕显示画块或数据改变颜色等。

2.4.3.7 技术统计与制表打印

主要有故障的记录、操作记录、运行参数的记录、上报运行报表、生产日报表、各种统计资料等。监控系统在汉字打印机上随时或定时打印以上各种报表。

2.4.3.8 系统通信

主控制级可扩展接口,增设与地调或梯调、水文测报中心的联络通信。

2.4.3.9 自诊断和自恢复功能

系统具有在线自诊断能力,可以诊断出 LCU 通道、模件、电源等故障,自动切除故障部分,并给出自诊断信息,供维修人员及时检修和更换。

LCU 有硬件自恢复电路,当由于某种原因导致软件死锁时,自动产生自恢复信号,将各外围接口重新初始化并保留历史数据,实现无扰动的软、硬件自恢复,以保证 LCU 的正常运行。

第五节 灯泡贯流式机组固有缺点和常见问题

2.5.1 贯流机组固有缺点

单位电量耗水多:由于其运行水头低,根据水轮机功率公式 $P=9.8\eta QH$ 可知,要想发同样的功率(P),水头(H)越少,机组流量(Q)就必须越大,即与高水头机组($H_{\text{大}}$)相比,同样的装机容量(P),需要更大的流量(Q)。也就是说,发同样多的电量,低水头贯流机组比高水头混流机组需更多的水。体积相对较大,导水机构易出故障。由于其水头低,与高水头立式混流机相比,单位容量的额定流量大得多,其体积自然也大得多。特别是导水机构部分,导叶、拐臂、连杆等体积和重量也随之增加。油系统比较复杂。由于低水头灯泡贯流机组为双调节机组,油压操作系统包括导叶调节和桨叶调节两部分(高水头的混流机组只有导叶调节部分)。其中,桨叶调节部分的设备包括受油器、转动的中操作油管、结构复杂的转轮体,这些设备故障概率大,影响发电。大坝较长,泄水闸部分投资较多。低水头电厂一般修在河面较宽的位置,因此,大坝较长,泄水闸门较多,每扇闸门都需要配套的启闭机及控制操作柜,这一部分的投资与厂房及发电设备的投资比率接近 0.8∶1.0(高水头电厂约为 0.4∶1)。流量太大时往往被迫停机。低水头电厂由于上下游水位差本来不大,当入库流量太大时,开闸泄水,上下游水位差就更少,此时只能停机(而高水头电厂在开闸泄水时只影响发电负荷,一般不需停机)。垃圾较多,影响发电。低水头电厂由于河流已流过上游多座城市,垃圾自然多,对环境影响较大,且影响水轮发电机功率输出;另外,有时为了清污,被迫停机拉闸泄水排污。

机组安装及大修难度大:由于贯流机组的主轴为水平安装,定子、转子和导水机构等大件需翻身吊装才能就位,安装和检修难度大大增加。平时小修,如空冷风机、空冷器和受油器等维修也较困难。库区投入多。修建低水头贯流机组电厂,为减少移民搬迁及交通设施等淹没赔偿,通常要在库区两岸修建一定长度的防洪大堤和抽水泵站,这些设施每年的运行维修费也较高。

2.5.2　灯泡贯流式机组常见问题

尽管我国已经引进并使用灯泡贯流式水轮发电机组将近四十年,但由于其原始设计的不足,问题仍无法避免,这在建成电站中均一一得以验证。例如,体积相对较大,水轮机侧密封和导水机构容易出故障。辅助机械和浮游生物系统比较复杂,调速器油系统故障机率大,影响发电。容易受到外部条件制约,上游垃圾较多,流量太大时往往被迫停机。运行成本低但安装及维修难度大,大件需翻身吊装才能就位,双支点轴系调整和受油器操作油管时间调整困难,发电机内部设计空间有限,如定子装配、附属风机、空冷器和受油器等安装维修均困难。

但多年来,伴随着数百台机组的投入运行使用,各制造厂家和施工单位也逐步总结经验,逐步弥补设计制造中的诸多不足。

(1)为了减少转轮体内部缸体损伤,降低转轮体内各腔油路窜油可能,保证更好过流效果,就要进一步缩小轮毂比。国内主要灯泡贯流机组生产厂家纷纷将原有活塞式转轮体改进成缸动式转轮体,在确保转轮体自身强度的同时,缩小转轮体外型后加大了过流能力,提高了机组使用效率,简化了大型操作架制造加工工艺,减少操作油用油数量,降低了转轮体内部拉缸现象概率,双重密封了桨叶开关油腔,缩短了转轮体与水导轴承之间距离,优化了水导轴承在承受交变应力时的工况。

(2)导叶轴头漏水一直是困扰每个电站的问题,原因也是多方面的,比如,立面间隙调整过大、导叶加工精度不足、轴头密封设计不足等均能产生上述现象,不仅造成了不必要的水头损失,影响到水轮发电机组运行工况,个别机组甚至影响剪断销信号器的信号传递,进一步影响到机组运行状态。几年来,各厂家不断更新导水机构的轴头装配结构,同时兼顾材料的更新,由铜套变更为钢背聚甲醛材料,用具备自润滑效果的复合轴套替换原有的导叶轴套和连杆销轴套。同时,为了进一步美化运行环境,在每个导叶可能漏水的部位进行环管连接成漏水管,向渗漏井排出。此类技术改造均取得了良好的效果。

(3)为了预防导叶之间异物夹杂,不影响运行工况,很多厂家设置了弹簧连杆,但由于弹簧连杠时有卡阻出现,甚至会发生导叶反转等情况。为了避免这一情况出现,相关人员先后使用了限位挡块、增加滑动摩擦副和行程测量等多种形式,直到以陶瓷或脆性聚苯乙烯为材料的剪断销信号器的出现才将这一问题有效解决。

（4）密封的结构有很多种形式,主要分为接触式和非接触式,比较常见容易出现问题的部位主要是主轴密封、转轮体叶片密封以及受油器密封。由于卧式水轮发电机组流量大,对于密封要求非常高,很多厂家将根据不同的工况给客户设计不同的结构形式,并逐步推大了陶瓷甚至高分子树脂基的泰迪材料在接触式密封中的使用,在布置结构中更是增加了多道梳齿的设计形式。

（5）早期生产桨叶密封大多用 λ 形或者 D 型结构形式,从大部分国内机组的运行情况来看密封容易失效,说明这种密封形式不适应要求长时间稳定运行的水轮机组。国内很多厂家结合实际情况通过长时间的技术攻关,筛选出摩擦系数低、机械强度高、耐油耐水介质寿命长的高分子聚合材料,并设计出 V 型组合密封结构,日本富士电机设计中更是使用了 X＋Y 型的密封机构（图 2-6）,有效做到了桨叶密封的处理。但密封方式仍需要不断改进。

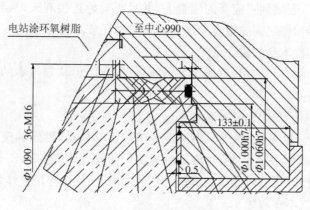

图 2-6 典型的 X 型密封

（6）受油器系统的漏油窜油、油压装置频繁启动也是运行常见故障,有些是由于安装过程中间隙过小,造成浮动瓦无法浮动,形成磨损,有些是由于加工过程中同心度不足,造成操作油管摆度过大,形成径向磨损。个别机组甚至由于定位螺栓直径过小也会引起受油器内部装置松动磨损,甚至烧瓦。因此,受油器的改进是这十年来多数电站技改的核心问题。从出厂预装、加工过程中实配同车同镗到浮动瓦材料改变,设计加工手段正在逐步弥补这一现象。浙富、东芝等厂家引进了整体式受油器,将受油器的受力位置改变在灯泡头—Y 方向,而非传统的振动较大的前机架位置,更是有效地减少了漏油窜油现象。

（7）在组合轴承的内部结构中,各厂家设计各有千秋,正反推力瓦结构设计逐步替代了使用刚性支撑加抗重螺栓的方式,改为弹性支撑座配合球面螺柱加轴承座形式,而发电机导轴承设计中也取消了外部球瓦设计形式,逐步使用导瓦形式。平面推力瓦也随着复合材料的出现,在瓦面受力处取代了巴氏合金。这些改进不仅简化了组合轴承的内部结构,更优化了油的润滑方式。

（8）老式机组发电机冷却方式和冷却器选型一直存在问题,需要不断技术改造。

第六节　安装基础工艺知识

2.6.1　各部件的组合与装配

机械零件就是组成机械设备的最小单元,是不可再拆卸的独立体;而部件是指机械设备中具有一定功能作用的部分,部件通常由若干个零件组合而成。水轮发电机组由成百上千个零件构成的,但所划分的部件则只有几个或十几个。机组的安装工作就是要把这些零件组合成部件,安放到它应有的位置上,并且正确地连接起来,从而形成一台完整的水轮发电机组。零部件之间的组合和连接就成了机组安装的重要内容,其中还可能包括某些大型零件或部件本身的拼合工作。

零部件之间的组合和连接,可能有各种不同的形式,但从最基本的相互关系看,分为相对运动与相对静止两大类。

2.6.1.1　相对运动的组合关系

(1) 滚动配合。电动机、水泵等小型设备常用滚动轴承,轴承的滚动体与内、外圈之间就是相对滚动的配合关系。不过,滚动轴承的尺寸及运动精度等,都是由制造厂规定和保证的,安装或检修时只进行必要的清洗、检查、润滑,而且往往是整体装、拆的,其工艺过程相对简单,这里就不多叙述了。

(2) 滑动配合。水轮发电机组的轴承,除极少数以外都是滑动轴承,一种是圆柱面的导轴承,一种是平面的推力轴承,其中轴领和镜板转动,而导轴瓦和推力轴瓦不转动,构成了相互滑动的配合关系。另外,导叶轴与轴套之间,控制环与顶盖之间也是滑动配合,不过滑移的范围小,速度低。

2.6.1.2　相对静止的组合关系

(1) 螺栓连接。用各种螺栓把两个甚至多个零件连在一起,组成可以拆卸但又相对固定的组合关系,这是广泛采用的连接形式。在水轮发电机组中,除了一般性的连接以外,主轴与水轮机转轮之间,水轮机轴与发电机轴之间的螺栓连接是最重要的、要求很高的螺栓连接。

(2) 过盈配合。轴比孔大的配合称为过盈配合,当用强力挤入或者加热后套入的方法把轴与孔装配起来后,它们之间就会密切接触进而紧紧地连在一起。过盈较大的配合将使轴与孔固定成一体,今后不再拆卸,如发电机主轴与轮壳之间就是这种连接。过盈量较小的配合是可拆卸的,但它能使轴与孔同心,连接比较紧密,推力头与主轴之间的配合就是典型代表。

(3) 焊接。电弧焊是常用的一种固定连接方式,也是一般不再拆卸的连接。

(4) 铆接。在两个零件的同一位置钻孔,穿入铆钉并将钉头打变形,从而使两者固定在一起的方式就是铆接。就水轮机组而言,铆接只用于一些次要的地方,而且应用已越来越少。

以上的这些组合形式，各有其特点和要求，实施的工艺过程也各不相同，本文只介绍滑动配合、过盈配合、螺栓连接及其基本工艺。

2.6.2 滑动配合面的研磨和刮削

水轮发电机组的轴承，绝大多数是用透平油润滑的滑动轴承。为了使轴瓦耐磨，都在钢的瓦体上浇铸一层巴氏合金来制成工作面。分块瓦式的导轴承，由四周均匀分布的六块、八块或更多的轴瓦围成圆柱面，包围轴领并承受径向力，从而使机组轴线稳定。筒式导轴承则只有两块半圆形的轴瓦。推力轴瓦一般是分块的，由八块或更多的轴瓦围成一个圆环形的平面，面对推力头及镜板，在轴线方向固定主轴并承受轴向力。

实际运行时，轴瓦与轴领或镜板并不直接接触，要在中间形成一层油膜，靠油膜润滑并传递压力，这即是液力摩擦形式。液力摩擦对滑动的工作面有很严格的要求，不仅形状、尺寸要正确，而且表面质量要高，还得相互密切配合。这些质量要求单靠机床加工是无法满足的，必须在安装过程中用人工的方法修整，这就要对轴领和镜板进行研磨，对轴瓦进行刮削。

2.6.2.1 研、刮的目的

（1）修整摩擦面，改善结合质量。镜板或轴领研磨及轴瓦刮削是为了修整制造误差，提高其表面质量；更要改善它们之间的结合情况，使两者的工作面互相吻合，接触面积达到轴瓦总面积的 75%～90%，而且使接触点均匀分布，如达到每平方厘米 1～3 个点。

（2）刮削在轴瓦表面留下凹坑，有利于形成油膜。刮削是人工用刀具去修整的过程。对轴瓦的刮削，一方面造成适当的进油边，使透平油能顺利进入；另一方面又在轴瓦表面留下大量凹坑，这种宽而浅的凹坑有利于形成并保持油膜。

（3）提高耐磨性，延长轴瓦的使用寿命。研磨使轴领或镜板的工作面更平整、更光洁；刮削使轴瓦表层的巴氏合金发生塑性变形，不仅更好地与轴领、镜板配合，而且表面硬度有所提高。这些都大大提高了轴瓦的耐磨性，可以明显地延长其使用寿命。

除塑料推力瓦以外，随着加工工艺的不断提高，大部分电站的巴氏合金轴瓦已不需在工地研刮。

2.6.2.2 镜板的研磨

研磨就是用工业毛毡、法兰呢等软材料加上研磨剂后在工件表面来回摩擦的加工过程。研磨剂中细小但硬度很高的磨料晶粒会在混乱无序的相对运动中对工件表面进行切削。研磨的切削量非常小，但是足以纠正机床加工留下的表面不平整等细小误差，更能大大提高表面的光洁度，直到形成不同程度的"镜面"。

大中型机组的镜板常用研磨机研磨，如图 2-7 所示。

2.6.2.3 轴领的研磨

轴领的工作面是一段外圆柱面，通常都用人工研磨，先准备一块宽度适当的长条形工业毛毡，两端可钻孔并穿上细麻绳以便于拉动。将毛毡包在轴领上，加适量研磨剂后来回拉动，就可以对轴领进行研磨。

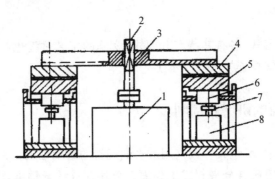

图 2-7 研磨机

1. 电动机；2. 轴；3. 转臂；4. 研磨条；5. 镜板；6. 推力瓦；7. 抗重螺栓；8. 支柱

研磨前应仔细检查，清洗轴领，如果有局部的缺陷，可事先用油石修磨。

拉动毛毡条时用力要均匀，同时要不断地围绕轴线旋转，保证轴领的整个工作面都得到均匀一致的研磨。

2.6.2.4 轴承瓦研刮

轴承瓦研刮主要通过研磨机或临时研磨支架来进行，一般应通过轴承瓦与其相配合的旋转部件实际研配来实现。目前，随着机加工工艺的提高，大型水轮发电机组轴承瓦在工地已不再进行研刮。

推力瓦研刮工艺要求：

（1）瓦面 1 cm^2 内应有 1～3 个接触点。

（2）瓦面局部不接触面积，每处不应大于轴瓦面积的 2%，最大不超过 16 cm^2，总和不超过轴瓦面积的 5%。

（3）进油边按照制造厂要求研刮。

（4）无托盘支柱螺钉式推力轴承瓦，应在达到（1）（2）条要求后，再将推力瓦中部刮低。

在支柱螺栓周围，以瓦长的 2/3 为直径的圆形部位，破除接触点，排一遍刀花。然后在缩小范围，在支柱螺栓周围，以瓦长的 1/3 为直径的圆形部位，与原刮低刀花成 90°方向再排一遍刀花。

机组盘车后，应抽出推力瓦检查瓦面满足上述要求。高压油室按设计要求研刮。双层结构推力轴承，薄瓦与托瓦接触面按要求研刮，无要求时，其接触面应达到 70% 以上。受力状态下用 0.02 mm 塞尺检查薄瓦与托瓦接触面应无间隙。

导轴瓦应符合下列要求：

（1）导轴瓦合金应无密集气孔、裂纹、硬点及脱壳等缺陷，瓦面粗糙度小于 0.8 μm。

（2）筒式导轴瓦应与轴试装，总间隙满足要求。每端最大与最小总间隙之差及同方位的上下端总间隙之差，均不应大于实测间隙的 10%。

（3）筒式导轴瓦满足项（1）（2）要求时，可不再研刮。

（4）导轴瓦研刮，瓦面接触均匀，每平方厘米面积上至少有一个接触点；每块瓦局部不接触面积，每处不大于 5%，其总和不应超过轴瓦总面积的 15%。

2.6.3 热套联接

热套联接是工程常用的装配方法,一般通过铁损法或电热板加热法将工件装配孔加热,使孔径膨胀,然后将轴装入。待孔径冷却后,形成紧度配合。

目前也有采用液态氮将轴冷却,使轴颈缩小,然后装配。待轴温升至正常室温时,形成紧度配合。

热套联接在水轮发电机组安装中,主要用于转子轮辐与轴、推力头与轴及水轮机止漏环的装配。热套前,应调整热套部件的水平及垂直度,测量各配合断面实际最大过盈量。

2.6.3.1 热套膨胀量计算

热套膨胀量一般由制造厂给出。没有具体要求时可按国标(GB/T8564—2003)要求进行计算:

$$K = \Delta_{\max} + D/1000 + \delta$$

式中 K——装配工件内孔所需膨胀量,mm;

      $\Delta_{\max}$——实测最大过盈值,mm;

      D——最大轴径,mm;

      δ——取值,$0.5\sim 1$ mm。

2.6.3.2 加热温度计算

$$T_{\max} = \Delta T + T_0$$

式中 $T_{\max}$——最大加热温度,℃;

      ΔT——加热温升,℃;

      T_0——室温,℃。

其中

$$\Delta T = \frac{K}{\alpha D}$$

      K——装配工件内孔所需膨胀量,mm;

      α——膨胀系数,钢材 $\alpha = 11\times 10^{-6}$

      D——内孔标称直径,mm。

2.6.3.3 电热器加热总容量

$$P = \frac{K_0 \Delta_T GC}{T}$$

      P——电热器总容量,kW;

      K_0——保温系数,一般取 $2\sim 4$;

      Δ_T——计算温差,℃;

      G——被加温部件总重量,kg;

      C——被加热部件材料的比热容,钢材取 $C=0.5$ kj/(kg·K);

T——预计所需加热时间,s。

2.6.4　螺栓联接

螺栓联接在水轮发电机组安装中应用广泛。为了保证螺栓联接的可靠性,螺栓的预紧力应满足要求。螺栓拧紧过程中,同一组合面各螺栓的预紧力必须保持一致,并要对称拧紧,避免机件歪斜和螺栓受力不均。

在水轮发电机组安装中,主要大件的连接,其螺栓预紧力都有具体要求,有预紧力要求的螺纹连接常用紧固方法有定力矩法、加热伸长法、测量伸长法、液压拉伸法等,主要用于转子磁极、转子联接、转轮联接、转轮活塞、叶片联结、主侧支撑及接力器等部位。

2.6.4.1　螺栓伸长值计算

$$\Delta L = \frac{[\sigma]L}{E} \quad 或 \quad \Delta L = \frac{FL}{SE}$$

式中　ΔL——计算的螺栓伸长值,mm;

$[\sigma]$——螺栓许用拉应力,一般采用$[\sigma]=120\sim140$ MPa;

L——螺栓长度,从螺母高度的一半算起,mm;

E——螺栓材料弹性系数,一般 $E=2.1\times10^5$ MPa;

F——螺栓最大拉伸力,N;

S——螺栓截面积,mm^2;

2.6.4.2　螺栓伸长值测量

螺栓伸长值的测量通常采用百分表配合测杆测量法及螺母转角测量法测量。第一种测量方法要求螺栓是中空的,孔的两端带有一段螺纹,用于固定测杆和表架。螺栓拉伸前后的百分表读数之差即为螺栓的伸长值。其测量简图如图 2-8 及图 2-9 所示。

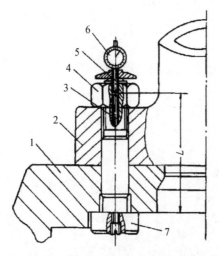

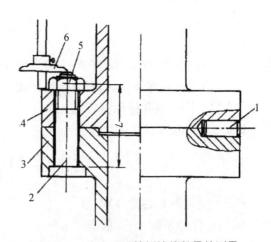

图 2-8　大中型机组螺栓伸长量的测量

1. 下法兰;2. 主轴法兰; 3. 侧杆;4. 螺母;
5. 百分表座;6. 百分表;7. 螺栓

图 2-9　中小型连轴螺栓伸长量的测量

1. 圆柱销;2. 螺栓;3. 水轮机轴;
4. 发电机轴;5. 螺母;6. 高度游标尺

转角法测量螺栓伸长,是根据螺母转动一圈为 360°,而螺纹将升高或降低一个螺距 S (mm),若螺栓伸长值为 ΔL(mm),则螺母转动角度 α 应为:

$$\alpha = \frac{\Delta L \times 360°}{S}$$

2.6.5　机组部件的基本测量

除上文介绍的微观部件测量方法外,在机电安装工程中常见的工程测量方法还包括水准测量法、电磁波测距三角高程测量法等。常用测量仪器包括水准仪、经纬仪、全站仪(测量机器人)、电磁波测距仪、激光测量仪器、全球定位系统(GPS)等。水准仪是测量两点间高差的仪器,广泛用于控制、地形和施工放样等测量工作。经纬仪广泛用于控制、地形和施工放样等测量。在经纬仪上附有专用配件可组成激光经纬仪、坡面经纬仪等。全站仪具有角度测量、距离(斜距、平距、高差)测量、三维坐标测量、导线测量、交会定点测量和放样测量等多用途。以往的全站仪用在土建工程较多,但伴随内置专用软件升级后,功能还可进一步拓展,在高程、纵横中心线的测量中也有应用。全球定位系统(GPS)在大地测量、城市和矿山控制测量、建(构)筑物变形测量及水下地形测量等已得到广泛应用,尤其是二期混凝土浇注后的复测,减少了原有经纬仪、水准仪测量时的人工成本。

此外,电磁波测距仪广泛用于控制、地形和施工放样等测量中,成倍地提高了外业工作效率和量距精度,电力外线的测量较为常见。其他的技工测量仪器有激光准直仪、激光指向仪、激光准直(铅直)仪、激光经纬仪、激光水准仪、激光平距仪等等,由于空间有限,在水电站机组内部使用受到局限,但对于大型设备翻身后的变形测量,已经在方案比对中考虑优先激光准直(铅直)仪、激光经纬仪,这对超大型机组的吊装过程监控有一定推广意义。

由于水轮发电机由众多的零部件组成,而且尺寸大、重量重,且对零部件的形状、尺寸、位置等都有较严格的质量要求。机组安装中都需要进行一系列的测量和调整工作。测量方法的合理性、测量工具及仪器的准确性,都将直接影响测量和调整的精度,也会在很大程度上影响机组安装及检修的质量。因此,应该充分重视测量方法的研究,以及测量工具、仪器的正确使用,本节就常见的部分介绍其基本知识。

2.6.5.1　机组部件测量的基本内容

在机组安装及检修过程中,对每一个零部件进行测量和调整,都必须首先明确三个方面的问题:

(1)需要测量、调整的项目。

(2)项目的精度要求。

(3)测量的基准和测量方法及仪器。

这些问题在机组安装技术规范、质量等级评定标准等文件中已有明确的规定,有的机组制造厂还提出了具体要求。总之,事先熟悉图纸资料,掌握有关的规程、规范是搞好测量工作的前提条件。就具体工作进行归纳,机组安装、检修中的测量有以下几方面。

（1）平面的平直度、水平度或垂直度。

（2）内、外圆柱面的不圆度、同轴度，以及内圆柱面的中心位置。

（3）零部件的平面位置。

（4）零部件的高程。

（5）机组轴线的位置，轴线的垂直度或水平度。

（6）面与面之间的间隙。

2.6.5.2 测量基准及基准件

任何测量工作都是相对于某种参照物来进行的，这个参照物即进行测量的基准。就上述的各项测量而言，基准是某个几何元素，即一个点、一条线，或者某个面。但按照基准在意义和使用上的不同，又可以分为原始基准、工艺基准和校核基准三种。

（一）原始基准

原始基准就是土建工程使用并保留下来的基准点，包括高程基准点和平面座标基准点。原始基准应有四等或更高的测量精度，而且由固定的永久性标志表达。机组安装的测量工作由原始基准出发，就可以保证电站的机电部分与土建工程相吻合，在平面位置和高程上准确一致。

（二）工艺基准

工艺基准是被安装件上的某个面，它既是该零部件加工时的定位面，也是安装过程中对它调整、定位的面。以立式机组为例，水轮机座环以它的顶平面为工艺基准；发电机定子则以底平面为工艺基准。不难理解，安装中校正零部件的位置，首先就应该决定该零部件工艺基准的位置。

（三）校核基准

校核基准是检查零部件安装质量时使用的测量基准，它一般都不在被侧工件本身上，是另外一个点、线或面。以立式机组为例，检查水轮机底环中心，发电机定子中心等平面位置时，校核基准都是机组的轴线。

此外，在整个机组的安装过程中，总有一个重要部件是最先安装而且起基础作用的，它的定位将决定整个机组的位置。而且其他零部件要么就装在它上面，要么以它为基准来确定位置，这样的部件就称为安装的基准件。显然，基准件的安装是十分重要的，基准件安装的精度将在很大程度上决定整个机组的安装质量。

2.6.6 机组部件平面平直度测量

机械加工的平面不可避免地存在误差，尤其是大尺寸部件上的某些平面，局部的凹凸，甚至波浪形起伏都是可能的。为了检查平面的平直度误差，最合理而且最简便的方法就是用一个标准平面与之比较。

将标准的平面（平台、平尺）置于被测量平面上，检查其接触情况，是测量平面平直度的常用方法，常用的测量方法有以下几种。

显示剂测量法：在被测量平面上涂一层薄显示剂（如红丹、石墨），将标准平台置于被测量平面上并相对移动数次，此时被测量平面的高点可显现出来，根据高点的多少，可以判断平面的平直程度。如镜板、法兰面的平直度的测量等。

塞尺测量法:将平尺置于被测量平面上,用塞尺检查平尺与平面的间隙,确定平面的平直度。如转子磁轭平直度的测量等。

2.6.6.1 部件平面水平测量

工件水平的测量方法常采用水平尺、橡皮管水平器、水平梁、框式水平仪、合像水平仪、合像光学水准仪。在此,只介绍框式水平仪和合像水平仪的测量计算方法。

把框式水平仪放在工件坐标轴轴线切线位置,测量水平仪气泡移动格数,为扣除水平仪自身误差,应将水平仪倒换 180°进行测量,计算测量部位的合成移动格数。如图 2-10 所示,n1、n2、n3、n4 假定为经过计算的气泡移动格数,箭头表示最终气泡移动方向。

对于合像水平仪,测量前应将水平仪调零。由于其测量出的数据单位是 mm/m,则可假设图 2-15 中 n1、n2、n3、n4 为经过计算的每米水平值。

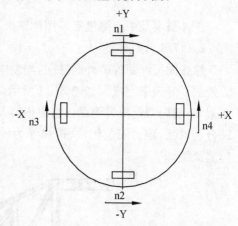

图 2-10 水平测量

2.6.6.2 水平仪误差消除

水平仪属于高精度仪器,长期使用难免产生误差。为了消除仪器误差保证测量精度,

使用时必须在原位置上调头,用两次测量的平均值作为实际的水平度误差。测量时应注意:

(1)认定某一侧偏高时为正,两次测量都按这个假设读出格数的正负号。

(2)水平仪必须在原位置上调头,为了保证位置准确无误,可用铅笔、石笔等在被测平面上画出仪器的位置边界。

(3)用前后两次测得的偏差格数,连同正负号一起进行平均计算,以求得实际的水平度误差。

框式水准仪测量水平计算

$$\delta X = \frac{n1 + n2}{2}\mu$$

$$\delta Y = \frac{n3 + n4}{2}\mu$$

$$\delta = \sqrt{\delta_X{}^2 + \delta_Y{}^2}$$

式中 δ——工件计算水平,mm/m;

μ——框式水平仪精度,一般为 0.02 mm/m。

合像水平仪测量水平计算

$$\delta X = \frac{n1 + n2}{2}$$

$$\delta Y = \frac{n3 + n4}{2}$$

$$\delta = \sqrt{\delta X^2 + \delta Y^2}$$

式中 δ——工件计算水平,mm/m;

μ——框式水平仪精度,一般为 0.02 mm/m。

2.6.7　机组部件圆度及中心测量

工件圆度及中心测量常采用测圆架和挂铅垂线的方法进行测量。

2.6.7.1　测圆架

检查大尺寸部件的外圆柱面,如发电机转子的不圆度、同轴度、定子圆度等,经常用测圆架加百分表来完成。如图 2-11 所示,测圆架是个夹在中心柱上,可以推动旋转的刚性支架,一般用型钢拼焊而成。它由抱箍及螺栓夹在中心柱上,与轴颈接触的摩擦面安装巴氏合金轴瓦,或者安装铝块、铅块作为轴承。目前,也有采用滚动轴承作为传动机构的旋转测圆架。

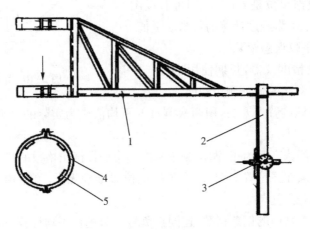

图 2-11　测圆架

1. 支架;2. 支臂;3. 百分表;4. 抱箍;5. 轴瓦

在测圆架的支臂上安装百分表,顶在被测的圆柱面上,推动测圆架旋转就可测出四周半径的变化量。如果在不同高度上安装百分表,则可以测量外圆柱面的同轴度。操作时应注意:

(1)中心柱是测圆架的基准,必须牢靠地固定在稳固的基础上,调整中心柱垂直度,满足 0.02 mm/m 要求。

(2)测圆架必须有足够的刚度。

(3)圆周上的测点应事先拟定,最好是均匀分布的若干点,如 8 点、12 点等。记录百分表在各测点上读数的变化,即各测点半径的变化量。以某一测点为基准使百分表对零。

(4)推动测圆架应该缓慢而且平稳,为了不影响百分表的安装位置并且保护它的测头,推动时应使百分表与被测表面脱离,移到新的测点后再投入测量。

(5)为掌握测量误差的大小,在测完各个测点之后,应对基准测点进行校核。

2.6.7.2 中心测量

水轮发电机组有不少大尺寸的环形部件,如水轮机座环、发电机定子等。为了检查它们同轴度或者校核它们的中心位置,都要先用中心架、求心器悬挂一条垂线,具体表达其轴线,再用内径千分尺等测量它们四周各点的半径,如图2-12表示。

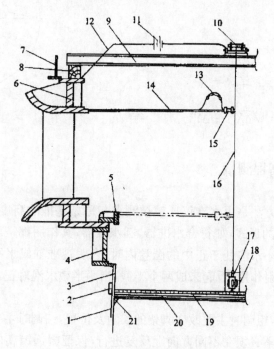

图 2-12 水轮机中心测量

1. 尾水管里衬;2. 围带;3. 锥形段;4. 基础环;5. 下部固定止泥环;6. 座环;7. 机坑里衬;
8. 方木;9. 中心架;10. 求心器;11. 电池;12. 导线;13. 耳机;14. 加长杆;15. 内径千分尺;
16. 钢琴线;17. 重锤;18. 油桶;19. 工作平台;20. 钢梁;21. 支腿

中心架是自制的刚性支架,通常用"工"字钢或槽钢做成横梁,以便在中心处悬挂垂线,并安装求心器。求心器由底板、中心滑板、调节螺钉以及带棘轮装置的钢丝卷筒组成。将求心器放在中心架上,钢琴线缠绕在卷筒上,其自由端穿过滑板中心的小孔向下,再悬挂一个足够大的重锤即形成铅垂线。棘轮机构用于调整并固定钢琴线长度。滑板四周的调节螺钉用于微调钢琴线的位置。此方法用于立式机组较多,贯流机组以导水机构内导环加工面和座环上游侧内壳体加工面为准,进行求心测量。

实际使用时应注意:

(1)中心架要有足够的刚度,放置求心器的平面应当平整,与求心器底板的结合应良好。当横梁的位置可调整时,用螺栓把求心器固定在横梁正中更有利于操作。为了便于用耳机监听测量情况,要在求心器与横梁之间,或者在横梁与支腿之间加一层绝缘垫,以使钢琴线对被测工件绝缘。

(2)常用直径0.3~0.5 mm的钢琴线,相应的重锤为7~19 kg,构成比较理想的铅垂线。

(3)为了保持铅垂线位置稳定,避免外力、偶然性振动等因素影响,对中方法及偏心钢琴线的对中和偏心的求证方法,可采用对称 4 点测量法。如图 2-13 所示,a、b、c、d 分别为测得的半径值,O 点为理论中心,O_1 为测量偏心。则通过计算可得到钢琴线偏心。

偏心计算:

$$\Delta X = \frac{a-b}{2}$$

$$\Delta Y = \frac{d-c}{2}$$

$$\delta = \sqrt{\Delta X^2 + \Delta Y^2}$$

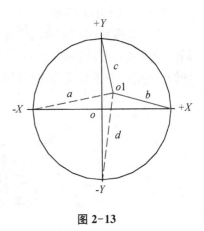

图 2-13

2.6.8 机组部件高程测量

测量高程的基本方法是用水准仪比较被测点与原始基准的高度,找出两者的高度差来。水准器可有不同的形式,如符合水准器、圆水准器,其作用都是调整视准轴成一条水平线。圆形水准器当小水泡处于正中的圆圈内时,表明视准轴成水平状态。符合水准器的水泡由于棱镜的折射作用,看起来成两个半截,当两半截水泡对正,符合成一个水泡时,表明视准轴成水平线。

对水准器的调整,粗调时主要改变脚架的长短及位置,细调时主要动作机座上的三个脚螺旋。水准器的调整必须在不同方向上反复进行,保证望远镜朝向任何方向时视准轴始终成水平线。

用水准仪测量高程,如图 2-14 所示。先在原始基准上竖直地立起测量直尺,用水准仪测量高程。

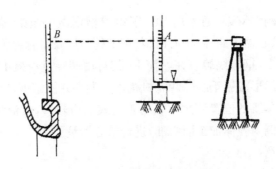

图 2-14 水准仪测高程示意图

高程计算:

$$\triangledown = \triangledown_{基准} + A - B (\text{m})$$

转动望远镜对正测量直尺,调整物镜照准后读出"十"字丝中点对应的读数 A。再在被测点上竖立测量直尺,转动望远镜去对正,调整物镜照准后读出读数 B。则可测出测量部件的高程。

从原始基准出发去测量工件的高程,可能要几次搬移水准仪,测量精度会受操作水平的影响。这通常只用于基准件的安装和调整。在基准件已经定位,其高程已知的情况下,安装其他部件时就可以不用水准仪,直接以基准件为准,用测量直尺或者自制的刚性尺子来测量高度差。

2.6.9 机组间隙测量

测量间隙的基本量具是塞尺,塞尺是一组厚薄不同的不锈钢片,可以有不同的长度和不同的张数,但每张钢片的厚度是相当准确并且标明的,所以也称为厚薄规。选择厚度适当的钢片,塞入要测量的间隙中去,如果刚好能塞入和拉出,钢片的厚度就是间隙的大小。在操作时应注意:

(1)塞尺塞入和拉出的压紧程度是影响测量的关键,一般应选择或组合成不同厚度去分别试测,直到手感适度为止。这里说的手感适度是指既能轻轻塞入和拉出,又略感阻力,似乎有“发黏”的感觉。

(2)塞尺最好是单片使用,必要时可以将两片合并起来用,但必须擦拭干净,紧密重叠。不允许用三片或更多的塞尺相加,因为塞尺之间的间隙势必影响测量,叠加的片数越多,测量的误差就越大。

(3)对一些塞尺不便于插入的间隙,可以在装拆过程中用挤压软金属(如保险丝)的方法测量间隙大小。如为了测量卧式机组的轴瓦间隙,组装时在适当位置上放入几段保险丝,拆开后再测量保险丝的厚度,就间接测得了间隙的大小。

2.6.10 机组垂直度测量

在水轮发电机组安装中,经常会遇到垂直度的测量。如尾水管垂直度测量,座环垂直度测量,导水机构、定子垂直度测量等。有时在机组总装调整时,需要测量机组整体轴线垂直度等。垂直度的测量方法有多种,本文介绍用一根钢琴线测量大轴垂直度的测量和计算方法。

机组是部件安装调整好后,通过一根钢琴线测量部件垂直度的测量方法是,在 +Y 方向从上至下挂装一根钢琴线,在大轴或外界支撑上安装测量支架、求心器、钢琴线、钢角尺及重锤等。在大轴上下找准两个精加工面,测量前检查各对应测点上下应在一条线上。根据测得数据可以计算大轴垂直度,也可以考虑在对称分四点或八点测量相对距离间的垂直度,多组数据计算可以减少误差。

除设计另有要求外,贯流式机组的大部件的垂直度一般不超过 0.02 mm/m,个别厂家考虑到发电机重量和挠度变化,会对定子上游侧做楔形处理,对垂直度要求不大。而竖井贯流式机组中增速器垂直度测量则是使用基准测量面加深度千分尺测量完成的。相对其他机组而言,贯流式机组大型部件多为卧式布置,使用钢琴线法相对普遍且简单直观,应用较为广泛。

第三章

机电安装工程施工前准备工作

第一节　临时设施布置

3.1.1　临建及场内施工道路

施工单位根据甲方提供的枢纽工程施工临时占地范围示意图,设置临时设施布置安装场和配套设施,原则上选择位置距离主厂房较近,交通便利,利于施工的地点。场内施工道路分生活营地和仓库两个区域进行布置。尽量避免在容易滑坡山体、没有做好护坡岸边等地方布置,临建房屋设施单组长度不宜超过 30 m,当超过 30 m 时,房屋中间必须采取加强措施(加强措施同山墙结构)。消火栓处要设有明显标志,配备足够的水龙带,周围 3 m 内不准存放物品。

3.1.1.1　临建房屋建筑安全

临建房屋周边应设置临时消防车道,其宽度不得小于 3.5 m,并保证临时消防车道的畅通,禁止在临时消防车道上堆物、堆料或挤占临时消防车道。临建房屋应配备消防器材,做到布局合理。消火栓处要设有明显标志,配备足够的水龙带,周围 3 m 内不准存放物品。

3.1.1.2　防火间距应符合下列规定

(1)临建房屋距易燃、易爆危险物品仓库的间距宜大于 25 m。

(2)成组布置的临建房屋,每组不得超过 10 幢,幢与幢之间的间距不得小于 6 m,组与组之间的间距不得小于 10 m。

3.1.1.3　安全疏散应符合下列规定

(1)宿舍区的设置应符合消防管理规定,严禁使用可燃材料搭设房屋。每间宿舍居住人员不得超过 15 人,当宿舍区每个房间超过 60 m² 时,应至少设置 2 处疏散门;多层施工现场临建房屋的疏散楼梯不应少于两处且分散布置,设置两部疏散楼梯确有困难时,可设置一部金属竖向梯作为第二安全出口。居住100人以上的要有消防安全通道及人员疏散预案。

(2)采用难燃材料搭建的办公、宿舍房屋,其房间门至疏散楼梯的距离不得大于15 m。

(3)疏散楼梯和走廊的宽度不应小于1.0 m。

(4)疏散楼梯和走廊栏杆高度不应低于1.05 m。

采用难燃材料搭建的临建房屋,最大连续使用温度不得超过75 ℃。临建房屋围护结构(含保温材料)采用难燃材料的,电气线路敷设应采用金属管或经阻燃处理的难燃型硬质塑料管保护,且不应敷设在难燃材料结构内。临建房屋用做办公用房的,会议室、食堂用餐房间宜设在底层。临建房屋的屋面不应作为上人屋面。

3.1.1.4 临建房屋建成后需进行检查,填写附表

防火间距应符合下列规定:

(1)临建房屋距易燃、易爆危险物品仓库的间距宜大于25 m。

(2)成组布置的临建房屋,每组不得超过10幢,幢与幢之间的间距不得小于6 m,组与组之间的间距不得小于10 m。

生活区施工道路布置相对简单方便,确保双车道即可满足使用要求,仓库场内施工道路路基宽度8 m,行车道宽度7 m,路面面层为泥结石路面或者混凝土C30以上硬化路面,最小平曲线半径25 m(一般值),极限值12 m,回头曲线极限最小半径12 m,最大纵坡≤10%,2%坡向排水,路基设计洪水频率为10年一遇,车辆荷载按照超汽-20级(计算荷载)、挂车-100(验算荷载)标准计算。

3.1.2 施工供电系统布置

本标段施工供电负荷主要由安装器具用电、综合加工、机械修理、给排水、生产照明及生活用电等部位组成。

3.1.2.1 施工用电设计依据

本工程施工临时用电设计的依据:

(一)《建设工程施工现场供用电安全规范》(GB 50194)

(二)《施工现场临时用电安全技术规范》(JGJ46)

(三)施工供电平面布置图(PZHDZB—2017—002—T—3—10)

3.1.2.2 以2台贯流式机组电站施工用电计划为例(表3-1)

表3-1 贯流式机组电站施工用电计划

名称	数量	容量
电焊机	10	20(kW)
手提电焊机	3	5.5(kW)

名称	数量	容量
卷扬机	2	6(kW)
切割机	2	1(kW)
台式钻床	1	1.5(kW)
移动式压气机	2	7.5(kW)
抽水泵	2	10(kW)
抽水泵	2	0.75(kW)
抽风机	2	5.5(kW)
抽风机	2	3(kW)
起重运输设备	1	150(kW)
电动单梁起重机	1	5(kW)
机加工设备	1	10(kW)
手持电动工具	30	0.75(kW)
合计		473 kW

临设生活用电:40 kW

施工现场照明用电:10 kW

Pe1　　　　　施工机具用电=设备额定容量×功率因数×暂载系数

$$=473×0.8×0.5=189.2(kW)$$

Pe2　　　　　临设生活用电+施工现场照明用电=40+10=50(kW)

设备总容量:

Pe=Pe1+Pe2=189.2+50=239.2(kW)

变压器容量 Se 应为计算总视在功率 Pe 的 1.2 倍:即 Se=Pe/ cosφ×1.2=319(kW)。cosφ 为 0.9。因此,2♯配电房的 630 KVA 完全可以满足需要,故生活和生产的电源从 2♯配电房引入。

3.1.2.3　供电电源

从 2♯配电房 VV−1 kV−3×150+1×70 引出一路电源至生活区,在生活区安装一个总配电箱,然后采用 VV−1 kV−3×100+1×50 的电缆引至厂房作为施工用电源,采用 VV−1 kV−3×35+1×16 的电缆分到生活区配电箱内,作为生活区的临时用电电源;采用 VV−1 kV−3×35+1×16 的电缆分到仓库配电箱内,作为仓库区的临时用电电源。

3.1.2.4　用电布置

为保证施工用电安全可靠,供电线路沿施工道路架设,施工场地周边设电缆沟敷设电缆。厂房的施工电源采用 VV−1 kV−3×100+1×50,生活区的电缆采用 VV−1 kV−3×35+1×16 仓库区电缆采用 VV−1 kV−3×35+1×16。

(一)施工现场电源及照明布置

总配电箱 PDX 总,分三路引出。

第一路：接至施工现场用电；

第二路：接至生活、办公区用电。

（二）前期施工用电

前期施工用电，由于工作点多，分布广，可根据现场需要布置电源箱。

（三）配电要求

（1）为确保各工作面的施工顺利进行，确保临电的可靠性、安全性，厂房地下交通廊道层（设备层）、副厂房地下层各设一路照明。动力系统主干线全部采用三相五线制方式供电，所有电缆、电线均靠墙敷设。机组内部采用 36 V 安全电压照明。

厂房内施工照明主要用移动式 200 W 探照灯，楼梯间、廊道层采用 60 W 普通灯泡固定安装，厂房内设置部分应急灯、安全疏散指示灯。出入口标志采用消防应急照明标志灯，安装在通道口旁边醒目位置。为安全起见，已严禁使用碘钨灯进行加热和照明。

（2）供电采用三级配电（电源→总配电箱→二级配电→三级开关箱）；三级防漏电保护；确保供电安全可靠，使用一机一闸一漏电保护。接地保护采用 TN‐S 接地形式，接地电阻不大于 4 Ω。同时，为确保用电安全，接地系统同时与主体结构接地做可靠连接，加强接地的可靠安全性。总配电箱漏电保护器动作电流 200 mA，动作时间小于 0.25 s；各生产区二级配电、三级开关箱内漏电保护器的漏电动作电流小于 75 mA，动作时间小于 0.2 s。各用电设备就地配电箱、开关箱内漏电保护器动作电流小于 30 mA，动作时间小于 0.1 s，确保施工用电安全。

所有房间配置满足使用需要的照明灯具，设备区走廊、公共区均按照间距 6 m 配备照明灯具。

（1）根据进度计划，设备调试时可利用正式电源调试。

（2）在施工现场配一台 30 kW 左右的移动式柴油发电机，用于临时施工电源突然停电时的应急电源，主要用于抽水、照明等。

（3）为防止市电回路与自发电线路开关误操作造成发动机与市电产生非预期并列运行，损坏用电设备，应加设市电、发电机切换箱，内设双投电源开关，以保证供电安全。

3.1.3 施工供水及生活用水

生活用水可单独申请生活水源，形成一主一备供水管线。

（1）生活用水量：计算方法是按人均每天用水量进行计算，每站施工高峰期施工人员约 110 人，平均日施工人数按 0.5 系数计算，每人日用水量约 0.25 m^3，从而算出本站每天生活用水量约为：$110×0.5×0.25=13.75(m^3)$。

（2）施工用水：调试用水主要是技术供水和消防调试用水，仓库区的清洗用水、调试用水等，调试永久供水管。

（3）消防用水，本工程消防设施采用灭火器，不设消防供水。

（4）临时供水管布置：工程生活供水多选用 PVC 管从土建水源点引入临设区后，引入多个用水点，必要时设置备用水源。

3.1.4　施工照明

按各类施工作业区照明度的要求,设置照明灯具。

对于施工场区大面积照明选用镝灯;副厂房及各设备室内照明选用 40 W 日光灯;设备及箱罐内、泡头、发电机、水机室流道内的工作灯,应采用 36 V 电压。只有在使用投光灯照明的情况下,方可采用 220 V,但应经常检查灯具和电缆线的绝缘性能。在不作业地段可用 220 V。

动力与照明线路必须采用绝缘良好的导线(胶皮线),严禁使用裸导线。供电线路沿墙壁分层架设。

3.1.5　通风设置

在每台机组装一台 5.5 kW 轴流风机向外抽风,作业场放置 1 台 5.5 kW 轴流风机,在罐体内及局部通风条件差的地方施工时,按需要临时装设 3 kW 轴流风机抽风。

3.1.6　施工通信系统布置

3.1.6.1　对外通信

为满足施工通信的要求,对外通信电话拟与当地邮电部门协调解决,在生活营地内装 1 部程控电话、1 部传真机、2 台无线路由器用于沟通工地与外界通信联系。

3.1.6.2　场内通信

场区内通信拟采用 20 部对讲机供管理、调度人员和施工班组等施工生产单位使用。

3.1.7　机械修配站布置

本合同工程实施时,除充分利用当地修理加工能力外,在仓库区设机械修配站,主要承担本合同工程施工机械设备的日常保养、维护和标准零配件的更换以及设备的加工、制作任务。设备车间占地面积 300 m²,配备机加工设备、焊机、5T 电动葫芦等装配设备。

3.1.8　仓贮系统

3.1.8.1　机械、电气设备仓库

机械、电气设备仓库用于贮放本工程到货的设备,建筑面积 600 m²。

3.1.8.2　班组用房

根据施工进度安排需要,拟在仓库区内设置 5 间班组用房,放置前期预埋及后期安装的班组工器具,试验室配置电气试验设备和检验检测设备,部分小型设备的试验及检验工作在试验室内完成。

3.1.8.3 小型库

小型库包括工具室、五金库、化工库，用于存放一些未出库的施工工具及消耗性材料。

3.1.8.4 露天堆放场

露天堆放场用于放置水轮机埋件等设备。

3.1.9 临时房屋及公用设施设置

办公区面积为 1 250 m²。设置二栋二层的拼装式结构房，占地面积共 400 m²，提供工程管理的办公系统、施工人员宿舍。设置单层拼装式结构房，占地面积共 70 m²，为饭堂用房，设置单层砖瓦房共 30 m²，为值班室、浴室、卫生间用房等。根据我部施工规划，本工程高峰期总人数约 100 人，可以满足营地布置要求。

3.1.10 大型施工机械设备停放场

机电安装的机械停放场主要放置起重设备和运输机械，停放场位于仓库区内，主要用于停放施工用机械，如汽车吊、平板车等，停车场占地 54 m²。

3.1.11 污水处理系统

为减少对环境的污染，本工程生产、生活污水均按要求处理后再排入河道。

（一）生产污水处理系统

在仓库厂场内设沉淀池和化粪池各 1 座，污水经处理后再排入下水涵管。

（二）生活污水处理系统

在生活营地食堂处设置 1 台污水净化器，生活污水经净化后直接排放。

另在生活营地设沉淀池和化粪池各 1 座，生活污水经处理后排入下水涵管。

3.1.12 施工现场保安

为了保证施工的正常进行和施工设备、材料、工器具的安全，施工现场保安工作相当重要。进场时制定施工现场保安"管理制度"，明确现场保安的工作职责。每个站配备了 2～3 位专职保安人员，并且配备相应的设备，如应急照明灯、对讲机、警铃等。对施工现场、材料堆放场、临时生活区等进行 24 h 的值班巡逻保卫，发现治安问题及时采取相应措施。节日要加强值班，注意重点目标、重要部位的安全检查，及时处理不安全因素。

3.1.13 弃渣场规划

本工程弃渣为生产垃圾，全部弃于业主、监理指定或批准的弃碴场。

3.1.14 临时设施配置

3.1.14.1 临时设施布置面积(以两台机组电站为例,见表3-2)

表 3-2 临时设施布置面积表

用 途	面积(m²)	位 置	需用时间(月)
项目经理室	15	生活、办公区	26
计划设材部	12	生活、办公区	26
工程技术部	12	生活、办公区	26
质安部	12	生活、办公区	26
后勤部	10	生活、办公区	26
资料室	15	生活、办公区	26
医疗室	10	生活、办公区	26
会议室	60	生活、办公区	26
管理人员宿舍	450	生活、办公区	26
饭堂	60	生活、办公区	26
厨房	20	生活、办公区	26
配菜房	10	生活、办公区	26
储物间	10	生活、办公区	26
卫生间	40	生活、办公区	26
浴室	40	生活、办公区	26
值班室	6	生活、办公区	26
配电室	6	仓库区	26
设备仓库	600	仓库区	26
机械修配站	300	仓库区	26
班组用房	100	仓库区	26
试验室	20	仓库区	26
工具室	20	仓库区	26
五金库	20	仓库区	26
化工库	20	仓库区	26
卫生间	12	仓库区	26
值班室	6	仓库区	26
清洗池	15 m³	仓库区	26
围蔽	450 m	仓库区	26

3.1.14.2 临时主要设施材料(见表3-3)

表3-3 临时设施材料表

设施名称	型号规格	数量	备注
配电箱		6台	全封闭铁壳配电箱
开关箱		12台	全封闭铁壳开关箱
动力电缆	VV—3×150+1×70	170米	暂定
动力电缆	VV—3×100+1×50	600米	暂定
动力电缆	VV—3×35+1×16	800米	暂定
动力电缆	VV—3×16+2×10	600米	暂定
绝缘线	S=10、S=4、S=2.5	1 500米	暂定
消防器箱	干粉灭火器	68套	
照明灯	普通灯60 W	250套	
探照灯	200 W	15套	
水管	GN—65、25、15	300米	
疏散指示、出口入口指示灯		20个	
应急照明		30套	消防应急灯
机加工设备		1套	

第二节 安装间施工布置

3.2.1 布置原则

上、下游厂房承重柱内侧留出1.2 m宽的通道;设备之间留有足够的交通通道及作业空间;考虑爬梯及进场设备运输通道占用空间;使用同一工位的各个设备占用工位的时间应相互错开。

3.2.2 安装间施工布置

主要设备运至厂房安装间后,用厂房桥式起重机吊入安装间工位进行组装,所有设备利用厂房的桥机进行组装;小型部件拟计划在机组段两台机中间的平台进行清洗组装,可参考机组组装工位布置图,机组台数大于6台时应考虑两台天车形成两个安装间或者一个安装间加一个拼装平台的模式。

3.2.3　导水机构组装工位

该工位供导水机构组装用，布置在安装间上游靠机坑侧，内、外环同时占 2 个工位；内、外环组圆后，占用导水机构外环工位，且应在安装间土建设计中考虑翻身墩用以承重。

3.2.4　转子组装工位

该工位布置在安装间下游靠机坑侧，作为转子组装和磁极挂装组装工位。2 台机转子均在该工位上逐一完成组装工作。

3.2.5　定子组装工位

该工位布置在安装间下游靠边墙侧。定子均在此工位逐一进行检查、附件安装和试验工作。

3.2.6　大轴组装工位

该工位布置在安装间下游定子工位和转子工位之间，作为大轴组装工位。机组大轴及组合轴承均在该工位进行清扫检测及组装。

3.2.7　转轮组装工位

该工位布置在安装间上游靠边墙侧，作为转轮解体、清洗及试验工位。

3.2.8　灯泡体组装工位

安装间未设置灯泡体的组装工位，为不影响机组安装进度，灯泡头在导水机构吊入机坑后即在导水机构工位处组装，如影响后继机组导水机构的组装工作，则将灯泡头吊入上游侧流道内进行组装。

3.2.9　安装间设备进场通道

安装间作为大件设备的进场场地，同时还要考虑主变进场和运输，并且在施工前期提供部分场地给予土建使用以及上述各部件的组装工位，工作面多，需合理安排施工进度以保证场地通道始终畅通无阻，严禁随意堆放货物，确保施工顺利实施。

3.2.10 施工临时设施

临时支墩制作,用于定子、转子、主轴组装,8 个钢支墩示意图如图 3-1。导水机构根据内、外环距离制作支墩,内环 4 个支墩,外环 8 个支墩,内外环支墩高度差按导水机构内外环法兰面距离确定。根据大轴法兰面圆弧制作大轴支墩,支墩高度由组合轴承直径确定,满足组合轴承安装间组装条件。

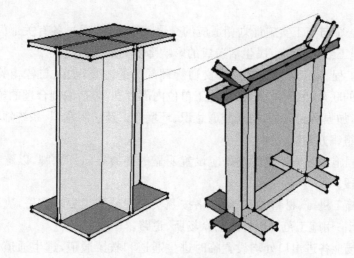

图 3-1 钢支墩示意图

为了厂房施工人员的人身安全和方便施工,同时考虑对厂房 2 台机组段内的所有吊物孔及构筑边沿设置安全护栏。吊物孔采用可拆装式护栏,构筑边沿采用固定式护栏。护栏高约 1.0 m,采用 φ42×2.5 mm 焊接钢管焊制,护栏与基础用螺栓固定。安全防护栏如图 3-2。

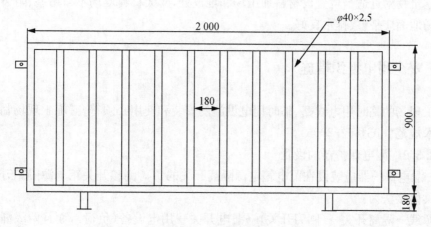

图 3-2 安全防护栏

第三节　施工现场管理

3.3.1　现场交通组织措施

（1）制定一个与施工实施计划相适应的交通疏解措施，通过各有关部门的积极配合，组织落实，把施工给交通和市民生活造成的影响降低到最低程度。

（2）对本工程，施工方应自觉遵守交通管理部门的监督，加强与各相关部门，特别是交警部门之间的联系，紧密配合，强化施工单位内部管理，包括编制合理的施工组织计划，优选施工方法，加强员工教育，树立交通意识、环境意识及法制意识，系统地策划和组织切合实际的交通组织方案。

（3）本工程施工区域外侧两端处应设置明显的交通导向标志牌，以疏导车辆通过或进入本工程路段。

（4）各种施工机械、材料、加工棚严格按照实际现场施工要求部署，决不占用场内施工道路，也不能占用施工范围以外的公众场所、道路。

（5）施工场地各进出口处均设置临时逃生通道和救援通道，逃生通道和救援通道严禁堆放阻碍进出口的材料及设备。

（6）施工场地各进出口处均设置明显的交通标志，提醒过往车辆或行人注意。

3.3.2　材料加工场的设置和管理

在建筑物附近适当位置设材料加工场和堆放处，露天材料堆场不得堵塞、阻碍场内运输。堆场地面应平整、排水良好。

3.3.3　安全用电组织措施

施工现场的临时用电线路、临时用电设施的安装和使用必须符合《施工现场临时用电安全技术规范》（JGJ46—2005）。

3.3.3.1　漏电保护器的设置

（1）漏电保护器应装设在配电箱电源隔离开关的负荷侧和开关箱电源隔离开关的负荷侧。具体接法为：

电源线→隔离开关→（闸刀开关）→漏电开关→用电设备（负荷），而且两级漏电保护器额定漏电动作电流和额定漏电动作时间应做合理配合，使之具有分级保护的功能。

（2）开关箱中必须设置漏电保护器，施工现场所有用电设备，除作保护接零外，必须安装漏电保护器。

（3）漏电保护开关应安装在配电箱电源隔离开关的负荷侧。

（4）漏电保护器的选择应符合《漏电电流动作保护器（剩余电流动作保护器）》（GB 6829—2008）的要求，开关箱内的漏电保护开关其额定漏电动作电流应不大于30 mA，额定漏电动作时间应小于0.1 s。

（5）使用在潮湿和有腐蚀介质场所的漏电保护器应采用防飞溅型产品。其额定漏电动作电流应不大于15 mA，额定漏电动作时间应小于0.1 s。

在施工现场专用的中性点直接接地的电力线路中必须采用 TN-S 接零保护系统。电气设备的外壳必须与专用保护零线连接。专用保护零线（简称保护零线）应由工作接地、配电室的零线或第一级漏电保护器电源侧的零线引出。

保护零线除必须在配电室或总配电箱处做重复接地外，还必须在配电中间处和末端处做重复接地。

严禁任意拉线接电。施工现场必须设有保证整个厂房施工安全要求的照明；危险、潮湿场所的照明以及手持式照明灯具必须采用符合安全要求的电压，施工现场的安全用电和临时照明应符合要求。

（1）施工现场所有用电设备，除做保护接零外，必须在设备负荷线的首端处设漏电保护装置。手持式电动工具的外壳、手柄、负荷线、插头、开关等必须完好无损，使用前必须做空载检查，运转正常方可使用。

（2）配电系统应设置室内总配电箱和分配电箱，实行分级配电，配电箱必须采用正规厂家产品，并具有合格证。配电箱应装设断路器开关以及漏电保护器，不得使用隔离开关，各配电线路应编号，并标明用途标记。线路维修时，应悬挂停电标志牌，停、送电必须由专人负责。

配电箱、开关箱中导线的进线、出线口应设在箱体下底面，不能设在箱体的侧面、后面或箱门处。

（3）临时照明变压器必须使用双绕组型，照明灯具的金属外壳必须做保护接零。临时照明灯具光源必须采用荧光灯，荧光灯管应用管座固定或用吊链，采用拉线开关。

电缆、电线采用阻燃产品，电缆在通过交通路面时一般采用穿管埋设，在施工现场和生活区、办公场所采用架空敷设或穿管埋设，电线的布置采用穿线槽或穿线管敷设。

建立施工用电施工组织设计和安全用电技术措施的编制、审批制度，并建立相应的技术档案。

建立技术交底。向专业电工、各类用电人员介绍施工用电的施工组织设计和安全用电技术措施的总体意图、技术内容和注意事项，并应在技术交底文字资料上履行交底人和被交底人的签字手续，注明交底日期。

建立安全检测制度。从施工用电工程开工开始，定期对施工用电工程进行检测，主要内容是接地电阻值、电气设备绝缘电阻值、漏电保护器动作参数等，以监视施工用电工程是否安全可靠，并做好检测记录。

建立电气维修制度。加强日常和定期维修工作，及时发现和消除隐患，并建立维修工作记录，记载维修时间、地点、设备、内容、技术措施、处理结果、维修人员、验收人员等。

建立工程拆除制度。建筑工程竣工后，施工用电工程的拆除应有统一的组织和指挥，并须规定拆除时间、人员、程序、方法、注意事项和防护措施等。

建立安全检查和评估制度。施工管理部门和企业要按照《建筑施工安全检查评分标准》(JQ59—88)定期对现场用电安全情况进行检查评估。

建立安全用电责任制。对施工用电工程各部位的操作、监护、检修分片、分块、分机落实到人,并辅以必要的奖惩。

建立安全教育的培训制度。定期对专业电工和各类用电人员进行用电完全教育和培训,凡上岗人员必须持有劳动部门核发的上岗证书,严禁无证上岗。

3.3.4 临时消防设施配置及防火管理

施工方应严格依照《中华人民共和国消防条例》的规定,在施工现场建立和执行防火管理制度,设置符合要求的消防设施,使用易燃易爆器材时,施工方应采取特殊的消防安全措施。

现场材料分类堆放整齐,易燃物品采取保护措施,在施工作业面上严禁堆放易燃材料。

施工期间灭火器材配置:

(1) 安装间:在安装间内设置一个消防沙箱,消防沙不少于 2 m^3,沿墙两侧各配置 3 个灭火器箱;每个灭火器箱内配置 4 具 4KG 干粉灭火器。

(2) 运行层:沿墙两侧每台机组设置 2 个灭火器箱;每个灭火器箱内配置 4 具 4KG 干粉灭火器。

(3) 设备房:沿走廊布置,每个房门口设置 1 个灭火器箱;每个灭火器箱内配置 2 具 4KG 干粉灭火器。

(4) 机组内:灯泡头、水机室内各设置 1 个灭火器箱;每个灭火器箱内配置 2 具 4KG 干粉灭火器。

(5) 廊道内:每台机组各设置 1 个灭火器箱;每个灭火器箱内配置 4 具 4KG 干粉灭火器。

(6) 在合同履行期间,施工方应配备消防人员和足够的消防设备器材。除应与当地消防部门取得联系,必要时请予帮助外,还应在施工现场的油库、器材库、车间、生活住房区及施工机械、车辆上配备足够的有效灭火器。

(7) 消防设备器材的型号和数量应满足现场消防任务的需要,消防人员应熟悉消防业务、训练有素。消防设备器材应随时检查保养,使其始终处于良好的待命状态。施工方在向监理工程师递交施工组织设计的同时,递交一份包括上述内容的消防措施和计划的报告文件,报送监理工程师审批。

(8) 在施工过程中,若临时消防系统对施工作业面有影响,施工方将无条件的调整临时消防系统的位置。

(9) 在正式消防设施投入使用前,临时消防设施、设备应随时处于待命状态。临时消防系统待永久消防系统完善并具备使用条件后,方能拆除。

(10) 施工现场禁止吸烟。在出入口外,设置专门吸烟处,吸烟处需配备灭火器。

3.3.5 工地生活临设消防措施

现场生活区两间房设立 1 处消防箱,每个消防箱配有 2 个干粉灭火器。仓库区设立 2 处消防箱,并设固定消防沙池。重点防火部位,每处布置不少于 4 具干粉灭火器,制定具体防火制度,并有明显标志。

电焊、气焊、喷灯等明火作业,操作前准备可行的安全措施,清理周围易燃物,并派专人看火,各项措施落实后再动工。

工地临时用电布设要按"临电施工方案"及规范要求严格施工,由具备上岗证的、经验、技术过关的人员安装施工现场及生活区的电器设备,分配线路选择、铺设、配电箱、开关箱及接地保护措施均应遵照规范执行。

生活区用电必须配备专业电工管理,严禁乱拉乱接电源,严禁使用花线接驳电源,严禁使用不规范保险丝,杜绝使用铁丝、铜丝代替保险丝,杜绝使用电炉、"热得快"等不规范的电器设备。

乙炔瓶与氧气瓶必须分开保管,使用时两瓶间距不得小于 5 m,两瓶与用火点使用间距不得小于 10 m。

施工现场严禁吸烟,施工废料随时清理到指定地点。生活区、工地内不得随意乱堆杂物,易燃易爆品必须设专用库房存放并有专人管理,出入库时采取完善的审批、登记手续。

3.3.5.1 消防安全教育、培训制度安排

(1) 每年以创办消防知识宣传栏、开展知识竞赛等多种形式,提高全体员工的消防安全意识。

(2) 定期组织员工学习消防法规和各项规章制度,做到依法治火。

(3) 各部门应针对岗位特点进行消防安全教育培训。

(4) 对消防设施维护保养和使用人员应进行实地演示和培训。

(5) 对新员工进行岗前消防培训,经考试合格后方可上岗。

(6) 因工作需要员工换岗前必须进行再教育培训。

(7) 消控中心等特殊岗位要进行专业培训,经考试合格,持证上岗。

3.3.5.2 防火巡查、检查制度安排

(1) 落实逐级消防安全责任制和岗位消防安全责任制,落实巡查检查制度。

(2) 消防工作归口管理职能部门每日对公司进行防火巡查。每月对单位进行一次防火检查并复查追踪改善。

(3) 检查中发现火灾隐患,检查人员应填写防火检查记录,并按照规定,要求有关人员在记录上签名。

(4) 检查部门应将检查情况及时通知受检部门,各部门负责人应查看每日消防安全检查情况通知,若发现本单位存在火灾隐患,应及时整改。

(5) 对检查中发现的火灾隐患未按规定时间及时整改的,根据奖惩制度给予处罚。

3.3.5.3 安全疏散设施管理制度

(1) 单位应保持疏散通道、安全出口畅通,严禁占用疏散通道,严禁在安全出口或疏

散通道上安装栅栏等影响疏散的障碍物。

（2）应按规范设置符合国家规定的消防安全疏散指示标志和应急照明设施。

（3）应保持防火门、消防安全疏散指示标志、应急照明、机械排烟送风、火灾事故广播等设施处于正常状态，并定期组织检查、测试、维护和保养。

（4）严禁在营业或工作期间将安全出口上锁。

（5）严禁在营业或工作期间将安全疏散指示标志关闭、遮挡或覆盖。

3.3.5.4　消防设施、器材维护管理制度

（1）消防设施日常使用管理由专职管理员负责，专职管理员每日检查消防设施的使用状况，保持设施整洁、卫生、完好。

（2）消防设施及消防设备的维修保养和定期技术检测由消防工作归口管理部门负责，设专职管理员每日按时检查了解消防设备的运行情况。查看运行记录，听取值班人员意见，发现异常及时安排维修，使设备保持完好的技术状态。

（3）消防器材管理：① 每年在冬防、夏防期间定期两次对灭火器进行普查换药。② 派专人管理，定期巡查消防器材，保证处于完好状态。③ 对消防器材应经常检查，发现丢失、损坏应立即补充并上报领导。④ 各部门的消防器材由本部门管理，并指定专人负责。

3.3.5.5　火灾隐患整改制度

（1）各部门对存在的火灾隐患应当及时予以消除。

（2）在防火安全检查中，应对所发现的火灾隐患进行逐项登记，并将隐患情况书面下发各部门限期整改，同时要做好隐患整改情况记录。

（3）在火灾隐患未消除前，各部门应当落实防范措施，确保隐患整改期间的消防安全，对确无能力解决的重大火灾隐患应当提出解决方案，及时向单位消防安全责任人报告，并由单位向上级主管部门或当地政府报告。

（4）对公安消防机构责令限期改正的火灾隐患，应当在规定的期限内改正并写出隐患整改的复函，报送公安消防机构。

3.3.5.6　用火、用电安全管理制度

（1）用电安全管理：① 严禁随意拉设电线，严禁超负荷用电。② 电气线路、设备安装应由持证电工负责。③ 各部门下班后，该关闭的电源应予以关闭。④ 禁止私用电热棒、电炉等大功率电器。

（2）用火安全管理：① 动火作业前应清除动火点附近 5 m 区域范围内的易燃易爆危险物品或做适当的安全隔离，并向保卫部借取适当种类、数量的灭火器材随时备用，结束作业后应即时归还，若有动用应如实报告；② 如在作业点就地动火施工，应按规定向作业点所在单位经理级（含）以上主管人员申请，申请部门需派人现场监督并不定时派人巡查。离地面 2 m 以上的高架动火作业必须保证有一人在下方专职负责随时扑灭可能引燃其他物品的火花。

3.3.5.7　义务消防队组织管理制度

（1）义务消防员应在消防工作归口管理部门领导下开展业务学习和灭火技能训练，各项技术考核应达到规定的指标。

（2）要结合对消防设施、设备、器材维护检查，有计划地对每个义务消防员进行轮训，

使每个人都具有实际操作技能。

（3）按照灭火和应急疏散预案每半年进行一次演练，并结合实际不断完善预案。

（4）每年举行一次防火、灭火知识考核，考核优秀的给予表彰。

（5）不断总结经验，提高防火灭火自救能力。

3.3.5.8 灭火和应急疏散预案演练制度

（1）制定符合本单位实际情况的灭火和应急疏散预案。

（2）组织全员学习和熟悉灭火和应急疏散预案。

（3）每次组织预案演练前应精心开会部署，明确分工。

（4）应按制定的预案，至少每半年进行一次演练。

（5）演练结束后应召开讲评会，认真总结预案演练的情况，发现不足之处应及时修改和完善预案。

3.3.5.9 消防安全工作考评和奖惩制度

（1）对消防安全工作作出成绩的，予以通报表扬或物质奖励。

（2）对造成消防安全事故的责任人，将依据所造成后果的严重性予以不同的处理，除已达到依照国家《治安管理处罚条例》或已够追究刑事责任的事故责任人将依法移送国家有关部门处理外。

3.3.5.10 防火档案

施工现场消防保安责任制度，记录归档，随时掌握人员底数，指定并落实各个时期的工作计划。

使用并管理好生活区消防设施台账，做到内容齐全、清楚、实事求是并及时记载。

3.3.6 危险化学品的管理

3.3.6.1 管理员职责

（1）仓库主任负责危险化学品储存与出入库的安全工作。

（2）仓储部门负责危险化学品储存与出入库的日常安全管理工作。

3.3.6.2 危险化学品的储存

（1）储存方式和设施的安全要求：① 危险化学品必须储存于专用仓库、专用场地或专用储存室内；② 应根据危险化学品的种类、特性在库房里设置相应的安全设施，并按照国家标准和有关规定进行维护、保养，保证安全要求；③ 危险化学品仓库应符合国家标准对安全、消防的要求，设置明显的标志；④ 禁忌物品或灭火方法不同的物品不能混存，必须分间、分库储存，并在醒目处标明储存物质的名称、性质和灭火方法；⑤ 储存有火灾、爆炸性质危险化学品的仓库内，其电气设备和照明灯具要符合《爆炸和火灾危险环境电力装置设计规范》的要求，安装防爆电气和防爆照明灯具。

（2）仓库周边防护距离的要求：危险化学品的储存数量构成重大危险源的储存设施与周边环境的距离应符合国家标准或国家有关规定。

（3）仓库保管人员的安全要求：储存危险化学品仓库的保管员应经过岗前和定期培训合格后上岗。做到每日检查，检查中发现危险化学品存在变质、包装破损、渗漏等问题应及时通知有关部门,采取应急措施处理。

(4) 压缩气体和液化气体储存:① 仓库应阴凉通风,远离热源、火种,防止日光曝晒,严禁受热。库内照明应采用防爆灯。库房周围不得堆放可燃材料;② 入库验收要注意包装外形是无明显外伤,无漏等现象,严格按公司有关规定执行;③ 易燃气体不得与其他种类化学危险品共同储存,储存应直立放置整齐,并留有通道。

(5) 易燃液体的储存:① 易燃液体应储存于通风库房,远离火种、热源、氧化剂等;② 专库专储,实行"双人双锁"的管理规定,一般不得与其他危险化学品混放。

(6) 遇湿易燃物品储存:① 严禁露天存放。库房必须干燥,严防漏水或雨雪浸入。注意下水道畅通,暴雨或潮汛期间必须保证不进水;② 库房必须远离火种、热源,附近不得存放丙酮等物品;③ 不得与其他类危险化学品,特别是酸类、氧化剂、含水物质、潮湿物质混储混运。亦不得与消防方法相抵触的物品同库存放。

(7) 腐蚀品储存:① 腐蚀品的品种比较复杂,应根据其不同性质,储存于不同的库房;② 储存容器必须按不同的腐蚀性合理使用。

(8) 危险化学品的出入库:① 危险化学品的仓库必须严格进行危险化学品的出入库登记和安全检查。应严格履行手续,认真核实。危险化学品的出入库,应严格控制,主管部门应经常检查核准。对易制爆、易制毒危险化学品相关资料、记录管理的要求,要体现"五双"管理要求,库存化学品要建立明细台账,日清日结。② 危险化学品出入库前均应进行验收、登记。验收内容包括数量、包装和危险标志、安全技术说明书、安全标签、检验合格证,经核对无误后方可出入库。危险化学品必须挂贴"危险化学品安全标签"。③ 易燃易爆物品的仓库要采取杜绝火种的安全措施和设立安全警示牌和警句。进入危险化学品贮存区域的人员、机动车辆和作业车辆,必须采取相应的防火措施。④ 装卸、搬动危险化学品时,应按有关规定进行,做到轻装、轻卸。严禁摔碰、撞击、倾倒和滚动。⑤ 装卸腐蚀性的物品时,操作人员应根据危险性,穿戴相应的防护用品。⑥ 换装、清扫、装卸易燃、易爆危险化学品时,应使用不产生火花的钢制合金制或其它工具。重复使用的危险化学品包装物、容器在使用前,应当进行检查,并做记录检查记录应当至少保存2年。⑦ 应根据所保管的危险物品的性质,为保管人员配备必要的保护用品、器具。保管人员对防护用品和器具会使用、会保养。⑧ 库房内不准设办公室、休息室、住人。每日工作结束后,进行安全检查,然后关闭门窗,切断电源,方可离开。

3.3.7 施工排水及防洪措施

3.3.7.1 施工排水

(1) 临设区的污水、废水及粪便经处理后排至专门的排放点。

(2) 厂房内施工废水应引入渗漏集水井,然后排水管排至厂外排放点。

(3) 施工排水、抽水由土建承包商负责管理和维护,并采取措施将水导入集水井。

3.3.7.2 临时建筑的防洪措施

(1) 每个敞口的孔洞、不用的出入口应做好遮蔽。

(2) 人员、材料进出的出入口在出入口外做挡水坎,并在出入口外准备防洪用品。

（3）出入口、洞口应及时封堵，避免雨水倒灌进站。

（4）施工期间，在集水井内应安装临时水泵，确保汛期抽排水要求。

3.3.8 焊接作业施工的要求

（1）电焊机电源线路以及专用开关箱设置必须符合规范要求，并安装二次空载降压保护和防触电保护装置。电焊机导线不应大于 30 m。

（2）电焊机应在干燥、平稳、通风良好的地点使用，雨天不得进行露天电焊作业。在潮湿地方作业，必须垫放木板，增设防潮措施。

（3）高压焊接作业必须系安全带和有可靠作业台，并配置消防器材，有专人监护。在模块上焊接时，应在施焊部位下垫放钢板或阻燃材料。

（4）乙炔瓶应具有防止回火的安全装置。氧气瓶应具有减压器和防震胶圈。氧气、乙炔瓶不得卧放。氧气、乙炔瓶间距不小于 8 m。

（5）施焊场所 10 m 范围内无堆放易燃易爆物品，施焊场所应配有消防器材。

（6）操作人员持证上岗，正确穿戴防护用品。

（7）电焊机须符合以下要求：

① 电焊机有防雨措施，有操作规程；② 电焊机有可靠的保护接零，接线柱处应有防护罩；③ 焊把和电焊线绝缘良好，电焊线通过道路时，应架空和穿管埋设在地下；④ 电焊机一侧电源线长度应不大于 5 m。

第四节　施工用电和防火要求

3.4.1 系统接地保护

由于工程为大面积机电安装和装修，对接地保护要求较高，其接地电阻不大于 4 欧。本临电系统采用三相五线制供电系统，在生活区分别采用长度为 1.5 mL40×40×5 的镀锌角钢铁作为接地体，每组为 6 支接地体，分别相隔 5 m 将接地体垂直打入土壤中，并从主体建筑引两条接地相连接。配电箱外壳与接地体可靠连接，漏电保护采取三级漏电保护。

（1）施工现场临时配电线路按《施工现场临时用电安全技术规范》(JGJ46—2012)要求架设整齐，线路采用绝缘导线。室内外线路与建筑施工机具、建筑物、车辆、行人，保持不小于最小安全距离，否则应采取保护隔离措施。

（2）接地方式按《施工现场临时用电安全技术规范》(JGJ46—2012)执行，采用 TN-S 保护系统，在临设总配电箱处重复接地。用电设备 PE 线选用不得小于 2.5 mm² 的多股铜芯软线。地线不能与零线混用，零线不得装设开关、熔断器，保护接零单独铺设，重复接地线与保护零线相连。

（3）配电系统采取分段配电，各类配电箱、盘外均应统一编号。工地上所有总配电箱、配电箱及开关箱必须装设漏电开关，并确保两级或两级以上的可靠漏电保护。配电箱、开关箱必须防雨、防尘，移动式的箱体应装设在固定的支架上。箱内电器安装必须端正牢固，箱内不得堆放任何杂物。实行"一机一闸一漏保"制，一箱一锁，停止使用的箱、盘应立即切断电源，并挂标志牌。

3.4.2　施工用电管理制度

（1）临时施工用电缆必须按施工组织设计中的路线和规格布设，电缆接头必须牢固，绝缘性能可靠，电缆埋地应用套管，不允许无套管电缆沿地面布设。

（2）电箱等配电设备必须选用合乎国家标准或行业标准的产品，电箱必须有门，保持常关状态，电箱应布设在不易被撞或不潮湿的地方。

（3）各类电器设备、线路不准超负荷使用，接线必须牢固，开关外观应完好，防止线路过热或打火短路，发现问题要立即修理。

（4）设备的金属外壳要有效接地，禁止带电修理电气设备或移动电气设备。

（5）禁止随意停送电，不得使用铝线、铁线、普通铜线代替保险丝，保险丝规格应与用电设备的容量相匹配，不得随意换大换小。

（6）存放易燃液体、可燃气瓶的库房内，照明线路要穿管保护，库内要采用防爆灯具、开关应设在库外。

（7）穿墙电线或靠近易燃物的电线要穿管保护，灯具与易燃物要保持安全距离。

（8）实行电工持证上岗，严禁指派无证人员管电。

3.4.3　电气安全管理制度

为了既充分发挥电气在企业生产中的作用，又防止事故的发生，确保安全用电特制定本制度。

（1）严格执行"电气安装规程"，电气设备施工等应符合项目部用电规范和管理要求。

（2）一切电器设备必须接地可靠，使用手提电动器具（电钻、磨光机等），要戴绝缘手套和配备电器漏电保护装置。手提电动器具、漏电保护装置维护部门每季检查一次，并做好记录等工作。

（3）电气设备的巡视必须由电气值班人员进行。

（4）操作电气装置应熟悉其性能和使用方法，不得任意开动电气装置。严禁在电源装置上放置物件。

（5）当线路和电源设备检修时，开关和刀闸的操作把手上均应悬挂"禁止合闸，有人工作"的标示牌，标示牌的悬挂和拆除应按安全负责人或按专职负责工程师的命令执行。

（6）电器设施附近应有明显的安全标志。

（7）保持电器设备整洁、完好，防止受潮，禁止用脚踢开关或用潮湿的手扳动开关，更不得用金属物触及带电的电器。

（8）在室内高压设备上工作，应在工作地点四周用绳子做好围栏，围栏上悬挂适当数量的"止步，高压危险"的标志牌，标志牌必须朝向围栏外面。

（9）严禁工作人员在工作中移动或拆除遮栏、接地线和标示牌。不得随便移动护栏或越过护栏进行工作。需要移开护栏时，应经安全员同意。

（10）架设临时电线，应符合下列要求：

① 临时线路使用绝缘良好的橡皮线，使用负荷正确，接头处包扎可靠，全线无裸露；② 临时线一般应采取悬空架设和沿墙敷设，架设离地面高度户内不得低于 2.5 m，户外不得低于 3.5 m，架设时需要设专用电杆和专用瓷瓶固定，不得在树上或脚手架上挂线。严禁在高压线、易燃易爆、气割、腐蚀、浇注、碾压等场地敷设临时线；③ 临时线与设备、水管、气管，门窗等安全距离应保持 0.3 m 以外，交通道路上空高度不得低于 6 m，并需用电杆和瓷瓶固定；④ 临时线一般不得拖地，必须放在地上的部分，应加装可靠的套管保护。如在过道处应设有硬质套管保护，以防止磨损和割断电线；临时线装置必须有一个总开关，每一分路都须有熔断器。

（11）发现电器故障（漏电、保险丝熔断器、绝缘层破损、控制失灵、电机损坏等），应立即切断电源，并通知电工检修，非电工人员一律不准拆修。

（12）电气发生事故时，应立即切断电源，采取有效措施，报告有关人员，进行事故调查、分析和处理。

（13）发生电气火灾或安全事故时，立即启动应急预案，开展事故的处理，最大限度地减少损失和影响。

第五节 安装前技术准备

3.5.1 施工准备

（1）调查、熟悉施工现场。

（2）熟悉、审核施工图纸，参加设计院有关专业技术交底和图纸会审。

（3）编制实施性施工组织设计，制订施工计划，合理安排好各项施工顺序。

（4）针对本项目编制《劳动力计划》《施工设备配置计划》《质量保证体系》。

（5）做好施工人员的技术交底和技术培训工作，对施工人员进行强化专业培训，进行质量教育，提高全员质量意识。

（6）各项施工工艺、技术均应有超前的施工方案和施工措施。

（7）对工程设计意图、施工难点、施工对策及技术措施、标准有全面认识。

（8）施工机具、用水、用电均已安排落实。

3.5.2 一般规定

（1）施工场地应进行统一规划。设备的运输、保管应按"水轮发电机安装、运输、保管条件"执行。在施工现场放置设备，应考虑放置场地的允许承载能力。

（2）按现场条件选择设备吊装方法并拟定大件吊装技术措施。

（3）机组安装所用的材料，必须符合图纸规定，对重点部位的主要材料必须有出厂合格证，如无出厂合格证或对质量有怀疑应予复验，符合要求后方准使用。

（4）凡参加主焊缝焊接的焊工应按规程规范的规定考试合格。焊接施工工艺如制造厂无特殊规定，应遵照有关的工艺方法。焊接时接地线应接到被焊部位上，不得利用接地网或建筑内的预理钢件作连接体。

（5）对设备组合面应用刀形样板尺检查无高点、毛刺，合缝间隙应符合 GBT8564—2003 中的要求。

（6）设备部件应进行全面细致的清扫检查，对精加工面上防护油脂应用软质工具刮去油脂，不允许用金属刮刀、钢丝刷之类工具进行清除工作，零部件加工面上的防锈漆，一般使用脱漆剂之类的溶剂清除。对重要部件的主要尺寸及配合公差应进行校核，制造厂保证的整体组件可不解体清扫检查。

（7）对设备各部位密封槽应按图纸尺寸校核，用于油系统的橡胶密封条应进行耐油性能鉴定。密封条对接口不应大于 0.1 mm，对口粘接强度可用拉伸和扭转方法检查。

（8）各部连接螺孔安装前应用相应的丝锥攻丝一次，各部位的螺钉、螺母、销钉均应按设计要求锁定或点焊固定。

（9）设置合适数量的牢固、明显和便于测量的安装轴线、高程基准点和平面控制点，误码率差不应超过±0.5 mm。

3.5.3 特殊的测量器具

除准备好一般安装工具及仪器外，还应准备下列工具及测量仪器。

（1）精度为万分之一的钢尺。

（2）精度为万分之一的磁吸式测量尺。

（3）J2 型经纬仪。

（4）S3 型水准仪。

（5）长度为 150 mm 和 300 mm 刀形样板平尺。

（6）合像水平仪、框式水平仪。

（7）长度为 150 mm 和 300 mm、500 mm 塞尺。

（8）全站仪（必要时使用）。

（9）GPS 全球定位系统（必要时使用）。

3.5.4 引用规范(表 3-4)

表 3-4 引用规范

序号	规范名称	规范编号
1	水轮发电机组及其附属设备出厂检验导则	DL/T 443—2016
2	发电机励磁系统及装置安装、验收规程	DL/T 490—2011
3	水轮机电液调节系统及装置技术规程	DL/T 496—2016
4	电力建设施工技术规范第 5 部分:管道及系统(附条文说明)	DL/T 5190.5—2019
5	水轮发电机组启动试验规程	DL/T 507—2014
6	灯泡贯流式水轮发电机组安装工艺规程	DL/T 5038—2012
7	水轮发电机定子现场装配工艺导则	DL/T 5420—2009
8	灯泡贯流式水轮发电机组启动试验规程	DL/T 827—2014
9	电力系统动态记录装置通用技术条件	DL/T 553—2013
10	水电水利基本建设工程 单元工程质量等级评定标准 第 3 部分:水轮发电机组安装工程	DL/T 5113.3—2012
11	水电水利基本建设工程 单元工程质量等级评定标准 第 4 部分:水力机械辅助设备安装工程	DLT 5113.4—2012
12	水电水利基本建设工程 单元工程质量等级评定标准 第 5 部分:发电电气设备安装工程	DL/T 5113.5—2012
13	水电水利基本建设工程 单元工程质量等级评定标准 第 6 部分:升压变电电气设备安装工程	DL/T 5113.6—2012
14	水电水利基本建设工程 单工程质量等级评定标准 第 11 部分:灯泡贯流式水轮发电机组安装工程	DL/T 5113.11—2005
15	电气装置安装工程 电力变压器、油浸电抗器、互感器施工及验收规范	DL/T 5840—2021
16	电气装置安装工程接地装置施工及验收规范	DL/T 5852—2022
17	火灾自动报警系统设计规范	NB/T 10881—2021
18	起重机试验规范和程序	GB/T 5905—2011
19	起重机械安全规程 第 5 部分:桥式和门式起重机	GB/T 6067.5—2014
20	水轮发电机组安装技术规范	GB 8564—2003
21	电气装置安装工程电气设备交接试验标准	GB 50150—2016
22	电气装置安装工程 电缆线路施工及验收规范	GB 50168—2018
23	电气装置安装工程盘、柜及二次回路接线施工及验收规范	GB 50171—2012
24	电气装置安装工程蓄电池施工及验收规范	GB 50172—2012

序号	规范名称	规范编号
25	流体输送用不锈钢焊接钢管	GB/T 12771—2019
26	工业金属管道工程施工规范	GB 50235—2010
27	通风与空调工程施工质量验收规范	GB 50243—2016
28	水轮机调速系统技术条件	GB/T 9652.1—2019
29	机械设备安装工程施工及验收通用规范	GB 50231—2009
30	输送流体用无缝钢管	GB_T 8163—2018
31	大中型水电机组包装、运输和保管规范	GB/T 28546—2012
32	水利水电建设工程验收规程	SL 223—2008
33	质量管理体系要求	GB/T 19001—2016
34	剩余电流动作保护器(RCD)的一般要求	GB 6829—2017
35	电气装置安装工程 电气设备交接试验标准	GB 50150—2016
36	电气装置安装工程 盘、柜及二次回路接线施工及验收规范	GB 50171—2012
37	电气装置安装工程 蓄电池施工及验收规范	GB 50172—2012
38	电气装置安装工程 起重机电气装置施工及验收规范	GB 50256—2014
39	头部防护安全帽	GB 2811—2019
40	坠落防护安全带	GB 6095—2021
41	现场设备、工业管道焊接工程施工规范	GB 50236—2011
42	风机、压缩机、泵安装工程施工及验收规范	GB 50275—2010
43	建筑机电设备抗震支吊架通用技术条件	CJ/T 476—2015
44	通用桥式起重机	GB/T 14405—2011
45	起重机设计规范	GB/T 3811—2008
47	六氟化硫电气设备中气体管理和检测导则	GB/T 8905—2012
48	同步数字体系(SDH)光纤传输系统工程验收规范	YD 5044—2014

第四章

灯泡贯流式机组安装技术

第一节　灯泡贯流机组安装程序(图 4-1)

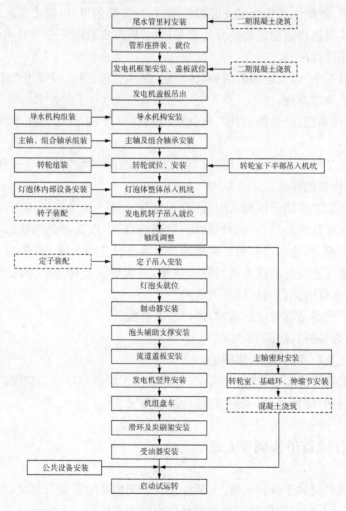

图 4-1　灯泡贯流机组安装程序图

第二节　灯泡贯流式机组安装难点认识

4.2.1　主要设备的装卸、运输方案及保管措施

4.2.1.1　工地卸车方案及措施

将露天堆放场地面平整，加固地基，埋设地锚。

根据各台机组设备到达工地的时间，设备到货时如未能安装，可先临时堆放在露天堆放场。转子支架、主轴、主变及座环内环等重件、大件设备，直接利用厂房桥机进行卸车，其余小于 25 t 的设备可用汽车吊卸车直接吊到存放位置。

设备卸车后，原则上按机组的安装顺序堆放，先安装的靠外，后安装的靠内。

尾水管到货时直接运至组装平台处卸车，组装后按安装顺序分节运至机坑，以利用土建门机或汽车吊进行吊装。

考虑到安装顺序，以及运输的需要，转轮室、封水盖板、导流板等用汽车吊卸在经过平整不阻碍交通的地方存放。

磁极、机组设备配件、盘柜及其它电气配件和材料等，用汽车吊卸车后用叉车运至仓库保管。

主变运输至工地后，利用主厂房桥机直接卸车，然后利用专用轨道转移至安装位置。

4.2.1.2　设备的保管

在堆放场砌临时围墙及挖排水沟，设专人值班。

存放在露天堆放场的设备应做好防雨、防晒措施，一般防护是用枕木将设备垫高，在设备表面盖防雨布，然后加盖石棉瓦并加固。对重要设备如大轴、转子、定子、转轮等盖上防雨布后用石棉瓦在设备的位置搭设临时房屋，并做好设备标志。考虑到该地区比较潮湿，对一些精密元件的储存间用抽湿机防潮。

按消防要求配备足够的消防器材，做好防火措施。

4.2.1.3　设备的二次倒运

平整堆放场至厂房的道路，加固地基。

根据机组的安装进度，考虑设备安全，合理安排车辆进行运输。建议厂方适当安排大件设备的到货时间，尽量利用厂房桥机进行吊卸至安装点。

4.2.2　大重件设备吊装翻身方案

灯泡贯流式机组属于卧式机组，大部件在安装间组装时平放着组装，组装完毕后吊装时需翻身吊起。因此，大部件吊装及翻身是灯泡贯流式机组一大特点及难点。

4.2.2.1 尾水管吊装方法

尾水管安装时多数厂房桥机未形成,此时多数利用土建单位的施工吊吊装尾水管。将组装成整节的尾水管运至机坑附近,利用土建塔吊将整节尾水管翻身吊起,由于尺寸比较大,注意起吊时应缓慢,防止翻身起吊时离开地面晃动太大。图4-2、图4-3为尾水管吊装。

 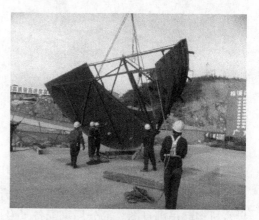

图4-2 尾水管分节翻身吊装   图4-3 尾水管分块翻身吊装

4.2.2.2 座环吊装方法

座环由内环(内管壳)、外环(外管壳)、上下立柱、前锥体等组成,具体分块根据机组大小及厂家不同设计而定,内管壳带法兰一般为上下分瓣,多数中小型机组上立柱和内管壳上半部及下立柱和内管壳下半部在厂里已焊接成整体,大型机组上下立柱在工地现场焊接;外管壳则是与混凝土接触的钢板,一般分节分瓣到货;前锥体则是与外管壳连接的法兰头,一般分成四瓣运到在工地组装,有些厂家设计的座环没有外管壳,外管壳由混凝土直接形成,本方案为座环分块吊入机坑内组装焊接。图4-4至图4-7为以往座环吊装图片。

图4-4 座环整体吊装   图4-5 座环分块吊装

图 4-6　座环内环整体吊装

图 4-7　座环外环吊装

4.2.2.3　导水机构吊装方法

导水机构是灯泡贯流式机组水轮机中吊装的最重件，由于导水机构尺寸及重量是整台机组中最重最大件，在翻身的过程中起升要缓慢，注意减少晃动。图 4-8 至图 4-11 为导水机构起吊翻身图。部分厂家配备了专用的起吊工具或者现场自制吊装工具。

图 4-8　导水机构翻身起吊

图 4-9　导水机构吊装 1

图 4-10　导水机构吊装 2

图 4-11　导水机构吊装 3

4.2.2.4 转轮整体吊装

转轮在安装间组装打压试验完毕后翻身吊入机坑,安装上专用起吊工具。见图 4-12、图 4-13。

图 4-12 转轮垂直吊装图

图 4-13 转轮翻身后临时支撑

4.2.2.5 转子翻身、吊装方法

转子组装试验完毕后拆下底部及顶部的磁极然后安装吊具及翻身靴。将转子翻身起吊后拆去翻身靴,回装底部的几个磁极,吊入机坑就位后再拆去吊具,回装顶部的几个磁极。图 4-14、图 4-15 为转子翻身起吊。

图 4-14 转子翻身起吊

图 4-15 转子翻身起吊

4.2.2.6 定子翻身、吊装方法

定子装配试验完毕后,安装上厂家配备的专用吊具,翻身起吊。由于厂家不同,配备的专用工具不同,各有不同的起吊方法,见图 4-16、图 4-17。

图 4-16 定子翻身起吊

图 4-17 定子吊装

4.2.2.7　主变运输吊装方案

（一）运输前期工作

变压器的整体运输，根据生产厂家或需方所提供的变压器外形尺寸、重量及要求、运输路线，确定变压器的运输方案。运输方案要选定运输车辆，高度有限制时采用凹平板车运输，高架道路或桥梁载重有限制时采用多轴的大型平板车运输。沿途如桥梁载重不能满足的要进行加固。进入变电站道路也要保证大型平板车进出、转弯、调头、卸车等工作可以进行。

（二）变压器装车

变压器装车时要特别注意：车辆进站时变压器高低压侧套管方向和设计安装方向一致；变压器装车后绑扎要牢固。

（三）钢丝绳捆扎（图 4-18、图 4-19）

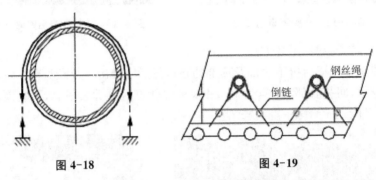

图 4-18　　　　　　　　　　　　图 4-19

钢丝绳从下向上围兜后双分琵琶头，再使用倒链两侧同时紧固。钢丝绳、倒链、卡环三者强度等级要求相互匹配。钢丝绳与设备接触面用胶皮、软管或麻袋等材料进行保护。必要时，设计专用支座。

钢丝绳呈"八字形"布置，下捆绑点的位置必须合理准确，原则上采取对称的结构。要防止绳索在吊耳处的重叠咬合，影响捆绑强度。

（四）冲击加速度记录仪交接

在每次变压器改变运输方式时，对变压器自带的冲击加速度记录仪要作交接时间记录。

（五）变压器吊装

变压器运输至厂房后，用厂房桥机进行卸车并吊装就位，或采用汽车吊、滚筒配合卸车到位。

4.2.3　防止部件运输倒运吊装变形

4.2.3.1　防止部件运输倒运变形

由于运输和二次倒运的限制，大部件运输时经常是分两半或更多块运输，比如尾水管里衬分前、后两段，前段分两瓣，后段分三瓣，座环为机组的主要受力部件，由内管型座、外管型座、前锥体、上部竖井和下部竖井组成。定子机座整体到货，运输的时候在制造厂里在每块内部加固支撑，其他部件运输时也均应做加固防变形措施，大部件运输属超大超宽部件，运输过程中大部件捆绑要牢固，必要时挂手拉葫芦调整拉紧，小车开路，统一指挥。

图 4-20 为导水机构、定子机座、座环等分块运输到货加固支撑。

图 4-20 导水机构、定子机座、座环等分块到货

4.2.3.2 防止部件吊装变形

大部件组装后起吊时应对部件进行加固,防止吊装变形。如导水机构吊装时,厂家配备了专用工具,装于导水机构内外环间,防止吊装变形,部分厂家在定子吊装时也配备了十字加固架防止起吊变形,如果厂家未配备,可以在现场自制防变形支撑架。

4.2.4 大型部件运输吊装措施

灯泡贯流式机组各个部件的几何尺寸大,虽然在吊装过程中各个大型部件都采取了加固措施,但是由于吊装在空中的滞空时间长,部件塑性变形将不可避免。所以在大型部件的吊装过程中应重视各部件的加固,尽量缩短吊装滞空时间。吊装引起塑性变形的部件主要包括尾水管里衬、座环、导水机构、定子和主轴。

4.2.4.1 尾水管里衬吊装变形(图 4-21)

尾水管里衬一般分为前段、后段 2 段,每一段采用分瓣结构。前段法兰是整个机组的安装基准,其法兰面与水轮机转轮室连接,安装精度要求高,安装调整难度大。在基坑中组圆,由于尺寸大,虽然在分瓣中焊有支撑钢支架,但是滞空时间一长,容易产生变形,尤其是尾水管里衬的进口端与水轮机转轮室的出口端要用螺栓连接,调整尾水管里衬的高程、圆度、中心和波浪度需要耗费大量的时间。所以应尽量缩短尾水管里衬的滞空时间,在吊装重量许可的情况下尽量将尾水管

图 4-21 尾水管吊装

在基坑外组圆后再吊入基坑。在尾水管内部加焊钢支撑是防止尾水管吊装变形的有效

措施。

4.2.4.2 座环吊装变形和解决措施

座环是灯泡贯流式机组的主支撑,它是整个机组的安装基准,其上游侧的内环与发电机的定子及灯泡连接,下游侧内、外环分别与导水机构的内外环连接。由于尺寸庞大,安装调整时间长,所以滞空时间很长,容易变形,应尽量缩短座环滞空时间,在座环的内、外环之间加焊各个方向的钢支撑是防止座环吊装变形的有效措施。

4.2.4.3 导水机构吊装变形和解决措施

灯泡贯流式水轮机的导水机构是水轮机的重要组成部分。为保证导叶在内、外环中正常转动,导叶的轴端必须与内、外环之间留有一定的间隙,再加上导水机构的尺寸比较大,在起吊过程中内、外环必然会发生变形。由于导水机构进口法兰与座环的出口法兰连接,而导水机构的出口法兰与水轮机转轮室的进口法兰连接,所以导水机构吊在空中的时间比较长,极易产生塑性变形(见图 4-22、图 4-23)。

图 4-22　导水机构吊装上游法兰面加固支撑　　**图 4-23　导水机构吊装下游法兰面加固支撑**

为了减少吊装变形,导水机构正式安装时,应把导水机构的导叶置于全关位置;将导叶轴沿其轴向向导水机构外环方向拉,使导叶外端顶住导水机构外环内壁;在导叶内端面与导水机构内环壁的间隙插入楔子板,并将其焊接固定;用搭板焊接相邻的导叶;将导水机构整体吊入安装位置,并与座环把固;将导水机构安装到位后,割去搭板,卸下楔子板;将导水机构的导叶作为支撑件用以固定内、外环,使内、外环不发生形变。

在导水机构下游侧内、外环设计安装定位架,由钢材焊接构成大"♯"字架和小"♯"字架,大、小"♯"字架的端部分别与导水机构下游侧外环、内环的端面固定连接,大"♯"字架与小"♯"字架之间通过支架固定连接成一体。安装定位架,通过与导水机构下游侧的内、外环端面固定连接的方式,将导水机构的内、外环固定为一体,加强了整个导水机构的结构强度,确保在吊装过程中内、外环相对位置保持不变,降低了安装难度,提高了安装质量;并且大、小"♯"字架加强了外环、内环的强度,保证了导水机构外环和内环的圆度,减少了吊装过程中的形变,进一步提高了安装的精度。

4.2.4.4 定子吊装及施工措施

定子翻身和吊装一般有吊装平衡梁,如厂家未配备平衡梁,定子翻身,吊装钢丝绳夹角太大,容易出现安全事故,施工方应根据起重机的高度、跨度、荷载以及设备特点来设计定子的起吊及翻身方案,为了防止在翻身过程中定子变形,同时增加定子内的支撑,上下游各一组(同导水机构相同,见图4-24)。

图4-24 未带机架的定子吊装时法兰面加固支撑

将定子平放在六个等高的支墩上,先用桥机主、副钩平吊起定子整体,起吊到一定高度后,桥机停止起主钩,桥机副钩继续起钩直到定子成60°后停止起钩,在此过程中保证定子平稳,随时调整定子与地面的距离,不能与地面相碰撞。待定子翻身至60°后,桥机主、副钩同时下降,在地面垫好相应高度的枕木,防止与地面及硬度较大的物体相碰撞,将桥机的副钩移去,然后直接桥机起主钩,直接以地面的枕木为翻身支点,在桥机起主钩过程中指挥人员要观察定子有无倾斜偏移情况,为了让定子在与地面脱离时不产生较大的晃动,吊钩起钩速度必须缓慢并保证平稳。再利用＋Y方向上游的手拉葫芦(上升)和－Y方向的手拉葫芦(下降)来调整定子的垂直度,待－Y方向的手拉葫芦不受力后移去,调整垂直后方可进行定子安装。

4.2.5 防止部件组装焊接变形

大部件运输至工地现场后,在工地找好合适的组装平台,对部件进行组装,组装调整圆度等符合要求后进行装焊,比如尾水管的组装成整节焊接、座环立柱焊接、定子机座焊接等,在焊接时注意防止部件的焊接变形,焊接时采用分中、对称、分段、退步、跳焊及分段长度约200 mm等焊接措施。每焊一遍检查各组合尺寸是否符合要求,以防止焊接变形,方便及时处理,焊接完毕后重新检查圆度组合面等,见图4-25。

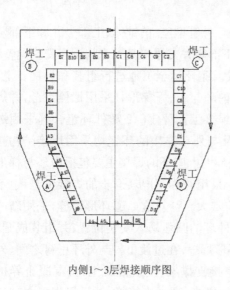

内侧1~3层焊接顺序图

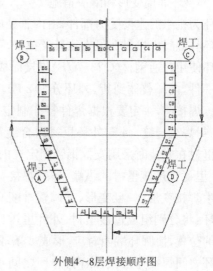

外侧4~8层焊接顺序图

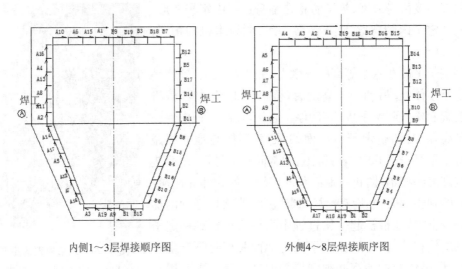

内侧1～3层焊接顺序图　　　　外侧4～8层焊接顺序图

图4-25　座环立柱防变形内外侧图分层焊接图

4.2.6　焊接引起的变形

焊接引起的变形主要包括尾水管里衬的焊接变形和座环的焊接变形。

（一）尾水管里衬焊接变形和解决措施

尾水管里衬一般由3节构成，每节又分为2瓣或3瓣。分瓣首先要组成节，2节2瓣，1节3瓣，应有7道纵向焊缝；1节2瓣，2节3瓣，则应有8道纵向焊缝。2节相连产生1道环形焊缝，由于尺寸较大，所以1道环形焊缝尺寸较长，而且尾水管里衬具有一定的厚度，焊接过程中容易产生变形。

采用对称、分步、退步焊接法是有效减少环形焊缝变形的有效措施。

（二）座环焊接变形和解决措施

座环为机组的主要受力部件，由内管型座、外管型座、前锥体、上部竖井和下部竖井组成。座环与混凝土接触面设有锚具及拉杆，下部竖井支撑与基础之间设有安装调整装置。

座环使用普通钢材（Q235A/B）焊接而成。座环运至工地进行组装和焊接。上、下部竖井各一件，内环整体到货，外环分为2瓣，内环与上、下梯形柱采用螺栓组合，并焊接组合焊缝。焊接前，一定要根据焊件特征制定焊接工艺评定。2瓣外环组合缝采用螺栓连接结构，封焊组合缝。4瓣外环里衬组合缝及与外环连接的环缝均采用焊接结构。外环及外环里衬在安装时采用支撑钢管固定在内环上。座环的焊接主要包括内环与梯形柱焊接、外环里衬和过渡里衬的纵缝、环缝焊接。采用对称、分步、退步的焊接工艺，也不可避免会产生焊接变形，一旦变形，其调整难度非常大。针对这2道环形焊缝，采用新的工艺组装内环：将分别组成过渡里衬、外环里衬、外环的圆弧吊入安装位置，并组装成圆环；调整三者的位置，使圆环端面对应，形成2条环形焊缝；在过渡里衬与外环里衬之间、外环里衬与外环之间焊接连接板；座内、外环之间焊接支撑架、浇筑混凝土；待混凝土养护完成后，对环形焊缝中未被连接板挡住的部分进行焊接；割去连接板，对环形焊缝中被连接板挡住的部分进行焊接;割去支撑架。这样大幅度降低了由热应力产生的形变,确保了座环外环的圆度,减小了安装难度,降低了安装风险,提高了安装精度。

4.2.7 防止部件浇混凝土变形

大部件安装调整完毕,必须对其进行加固及监控,防止浇混凝土时安装位置偏移及局部变形。比如座环安装完毕对外环法兰面安装支撑,防止法兰面的波浪度变化,除了厂家配备的支撑外,安装完毕后工地现场在周围用槽钢加固支撑,座环在浇混凝土时需在各方位安装百分表进行监控。图4-26至图4-28为座环安装及尾水管安装加固支撑。

混凝土浇筑温度变形对尾水管埋设件、座环均有影响。灯泡贯流式机组,尤其是有法兰面的尾水锥管是整台水力机组安装的一个重要基准,故对尾水锥管的安装精度要求很高,特别是水平度偏差,如果尾水锥管的水平度超差,将会影响整台水力机组的安装质量。故浇筑混凝土时应特别注意进度和温度的控制。

图4-26 座环前锥体法兰面调整及加固支撑

图4-27 座环整体加固

图4-28 浇混凝土后的尾水管

4.2.8　组合轴承和水轮机径向轴承间隙调整

灯泡贯流式机组采用双支点双悬臂主轴受力方式。在发电机部分有 1 个组合轴承，在水轮机部分有 1 个径向轴承。组合轴承位于发电机的下游侧，由正向推力轴承、反向推力轴承和径向轴承组成；径向轴承在水轮机大轴密封的上游侧。

4.2.8.1　发电机组合轴承间隙调整

（一）发电机组合轴承

发电机的正、反向推力轴承和径向轴承组装在同一个轴承座内，设在转子下游侧。推力轴承正、反推力瓦常见为巴氏合金瓦。在各种正常工况运行时，推力轴承瓦的温度不超过 70 ℃，径向轴承瓦的温度不超过 65 ℃。如果轴承油冷却器冷却水中断，应允许机组在额定工况下无损运行 5 min。镜板与主轴一起进行锻压加工，并经过足够的时效（调质），精加工结束后镜板的镜面应无任何缺陷。径向轴承应配有一套高压油顶起装置，在机组启动和停止时使用。推力轴承瓦面和径向轴承瓦面的巴氏合金应无夹渣、缩孔和气孔，用超声波检查轴承应无脱壳现象。在拆卸、调整或检修轴承时，顶轴装置应能顶起发电机的旋转部分。

（二）发电机组合轴承间隙调整

发电机组合轴承间隙调整要经过轴系计算，得出挠度。同时要考虑到轴承间隙在静止状态和运行状态会出现变化。灯泡头和发电机定子在流道充水后会发生"抬头（上浮）"现象，轴承间隙会发生变化，如果估计不足，就有可能发生转子"扫膛"或发电机空气间隙不均匀，造成电磁力不均，从而引起机组振动，影响整个机组的安装质量。

（三）正向推力轴承受力调整

发电机转子以及水轮机转轮与主轴连接，机组定子、转子平均磁力中心线符合要求后，方能进行推力轴承受力调整。先在正向推力瓦背的 4 个角与推力支撑之间临时固定 4 个顶丝，用顶丝将正向推力瓦贴在正推镜板上，调整、检查各正向推力瓦与镜板的接触情况，确保其接触良好；旋转调整板，使支柱螺钉顶上正向推力瓦；在使用顶丝时应保证主轴没有轴向位移。同样调整支柱螺钉时也必须保证主轴未产生轴向位移；要求以相同大小的力锤击正向推力瓦支柱螺钉 1 遍，其锁定板上的标记位移偏差在 1 mm 以内为合格（锤打受力时，须用百分表监视主轴镜板面的垂直度）。

（四）反向推力轴承受力调整

利用千斤顶及高压油顶起装置将机组转动部分向上游侧平移，用顶丝将反向推力瓦贴在反推镜板上，调整、检查各反向推力瓦与镜板的接触情况，确保其接触良好。按照正向推力瓦受力的调整检查方式，进行各反向推力瓦受力调整。反向推力轴承受力调整合格后，应利用制动器及高压油顶起装置将机组转动部分归位。

4.2.8.2　水轮机径向轴承间隙调整

（一）水轮机径向轴承

由于水轮机径向轴承是双支点双悬臂梁其中的一个支点，所以轴承间隙在轴向上不一致，而且最根本的问题是转轮室充水后转轮由于浮力作用会上浮，而转轮室则会由于重力作用下沉,如果间隙调整不好,必然造成转轮扫膛和水力振动的问题。水轮机径向轴承采用分块瓦结构,运行可靠、便于检修。在运行中保证不漏油、不甩油。水轮机径向轴承必须能承受机组任何运行工况(包括飞逸工况)下的径向荷载。轴瓦表面衬以巴氏合金材料。轴承的设计要允许主轴出现微小的轴向位移。轴承支撑采用球面支撑自调心结构,以适应主轴挠度的变化。下部设有调整块,用于主轴轴线调整,并可调整转轮和转轮室之间的间隙。轴承应设置高压油顶起装置、轴承回油箱和高位油箱。

(二)水轮机径向轴承间隙调整

由于水轮机径向轴承是双支点双悬臂梁其中的一个支点,轴承间隙在周向上不一致,流道充水后,在浮力和重力的影响下,转轮会上浮,而转轮室会整体下沉变形,造成静态下调整好的水轮机径向轴承的间隙发生变化,加上机组运行后桨叶在水力作用下会带动整个转动部分轴向“窜动”,容易与转轮室发生扫膛。轻度扫膛会加大机组振动和机组运行的噪音,过大的扫膛会使桨叶卡阻甚至损坏。调整水轮机径向轴承间隙时要预先估计这些变化,这样变形后正好使机组轴承间隙均匀。

第三节 工程管理的重点、难点和解决措施

4.3.1 工程管理分析

(1)作为水电站安全运行的重要保障项目,工程量大,功能全,标准高,立体交叉作业,因此,作好施工组织设计,特别是整体施工规划以及各专项施工方案和平面预埋设计,安排好与业主、监理、土建及各安装专业之间的配合工作,创建良好施工氛围,是做好项目施工管理的重要条件。

(2)大型设备及材料的运输和吊装是本工程的一大难点,在组织好物资供应的同时,依据工程情况、结构形式和设备外型尺寸及设备容量,结合以往实行的工程经验和条件先进设备,反复论证,制定详细的运输吊装方案,特别对于大型设备(如尾水管、座环、导水机构、转轮、主轴、定子、转子、灯泡体、主变等),应从吊装设备的选型、运输道路的确定及运输、吊装的方法、安全保护措施等各方面制定出整体的具体实施计划,并经甲方、监理签认。

(3)认真做好管理协调工作,尽可能把各专业、各系统相互之间的干扰降至最小,并保证各专业工种的线管布置合理、有序、整齐、美观。并制定措施做好季节性施工部署和事故应急预案,特别是冬、雨季施工措施,确保工程顺利实施。

(4)充分掌握和理解设计图纸、技术文件和施工工艺的要求,根据工作量及工期要求,科学、合理地安排进度计划,制订有针对性的施工方案和技术措施。

(5)强化施工质量意识,消除常见的工程质量通病,注意对特殊工序及关键部位施工工艺的控制(如焊接,设备吊装等),严格把好每一施工工序关,实事求是地对工程质量

负责。

（6）系统的联动调试复杂，技术要求高，项目经理部应编制详尽的调试方案，经总工程师审批后，安排专人负责实施。

（7）竣工文件、资料的收集、整理工作必须与工程施工同步进行，确保竣工资料的真实与完整。

（8）运用现代化管理手段，对现场工程进度计划、劳动力、材料、成本等实行有效的控制，加强宏观调控力度，实行动态管理。

（9）重视各专业、各系统制度的执行，保证工程的实施按计划推进，并确保各关健工期的实现。

（10）产品保护关系到工程按期交工和日后使用，所以，在竣工验收前，必须想方设法做好保护工作，防止半成品、成品遭到不必要的人为或自然的破坏、受损和被窃。

4.3.2　管理措施的重点、难点

根据对工程重点、难点的分析，在工程实施过程中，将始终抓住重点环节，有针对性地采取措施解决施工难点，确保工程如期高质地完成。

（一）加强计划管理

按施工总体计划安排，由项目部一起做好材料供应计划、设备使用计划、资金使用计划和劳动力进场计划的管理工作，确保各种资源按计划及时到位，保证施工的顺利进行。

（二）严格按有关施工规范和施工安全生产规定进行施工

在施工中强化质量管理和安全管理，杜绝质量和安全事故发生，避免出现因质量问题产生的返工，从而确保工程质量达到预期要求。

另外，在开工前，按公司的质量管理体系的要求，编制本工程的质量保证计划，并按计划进行实施，确保质量目标的实现。

（三）施工过程中，做好施工协调工作，使各项施工作业有条不紊地实施

（1）工程开工前，应根据施工合同和设计图纸的要求编制详尽的施工组织设计，作为指导整个施工过程的文件，协调和统筹各项施工作业的实施。

（2）根据本工程的施工总进度计划，有计划、有步骤地做好各分项工程的施工准备工作，安排好劳动力进退场计划和材料设备的进退场计划。

（3）施工过程中，定期召开各专业工种的施工协调会，检查施工进度计划的执行情况，及时解决协调配合方面的问题，保证各项施工作业的顺利实施。

（4）加强与业主、监理和设计等单位的沟通与联系，取得他们的理解、配合和支持，并及时解决施工过程中所产生的问题，避免因不必要的纠纷而耽误施工进度。

第四节 隐蔽(预埋件)工程施工过程及技术措施

4.4.1 埋件的安装

本工程的隐蔽工程施工工作主要包括图纸所示的水力机械、电气、通风空调、给排水与消防管道(或套管)、设备基础、支架、吊架、框架、锚钩等固定件以及接地装置(厂房段)等预埋件的埋设。隐蔽工程所涉及的面广部位多、隐蔽项目也多。隐蔽工程施工的质量对整个工程的运行质量将有着直接的影响。因此,本工程将严格按设计要求施工,严格做好管理。按照专业分包括电气专业的防雷接地、电缆套管,辅助机械专业中排水管、测压管、部分油管套管,机械专业中的尾水管、座环和流道框架盖板,以及吊装需要的各种吊点、地锚、基础板等。

4.4.1.1 接地网施工及质量控制

(一)技术标准

《水轮发电机组安装技术规范》 GB/T 8564—2003

《电气装置安装工程接地装置施工及验收规范》 GB 50169—2016

(二)接地施工程序(图 4-29)

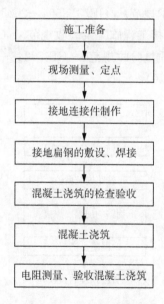

施工准备

现场测量、定点

接地连接件制作

接地扁钢的敷设、焊接

混凝土浇筑的检查验收

混凝土浇筑

电阻测量、验收混凝土浇筑

图 4-29 接地施工程序

(三)施工技术措施

1. 接地材料将严格按设计要求选取。

2. 当接地体(线)的焊接采用搭接焊时,其搭接长度将按如下规定:

① 扁钢为其宽度的 2 倍(至少 3 个棱角边焊接)。

② 圆钢为其直径的 6 倍。

③ 圆钢与扁钢连接时,其长度为圆钢直径的 6 倍。

④ 扁钢与钢管、扁钢与角钢焊接时,为了连接可靠,除在接触部位两侧进行焊接外,应以钢带弯成的弧形(或直角形)卡子与钢管(或角钢)补强焊接。

⑤ 每个电气装置的接地应以单独的接地线与接地干线相连接;不得在一个接地线中串接几个需要接地的电气装置。

3. 接地体顶面埋深应符合设计规定。当无规定时,不应小于 0.6 m。

4. 对不易于采用焊接或熔接工艺的接地安装,采用螺栓连接工艺。

5. 对需浇注降阻剂的部位,根据设计图纸的要求施工。

6. 对特殊部位及有特殊要求的接地将严格按照设计图纸施工。

7. 充分利用电站的自然接地体,将接地网与自然接地体焊接相连。

(四)检查与验收

1. 待焊接加固牢靠后,请监理工程师进行验收并填写好《机电安装隐蔽工程质量检查记录表》,验收合格后才能进行混凝土浇注。

2. 按规程、规范要求,进行接地电阻的测量,其接地电阻值应不得大于设计值。

3. 当接地安装完毕,且经接地电阻测量合格后,整理全部安装、检查、试验记录文件送监理单位并申请验收。

4.4.1.2　厂房管路系统及通风系统管路的预埋及质量控制

(一)技术标准

1.《水轮发电机组安装技术规范》　GB/T 8564—2003

2.《现场设备、工业管道焊接工程施工及验收规范》　GB 50236—1998

3.《通风与空调工程施工质量验收规范》　GB 50243—2002

(二)管路施工程序(图 4-30)

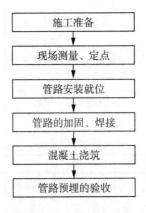

图 4-30　管路施工程序

(三)施工技术措施

1. 设备基础垫板的埋设,其高程偏差一般不超过 10 mm,中心和分布位置偏差一般不大于 10 mm,水平偏差一般不大于 1 mm/m。

2. 埋设部件安装后应加固牢靠。埋设部件与混凝土结合面,应无油污和严重锈蚀。

3. 管子的弯制。

a) 管子的弯曲半径,热煨管时,一般不小于管径的 3.5 倍;冷弯管时,一般不小于管径的 4 倍;采用弯管机热弯时,一般不小于管径的 1.5 倍。

b) 弯制有缝管时,其纵缝应置于水平与垂直面之间的 45°处。

c) 管子弯制后的质量应符合下列要求:

(1) 无裂纹、分层、过烧等缺陷。

(2) 管子截面的最大与最小外径差,一般不超过管径的 8%。

(3) 弯曲角度应与样板相符。

(4) 弯管内侧波纹褶皱高度一般不大于管径的 3%,波距不小于 4 倍波纹高度。

(四) 管路的埋设,应符合下列要求

1. 管路的出口位置偏差,一般不大 10 mm,管口伸出混凝土面一般不小于 300 mm,管子距混凝土墙面,一般不小于法兰的安装尺寸,管口应可靠封堵。

2. 管路不宜采用螺纹和法兰连接。测压管路,应尽可能减少拐弯,曲率半径要大,并考虑排空,测压孔应符合要求。排水、排油管路应有同流向一致的坡度。

3. 排油管路一般采用埋设套管的办法。

(五) 管路过混凝土伸缩缝时,其过缝措施应符合设计要求。

4.4.1.3 检查与验收

(一) 待焊接加固牢靠后,请监理工程师进行验收并填写好《机电安装隐蔽工程质量检查记录表》,验收合格后才能进行混凝土浇注。

(二) 混凝土浇注进行复检合格后,整理全部安装、检查、试验记录文件送监理单位并申请验收。

4.4.2 尾水管安装

尾水管里衬为水轮发电机组第一项进行安装的部件,在安装前,先进行机组的中心轴线及坝轴线下尾水法兰基准面中心线的放样及复测,应准确无误。

4.4.2.1 尾水管安装程序

4.4.2.2 施工准备

(一) 施工条件

1. 机坑已经交面。

2. 根据校核过的机组中心轴线和转轮中心线标出安装控制基准点,尾水管控制基准点设置完成(见图 4-31)。

3. 施工中的设备、工器具及材料已准备就绪。

(二) 技术准备

施工前技术人员必须认真仔细熟悉有关图纸及资料,并负责向施工人员进行详细的技术交底。

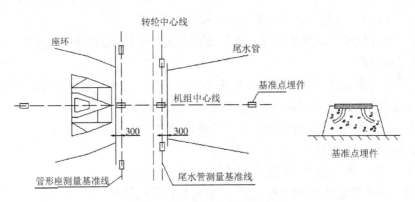

图 4-31　机组轴线和测量基准点

编写施工组织设计,制定合理的安装方案、安全措施和质量保证措施。

(三) 现场布置

根据工程量的大小在安装现场起码布置 2 台(或更多)焊机、1 台空压机和 1 台储气罐、1 台气刨机,设置临时电源和临时照明设备。

放置机组中心、方位和高程样点。

4.4.2.3　尾水管拼装

在后方生产制作场内的尾水管安装支墩或安装平台上,分八个方位放置八副楔形板,使用水准仪将楔形板表面水平偏差调整至 0.20 mm 以内。

使用汽车吊,将分瓣的尾水管部件大口朝下吊放于支墩上,根据制造厂的要求拼装成单节,用拉码和调整螺栓固定并点焊纵缝,在内部上下管口处焊接钢管支撑以防变形;采用分段对称焊接法(同节各焊缝同时施焊)将其焊接成整体,在焊接过程中注意监视管口尺寸的变化情况;焊接完后复测圆度尺寸;各数据符合要求后用角磨机修磨焊缝,按要求做 PT 或 MT 探伤检查,并补刷防护漆;然后使用汽车吊将拼装成单节的尾水管吊离支墩,用方木衬垫,放置在合适的场地上;按照相同的方法,将另外各节尾水管各自拼装成单节。

4.4.2.4　尾水管安装

用平板车将尾水管分节运至现场,尾水管里衬吊装利用土建门机进行(如可能,尾水管里衬吊装则利用土建尾水门机进行;如土建尾水门机吊装条件不成熟,则采用搭建临时滑道,将尾水管分段运进机坑,拖拉就位);先将下游节尾水管吊入机坑,利用调整螺栓,支撑等调整管口中心、方位、高程至要求范围内;紧固调整螺栓和支撑,焊接拉筋;将上游节尾水管吊入机坑,利用松紧螺栓、支撑等调整管口中心、方位和高程至要求范围内;整体调整用拉码、调整器和楔形板调整尾水管单节之间的错牙,点焊固定,并焊接拉筋;采用分段对称焊接法焊接两段尾水管之间的环缝,在焊接过程中注意监视上游管口尺寸及位置的变化情况,随时调整焊接方法和顺序。如图 4-32 所示。

尾水管组装成整体后测量调整上游节管口圆度、中心、方位和高程,见图 4-33。

尾水管各环缝焊接完后再进行整体调整,用经纬仪及水平仪测量尾水管里衬的中心、高程及里程,使之符合厂家的标准及水轮发电机组安装技术规范国家标准的要求。

按要求进行整体固定,并在衬管内加设足够的支撑,以保证在混凝土浇筑过程中尾水

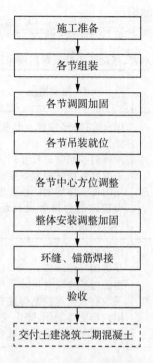

图 4-32　尾水管安装程序

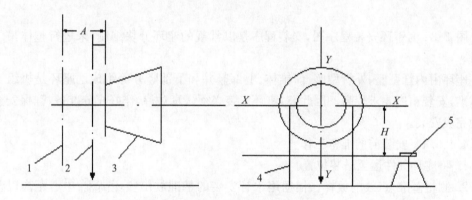

图 4-33　尾水管里衬的测量

1. 转轮中心线；2. 测量控制线；3. 尾水管；4. 钢卷尺；5. 水准仪

管里衬不产生超出范围的变形。在混凝土浇筑过程中对尾水管里衬进行监测，在浇筑过程中出现变形或位移时，立即通知监理和土建单位停止浇筑，待商定可靠浇筑方案再进行浇筑。混凝土浇筑完成达到凝固期后再次对尾水管进行复测。

4.4.2.5　基础环安装

有些机组的基础环为三期预埋件，待机组转轮室安装时才进行基础环及伸缩节安装，然后进行三期混凝土的浇筑。有些尾水里衬是带法兰的，在尾水里衬安装时一起安装，安装这种结构时对尾水里衬的安装要求比较严格。具体详见后面转轮室及基础环安装。

4.4.2.6　质量控制点及控制措施

尾水管、基础环安装质量控制点及控制措施见表4-1。

表4-1　尾水管、基础环安装质量控制点及控制措施

序号	质量控制点	控制内容	控制措施	控制依据	控制见证
1	尾水管	管口直径；相邻管口内壁周长差；管口中心、方位；管口高程；上游节管口与导水机构；中心之间距离	用水准仪、经纬仪及挂钢琴线测量；拼焊时控制管口尺寸；采取有效措施控制焊接变形；用内部支撑加固防止变形；安装调整合格后设置足够的加固用基础埋件	厂家设计标准 GB/T 8564—2003 DL/T 5113.11—2012	安装记录质量签证
2	基础环	法兰最大与最小直径差 中心及高程 法兰与转轮中心线之距 法兰垂直度及水平度	用水准仪、经纬仪及接钢琴线测量；拼装时检查法兰尺寸；采取有效措施控制焊接变形；用内部支撑加固、防止变形；安装调整合格后设基础埋件。	厂家设计标准 GB/T 8564—2003 DL/T 5113.11—2012	安装记录质量签证

4.4.3　座环安装

图4-34为座环安装程序图,安装程序是以常规的座环分块编制,未进行整体吊装的考量。

座环由内管型座、外管型座、前锥体、上部竖井和下部竖井等组成。座环是机组安装的基准,安装精度要求较高。因此,对座环安装必须认真对待,作好充分准备,确保安全顺利地完成安装。

4.4.3.1　安装前的准备工作

1. 将座环分件运至吊装位置。

2. 测量基准点、线的放样。根据尾水管安装的基准放出座环高程、中心距离以及垂直方向面的基准。

3. 清扫各部件组合法兰面,并检查焊缝坡口尺寸。

4.4.3.2　利用厂房桥机吊装座环

参见图4-34。

4.4.3.3　立柱焊接

将上、下立柱根据图纸要求与内环对焊,焊接过程必须考虑应力变形等因素,焊接工艺如下:

(一)焊前准备和焊接要求

1. 焊前对焊工进行培训和考试,合格者方能上岗操作。

2. 按常规要求,焊前将焊缝口两侧清理打磨干净。

3. 对焊接设备进行调试,焊接参数(电流)指示准确。

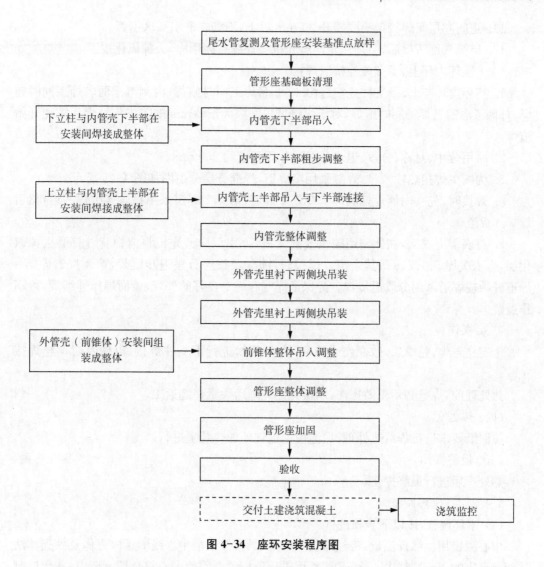

图 4-34 座环安装程序图

4. 按厂家提供焊条说明书,对焊条进行保管烘焙,焊条置于手提式保温筒内随用随取,烘焙次数不许超过三次。

5. 座环焊接采用直流反接,短弧焊接,地线对称四点布置。

6. 焊前用远红外装置对焊缝进行预热,预热温度约 150 ℃,焊缝最低施焊温度应大于 80 ℃。

7. 座环焊接应有防雨防潮设施,如风雨过大,应停止施焊,再次施焊前必须重新清理焊缝并预热。

8. 焊接采用 2～4 名焊工对称施焊,各焊工采用的焊接参数尽可能一致,要相互照应,不能各行其是。

9. 焊缝接头时,应将接头处焊渣敲净,除底层及最表层外其余各层每焊一层均应锤击以消除焊接应力。

10. 施焊要求连续,保证层间焊接温度在 80～150 ℃ 之间。

11. 道间和层间焊接接头要错开 30 mm 以上，不能在非引弧区引弧。

12. 碳弧气刨清根后，必须用角向磨光机将焊缝打磨干净，去掉氧化皮。

（二）座环内环上、下支柱连接缝焊接

1. 座环内环与上、下支柱连接缝由 4~6 名焊工同时施焊，内侧考虑两名焊工同时施焊，外侧考虑四名焊工同时施焊，对于焊缝坡口间隙大于 3 mm 的需先作补焊后才能开始施焊。

2. 采用分中、对称、分段、退步、跳焊，分段长度约 200 mm。

3. 为减少焊接热输入量，焊缝采用窄焊道，焊缝分层分道图如图 4-25 所示。

4. 焊接时，先在内侧焊打底焊 1、2、3、4 焊道，第 1、2 焊道采用每段连续焊两道，然后焊 3、4 焊道。

5. 打底焊完成后，在外侧用碳弧气刨清根，再用角向磨光机将清根背缝打磨去掉氧化层，再依次焊 5、6、7、8 等其余道。焊接时，前 3 层按层分段退步跳焊，第 4 层起即第 9 焊道开始按焊道采用分段退步焊。为保证焊缝有一个良好的外观，盖面焊作连续焊，可不作退跳焊。

（三）探伤

上支柱先焊，完成后，做探伤合格后，方可开始进行下支柱焊接，以便及时调整焊接工艺。

热处理前，焊缝必须先做探伤，以避免热处理后大量焊缝返工。

（四）热处理

按图纸要求进行焊后热处理，加温使用远红外加热装置进行。

（五）最终探伤

热处理后进行最终探伤。

4.4.3.4　座环调整

（1）座环调整，按以下步骤进行

中心测量用经纬仪测量，将经纬仪立在尾水管，按基准中心线测量内壳体及外壳体法兰面上厂家的 Y—Y 线中心标记，调整用千斤顶拉紧器等使中心符合厂家要求；高程以测放的中心高程为基准，测量内壳及外壳体下游法兰面组合缝处 X—X 线；法兰面里程以测放的里程为基准，用钢卷尺测量；法兰面波浪度测量将经纬仪立在测量基准线上正倒镜 4 次测得综合值，中心、方位、高程、法兰面波浪度均要满足厂家要求和规范要求，内壳调整借助于支撑柱处的油压千斤顶及支柱调整螺栓、楔字板、专用支墩等工具进行，每次调整均记录中心、标高、法兰面位置等数值。前锥体调整用调整钢管、中心定位工具及调整螺栓等工具进行。法兰面的垂直度和平面度可用经纬仪或拉钢琴线的方法测量。各种项目的测量和调整如图 4-35、图 4-36 所示。

（2）调整完毕即进行支撑、加固件的焊接固定，焊接固定时注意控制变形，同时监测座环法兰面的变化。随后进行框架的安装及与基础的加固。

（3）座环、框架安装完成后进行混凝土浇筑，应严格控制分层升高速度，在浇筑施工全过程应对座环法兰面平面度和垂直度的变化进行监测。

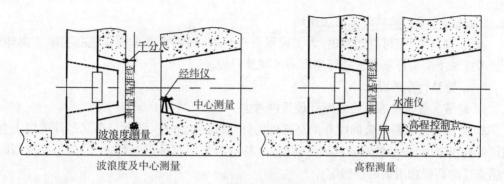

波浪度及中心测量　　　　　　　高程测量

图 4-35 波浪度及中心测量、高程测量

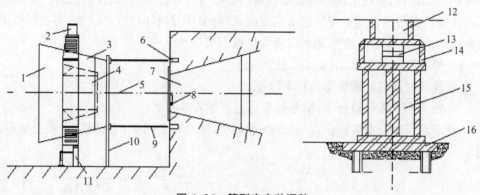

图 4-36 管型座安装调整

1. 管型座外壳；2. 进人孔；3. 前锥体；4. 管型座内壳；5. 钢琴线；6. 基础支座；7. 尾水管；8. 重锤；
9. 间距管；10. 前锥体中心架；11. 座环下部支柱；12. 管型座外壳下部；13. 楔形板；14. 固定板；15. 管型座下部支柱；16. 基础锚栓

4.4.3.5 座环内支撑拆除

座环复查完成后拆除座环内所有内支撑。内支撑割除时，不能伤及座环表面，割完后应用角磨机打磨光滑。

按设计要求在座环表面涂防腐材料。

4.4.3.6 质量控制点及控制措施

座环安装质量控制点及控制措施见表 4-2。

表 4-2 座环安装质量控制点及控制措施

序号	质量控制点	控制内容	控制措施	控制依据	控制见证
1	座环内环	中心及方位	用水准仪、经纬仪及挂钢琴线测量；安装调整合格后加固须牢固可靠；	厂家设计标准 GB/T 8564—2003 DL/T 5113.11—2012	安装记录质量签证
		法兰与转轮中心线距离			
2	座环外环	法兰面与基准的平行度			
		同心度及圆度			

注：如果土建门机起吊重量足够的话可以在安装间将内环与上下立柱组装焊接成整体再利用土建门机吊装，先吊内环再吊外环，这样便于调整，节省安装工期。但吊装难度大，安全措施一定要做好；座环的具体吊装方案进场后可以根据实际情况再定。

4.4.3.7　采用简易行车吊装座环

由于厂房桥机交付可能推迟,为了确保发电日期,则需要考虑用其他办法吊装座环。初步考虑采用简易行车方法进行座环的吊装及安装。

(一)简易行车的设计

1. 起吊重量。按需吊装的座环最重件考虑。

2. 起吊高度。需吊装的座环最高部件为外壳体的上立柱,因此行车起吊高度以上立柱顶的高程考虑,为尽量降低其起吊高度,简易行车采用双吊点起吊方式,起吊高度届时根据立柱的高程和流道高程确定。

3. 起吊位置。座环考虑到用简易行车方法进行吊装及安装,在设备到货时直接用平板车运到进水口处,利用土建的施工吊机或汽车吊将座环分块吊入进水流道内,如果土建施工吊机或汽车吊位置无法到达进水流道内,即将座环分块卸在进水口处,用卷扬机滚筒慢慢拖进流道内。简易行车的起吊位置为机坑上游进水流道。

(二)简易行车的布设(图4-37、图4-38)

1. 在座环两侧墙处铺设简易行车轨道。

2. 在轨道上安装简易行车,简易行车可上下游方向移动。

3. 在简易行车上安装两台起吊用5 t卷扬机,两台行走用3 t卷扬机,并接上电源,装好滑车和钢丝绳。

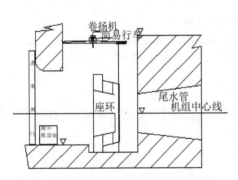

图4-37　简易行车吊装座环侧视图

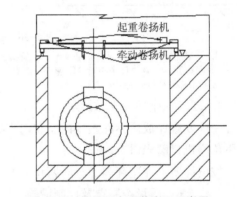

图4-38　简易行车吊装座环示意图

(三)简易行车方法吊装座环的安装程序(图4-39)

图4-39　简易行车方法吊装座环的安装程序图

第五节 水轮机及其附属设备安装

4.5.1 水轮机主要技术特性

见表 4-3。

表 4-3 水轮机的主要技术特性表

水轮机型式	灯泡贯流式水轮机
型号	GZ()－WP－()
数量	—
转轮公称直径	—
工作水头	—
额定水头	—
额定转速	—
旋转方向	从发电机端向下游看为顺时针
润滑油牌号	L－TSA－46

4.5.2 安装技术要求

（1）水轮机和有关附属设备安装、调试、启动试运行必须在设备制造厂的安装指导人员的指导下进行,安装、调试、试运行的方法、程序和要求均应符合制造厂提供的技术文件的规定,如有变更或修改必须得到安装指导人员的书面通知后才能进行,除制造厂有规定的要求外,其余的安装要求按《水轮发电机组安装技术规范》《水电水利基本建设工程质量等级评定标准》执行。

（2）设备到货后,应对设备进行开箱检查、清点,查看是否有缺件或损坏,并做好记录,安装前应将设备清扫干净。

（3）对重要部件的尺寸、制造允许偏差进行复核,检查结果应符合设计要求,不符合要求时不允许安装。

（4）安装所使用的材料应符合要求,重要部件的重要材料必须有检验和出厂合格证。

（5）与水轮机设备配套的辅助设备、自动化元件、仪表等必须有产品说明书和出厂检验合格证。

（6）埋设部件与混凝土的结合面,应无油垢和严重锈蚀,混凝土与埋件的结合面应密实,不得有空隙。

（7）机组安装中所需的安装、吊运用锚件、加固件的设计、制造、埋设时应不构成对水工结构的损坏，并有记录。

（8）调整用的楔子板应成对使用，板面搭接长度在 2/3 以上。

（9）各连接部件的销钉、螺栓、螺母应按设计要求进行锁定或点焊牢固。有预应力要求的螺栓，其伸长值和连接方法应符合设计要求。基础螺栓、千斤顶、接紧器、楔子板、基础板均应点焊牢固。

（10）组合面的水平度和垂直度应符合设计要求，不允许在组合面之间用加垫的方法达到要求。

4.5.3　导水机构

4.5.3.1　结构简介

导水机构为圆锥形结构，由内配水环、外配水环、活动导叶、控制环及操作机构等组成。由两只垂直布置的接力器带动其动作。外配水环为分瓣结构，采用钢板焊接并退火处理。分瓣结合面设有密封止漏装置并用法兰连接。内配水环采用钢板焊接结构并进行退火，调圆结构。设有销轴孔作为导叶销轴的支撑。

活动导叶数量为 16 只，呈圆锥形布置，采用整铸结构，导叶叶面机加工，导叶内外轴颈处设自润滑不锈钢轴承。相邻导叶接触面（立面）全高度均采用堆焊不锈钢层密封。

控制环采用钢板焊成并退火，采用钢质滚珠作为摩擦件，采用甘油润滑，下游侧设有可调整间隙的压环。控制环的一侧设有重锤，作为机组防飞逸的措施。

4.5.3.2　安装程序图（图 4-40）

4.5.3.3　施工准备

（一）施工条件

土建交面完成，机坑座环支撑、临时设施需拆除，并完成防腐。座环法兰面需清扫干净。

（二）技术准备

仔细阅读并熟悉与导水机构部分安装有关的图纸、资料。根据图纸、资料，结合自己的施工经验，制定最合理的施工方案，编写出详细的作业指导书。对质量控制点要特别注意，合理安排施工工序。

（三）现场布置

对于大型分瓣部件（内配水环、外配水环、控制环），根据施工进度的要求，用大型平板车运进安装间，用厂房桥机转移到安装工位。

对于小型部件（如活动导叶、拐臂、连杆、导叶密封、各种螺栓/销钉等），按照图纸要求，完成设备清扫、测量和检查工作，然后用原包装或自制包装加以保护。根据施工进度，用厂房桥机吊运到相应机组段进行安装。

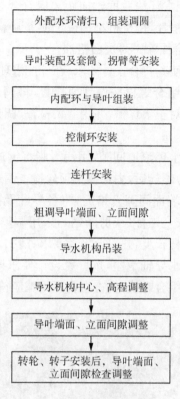

图 4-40 安装程序图

4.5.3.4 主要施工方法

（一）导水机构组装

将外配水环运至安装间，进行清扫检查；在导水机构组装场地布置 8 个外配水环组装支墩，支墩高度按能满足导叶顺利插入而不与内配水环相碰来确定；将内配水环运到安装场后，清扫、检查各组合法兰面及螺孔、密封等；各加工面涂润滑脂予以保护，而后将内配水环大口朝下吊放在组装位置中心处；将清扫、检查合格的外配水环一半大口朝下吊放于支墩上，用支墩上的楔形板调整水平至 0.10 mm 以内；用桥机吊装另一半外配水环，用链式葫芦调整水平后与支墩上的一半配水环组合，组合前组合面按设计要求涂密封胶，打入定位销钉，对称、分次拧紧组合面螺栓至设计值。组合后调整法兰面水平，检查组合缝间隙、错牙等各项指标，应符合设计要求；检查调速环滚珠槽，组合处不得有错牙；组合后其间隙 0.05 mm 塞尺检查不能通过，上下游法兰面应无错位现象。

清扫外轴套和外配水环上的轴套孔，检查各配合尺寸、密封渗漏排水孔等符合设计要求后，按制造厂编号装配外轴套，轴套与轴套孔的配合面应涂一薄层白铅油，密封槽装入"O"型密封圈；装配锥形活动导叶，采用链式葫芦的两吊点起吊方式插装导叶，在叶轴颈处涂二硫化钼润滑脂，在导叶端部和外配水环间垫入稍厚于设计端面间隙长约 100～150 mm 的金属垫片，用链式葫芦将导叶向外配水环拉靠；安装密封环、球轴承、压环、拐臂和导叶端盖等，然后松掉临时链式葫芦，使导叶处于悬臂状态。

用桥机吊起内配水环，通过千斤顶、支墩和楔形板等调整内、外配水环使之同心，销轴孔与导叶轴承孔对准,内、外配水环法兰面轴向距离应符合设计要求,将内配水环临时固定;取掉导叶与外配水环间的垫片,用桥机小钩或千顶等调整导叶小端,装上导叶销轴;各密封槽装"O"型密封圈,其配合面涂一薄层白铅油。

初步调整导叶端面间隙,使其符合设计要求;在外配水环出水边法兰顶上组合分瓣调速环(也可在其他位置组合),组合螺栓按设计值拧紧;将调速环吊起调平后套入外配水环;用调平顶丝将调速环调平对正滚珠槽,并用塞尺检查、调整其与外配水环间隙,使其符合设计要求。

装入钢球,调整其与外配水环滚道间隙,用润滑脂将钢球固定,装上压环并均匀拧紧其与调速环的组合螺栓和推力螺栓后,去掉调平顶丝检查调速环是否灵活;按设计要求向滚珠槽内注油;初步调整导叶端面间隙合格后,将各导叶及控制环转至全关位置临时固定。按设计要求安装连杆和安全连杆(或剪断销),采用调整偏心销或调整连接螺母的方法初步调整导叶立面间隙、连杆长度,并符合设计要求;清扫、检查内配水环与水导轴承座的组合面,放入密封条后吊装水导轴承座,按厂家设计要求调整水导轴承座水平度,与内配水环之同心度,合格后拧紧组合螺栓,检查组合面间隙应符合规范要求(图4-41)。

图4-41 组装完成后的导水机构

(二) 导水机构吊装

内外环下游法兰面用4~8条槽钢以辐条形式加固,槽钢两头与法兰面用螺栓把合。焊接临时挡块将控制环止动。

导水机构整体组装完毕后,利用厂家提供的专用起吊装置。如果厂家没有提供专用起吊装置,用桥机将导水机构一点着地(或空中)翻身90°,垂直吊入机坑与座环连接(图4-42)。

清扫座环下游侧法兰及内、外配水环进水边法兰;安装导水机构吊装及翻身专用工具;在导水机构翻身后,安装内、外配水环密封"O"型圈;将导水机构吊入机坑,用链式葫芦调整内、外配水环法兰与座环法兰面平行(图4-43)。

先将内配水环与座环联接,拧入部分螺栓,挂钢琴线调整内配水环上游镗口及水导轴承座中心与机组中心同心,然后拧紧内配水环全部连接螺栓,法兰间隙应满足规范要求;连接面如有密封水压试验要求,则进行密封水压试验,应无渗漏。

图 4-42　导水机构翻身

图 4-43　导水机构吊入机坑

　　根据导叶端面间隙利用桥机及千斤顶来调整外配水环,合格后,拧紧全部连接螺栓,连接面间隙应满足规范要求。如有密封水压试验要求,则进行密封水压试验,应无渗漏;钻绞定位销孔,安装销钉并点焊;使用链式葫芦或桥机旋转控制环,使导叶全关,测量导叶立面间隙,如不符合要求,调整连杆长度;主轴、转轮及转子安装调整完成后,再次测量、记录导叶端面、立面间隙,间隙应符合设计要求;待接力器安装调整好压紧行程后,再次测量导叶立面间隙。

4.5.3.5　质量控制点及控制措施

　　导水机构安装质量控制点及控制措施见表 4-4。

表 4-4　导水机构安装质量控制点及控制措施

序号	质量控制点	控制内容	控制措施	控制依据	控制见证
1	内、外配水环	两法兰距离及平行度	预组装时用水准仪测量;吊装时用经纬仪或挂钢琴线测量	厂家设计标准 GB/T 8564—2003 DL/T 5113.11—2012	安装记录质量签证
		同心度			
2	内配水环	中心及高程	用水准仪及挂钢琴线;用千分尺测量	厂家设计标准 GB/T 8564—2003 DL/T 5113.11—2012	安装记录质量签证
3	内、外配水环与座环连接	法兰连接面间隙	用塞尺测量或进行水压试验,挂钢琴线用千分尺测量	厂家设计标准 GB/T 8564—2003 DL/T 5113.11—2012	安装记录质量签证
		同心度			
4	导叶端面及立面间隙	间隙	用塞尺测量	厂家设计标准 GB/T 8564—2003 DL/T 5113.11—2012	安装记录质量签证

4.5.4　转轮装配

4.5.4.1　安装程序图(图 4-44)

4.5.4.2　施工准备

(一)施工条件

安装间转轮工位已空出,转轮放置临时支墩已摆放并且支墩水平调整完成。配水环及导水锥调整、安装完成。

(二)技术准备

仔细阅读并熟悉转轮及其他相关部分的图纸、资料。根据图纸、资料,结合自己的施工经验,制定最合理的施工方案,编写出详细的作业指导书。对质量控制点要特别注意。合理安排转轮安装工序。

(三)现场布置

转轮、叶片等运至安装间,放置在转轮的设计安装工位。搭设可拆卸平台,以便于叶片等设备安装(图 4-45)。

4.5.4.3　主要施工方法

转轮由叶片、转轮体、桨叶接力器、转臂、密封装置及泄水锥等部件组成。

转轮在安装间进行组装,转轮装配前要进行解体、清扫、检查;装配时,将转轮体立于支墩上,安装活塞缸、活塞、转臂、缸盖等,然后安装桨叶。装配时应注意杂物勿落入缸中,应注意检查清扫。

转轮装配好后作耐压和动作试验。试验用油必须符合质量要求。

充油试验:转轮体内充油 0.05 MPa,活塞缸内的操作油压为 6.3 MPa,试验时间 16 小时,叶片在每一小时转动全行程一次转动应灵活,不得渗漏;每个叶片密封装置在加与未加试验压力情况的漏油量符合国标 GB/T 8564—2003 要求(图 4-46)。

试验完毕,拆下其中一个桨叶(有些厂的专用吊具转轮不用卸桨叶,也有直径较大机

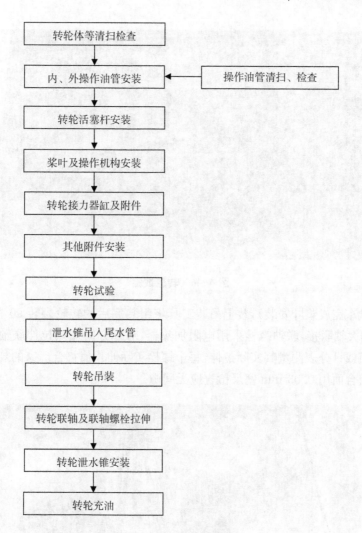

```
┌─────────────────────┐
│   转轮体等清扫检查   │
└─────────────────────┘
          │
          ▼
┌─────────────────────┐      ┌─────────────────────┐
│  内、外操作油管安装 │◄─────│ 操作油管清扫、检查  │
└─────────────────────┘      └─────────────────────┘
          │
          ▼
┌─────────────────────┐
│   转轮活塞杆安装     │
└─────────────────────┘
          │
          ▼
┌─────────────────────┐
│  桨叶及操作机构安装  │
└─────────────────────┘
          │
          ▼
┌─────────────────────┐
│  转轮接力器缸及附件  │
└─────────────────────┘
          │
          ▼
┌─────────────────────┐
│   其他附件安装       │
└─────────────────────┘
          │
          ▼
┌─────────────────────┐
│     转轮试验         │
└─────────────────────┘
          │
          ▼
┌─────────────────────┐
│   泄水锥吊入尾水管   │
└─────────────────────┘
          │
          ▼
┌─────────────────────┐
│     转轮吊装         │
└─────────────────────┘
          │
          ▼
┌─────────────────────┐
│ 转轮联轴及联轴螺栓拉伸│
└─────────────────────┘
          │
          ▼
┌─────────────────────┐
│   转轮泄水锥安装     │
└─────────────────────┘
          │
          ▼
┌─────────────────────┐
│     转轮充油         │
└─────────────────────┘
```

图 4-44 安装程序图

图 4-45 转轮体组装

图 4-46　转轮试验

组在机坑内盘车完成桨叶安装），装上吊装工具将组装完后的转轮翻转 90°吊入机坑就位
（图 4-47），与大轴联接，联轴螺栓采用电阻加热器，对称方向加热拉伸联轴螺栓，用厂家
提供的转角值或百分表测量其实际拉伸，每个螺栓实际伸长值符合厂家的规定要求，转轮
与主轴联接组合面用 0.03 mm 塞尺检查应无间隙。

图 4-47　转轮翻身

4.5.4.4　质量控制点及控制措施

转轮安装质量控制点及控制措施见表（4-5）。

表 4-5　转轮安装质量控制点及控制措施

序号	质量控制点	控制内容	控制措施	控制依据	控制见证
1	转轮耐压试验	转轮各组合面密封	用试压泵或压力滤油机通过专用管道对转轮进行耐压	厂家设计标准 GB/T 8564—2003 DL/T 5113.11—2012	安装记录质量签证
2	转轮叶片动作试验	转轮叶片密封及动作压力	用压力滤油机向转轮叶片开、关腔内轮流注油，使叶片来回动作	厂家设计标准 GB/T 8564—2003 DL/T 5113.11—2012	安装记录质量签证
3	转轮与主轴连接	螺栓伸长值	用螺栓专用液压拉伸器（或加热器）拉伸螺栓；使用深度游标卡尺（或测杆百分表）测量螺栓伸长值	厂家设计标准 GB/T 8564—2003 DL/T 5113.11—2012	安装记录质量签证

4.5.5 转轮室、伸缩节及基础环安装

4.5.5.1 安装程序图（图 4-48）

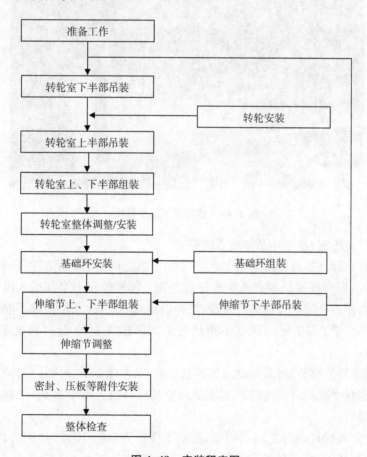

图 4-48　安装程序图

4.5.5.2 施工准备

（一）施工条件

相关样点设置完成。基础环法兰、配水环外壳体下游侧法兰等清扫干净。

（二）技术准备

仔细阅读并熟悉转轮室、伸缩节和基础环及其他相关部分的图纸、资料。

根据图纸、资料，结合自己的施工经验，制定最合理的施工方案，编写出详细的作业指导书。对质量控制点要特别注意。合理安排转轮室、伸缩节安装工序。

（三）现场布置

拆除妨碍转轮室、伸缩节吊入的脚手架、栏杆和平台。检查尾水管法兰面墙面，应不妨碍转轮室下半部吊入。

4.5.5.3 转轮室下半部吊入

吊装前须检查导水机构外配水环法兰和转轮室法兰之平面度。在主轴吊入之前先将下半部转轮室清扫干净，吊入机坑与导水机构把合，并尽量使其安装位置放低，把合后在转轮室下游法兰用千斤顶和钢管设置临时支撑（图4-49）。

图4-49 转轮室下部分吊装

4.5.5.4 转轮室、基础环及伸缩节的安装

转轮室分两瓣组成，转轮室下半部已在主轴吊装之前吊装。清扫外导水环联接法兰面及螺钉，销孔，用样板平尺检查外导水环法兰面。将转轮室上半部吊入机坑，与下半部联接成一整体，检查分瓣把合面的严密性，把合后用 0.05 mm 塞尺检查不能通过，允许有局部间隙，但不大于 0.10 mm，深度不得超过分瓣间隙宽度的 1/3，长度不超过全长的 10%（图4-50）。

安装基础环及伸缩节，将其与尾水里衬初步联接，测量基础座内孔与转轮室密封面外圆的间隙，根据整个圆周方向间隙的实测值调整基础环及伸缩节基础座的位置。拧紧联接螺栓、装配销钉。

测量转轮室与转轮叶片之间的间隙，在整个圆周方向测 12 点，边测边调整转轮室与外导水环的装配位置，应使转轮室与叶片之间的间隙在 $+X-X$ 方向相等，$+Y-Y$ 方向相差水轮机导轴承的间隙值和转轮运转工况的上抬计算值。

图 4-50 转轮室上部分吊装

进行基础环与尾水里衬之间焊缝的焊接工作。完成后即可进行基础环处二期混凝土的浇筑。

装入止水密封圈,安装压环,联接紧固。按图纸要求安装转轮室爬梯、栏杆。

4.5.6 接力器安装

4.5.6.1 安装程序图(图 4-51)

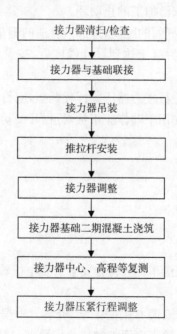

接力器清扫/检查

接力器与基础联接

接力器吊装

推拉杆安装

接力器调整

接力器基础二期混凝土浇筑

接力器中心、高程等复测

接力器压紧行程调整

图 4-51 安装程序图

4.5.6.2　施工准备

（一）施工条件

导水机构部分安装完成。接力器安装部位需清扫干净。

（二）技术准备

仔细阅读并熟悉与接力器安装有关的图纸、资料。根据图纸、资料，结合自己的施工经验，制定最合理的施工方案，编写出详细的作业指导书。对质量控制点要特别注意。合理安排施工工序。

（三）现场布置

根据施工进度，在合适时间用厂房桥机将接力器吊运到相应机组段安装部位。

在正式安装接力器前，则应完成排油检查工作（如发包人或制造商要求）。

4.5.6.3　主要施工方法

（1）安装前按照厂家要求对接力器进行分解、清扫及检查（如发包人或制造商要求）。

（2）将控制环关至全关位置，连接推拉杆。调整推拉杆长度，测量套筒端面至前盖的距离；测量压紧行程值满足设计要求。

（3）调整接力器中心，使推拉杆与套筒两侧的间隙相等，上部或下部的间隙符合设计要求值。

（4）操作导叶在全关至全开的过程中，检查推拉杆与套筒间间隙，使其符合设计要求。

（5）临时挂上关闭重锤，测量导叶立面间隙和接力器套筒至前盖的距离应符合全关的数值，同时导叶开度指示应在小于 0 的位置上。

（6）导叶在设计全关位置时，测量套筒端面与前盖的距离，并计算应加入的开启侧止动环的厚度。

（7）打开接力器前盖，装入已加工的止动环。

（8）实测接力器长短推拉杆间的距离，并加入合适的钢垫环。

（9）浇筑基础混凝土。当混凝土达到设计强度后，按设计要求扭矩值均匀紧固基础螺钉。

（10）调速器充油升压后进行接力器压紧行程调整，应符合设计要求。

（11）接力器锁定在油压作用下动作应正常，行程开关动作应正常。

4.5.7　受油器安装

4.5.7.1 安装程序图（图 4-52）

4.5.7.2　施工准备

（一）施工条件

发电机转子侧操作油管经盘车检查符合要求。发电机转子集电环已安装就位。

（二）技术准备

仔细阅读并熟悉与受油器安装有关的图纸、资料。根据图纸、资料，结合自己的施工经验，制定最合理的施工方案，编写出详细的作业指导书。对质量控制点要特别注意。合

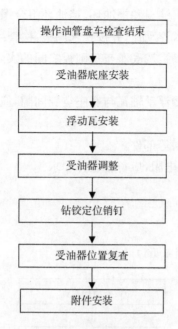

图 4-52　安装程序图

理安排施工工序。

（三）现场布置

根据施工进度，用厂房桥机将受油器吊运到相应安装部位。

4.5.7.3　主要施工方法

（1）操作油管外管盘车检查摆度并调整合格后进行受油器安装。

（2）清扫、检查受油器浮动瓦和操作油管轴颈的配合尺寸，应符合设计要求（图 4-53）。

图 4-53　清扫完毕的受油器操作油管

（3）按图装入受油器端盖、油封和挡油环，挡油环组合螺栓应按要求锁定。

（4）吊装受油器底座，装入浮动瓦，并按要求调整，检查浮动瓦是否处于自由状态。

（5）受油器找正符合要求后，按底座与基础板之间的实际间隙加工钢垫板，其厚度应考虑绝缘垫板的厚度。

（6）安装相关附件后，复测浮动轴瓦与底座空腔间隙，应符合要求，并钻铰销钉孔，打入销钉。

（7）安装受油器端盖、油封等部件。

（8）检查受油器对地绝缘电阻，应符合设计要求。

4.5.8 水导轴承安装

4.5.8.1 安装程序图（图 4-54）

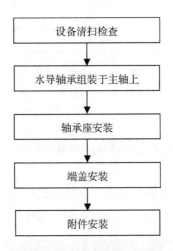

图 4-54 水导轴承安装程序图

4.5.8.2 施工准备

（一）施工条件

水轮机导轴承安装部位需清扫干净。

（二）技术准备

仔细阅读并熟悉与水轮机导轴承安装有关的图纸、资料。

根据图纸、资料，结合自己的施工经验，制定最合理的施工方案，编写出详细的作业指导书。对质量控制点要特别注意，合理安排施工工序。

（三）现场布置

根据施工进度，在合适时间用厂房桥机将水轮机导轴承部件吊运到相应机组段安装部位。

4.5.8.3 主要施工方法

（一）轴瓦清洗、检查及测量

1. 清洗水导轴颈，清洗时要用专用的清洗剂，不要用硬制的木块或铁制东西刮除脏物。

2. 粗洗后用甲苯或酒精进行全面的精细清洗,并检查水导轴颈有无轻微的锈斑、毛刺等,可用细油石、研磨膏或金相砂纸进行研磨,研磨时应朝着主轴旋转方向研磨;若存在较大的缺陷,应会同有关专家进行处理或返厂处理。

3. 清洗完后,应用纯棉不起球的毯子包住轴颈处,严禁用带汗水的手触摸轴颈及镜板面。

4. 对水导轴承及各配件进行彻底清洗,并检查进油孔,不允许残留铁屑及任何污物,用压缩空气反复吹扫油孔及油路,注意油路是否正确,确认没任何污物后用不起球的白布封堵。

5. 检查导轴瓦的瓦面有无裂纹、夹渣及密集气孔等缺陷,轴承合金面应无脱壳现象,尤其要仔细检查下半部轴瓦—金属外壳的结合面应无脱壳现象。

6. 用平尺检查接触点的情况,沿轴瓦长度方向每平方厘米应有1～3个接触点,用专用工具检查轴瓦的接触角。

(二)水导轴承安装

水导轴承的各附件清洗好后,在安装间进行组装。首先调整大轴高度及水平,使下半部轴瓦套入后有一千斤顶高度为限。一切准备工作完成后套入水导轴承下半部并用千斤顶及木方垫住下半部轴瓦,用千斤顶慢慢顶起下部轴瓦使其刚好贴住轴颈时为宜。用桥机吊起上半部轴瓦,并把合下半部轴瓦螺栓,调整水导轴瓦在大轴的位置达到设计位置;测量轴瓦与轴颈间隙符合设计要求,松掉千斤顶,再次测量轴瓦与轴颈间隙,并调整轴瓦与轴颈间隙,达到如下要求:

1. 两侧间隙相等,最大偏差不大于0.05 mm。

2. 未松千斤顶前上部间隙与松千斤顶后下部间隙相等。

3. 轴瓦前后间隙沿 X 轴线方向的同一位置间隙相一致。

4. 调整合格后装上游侧挡油环及附件,下游侧用白布包好,待大轴就位后进行安装。

4.5.9 主轴密封安装

4.5.9.1 安装程序图(图 4-55)

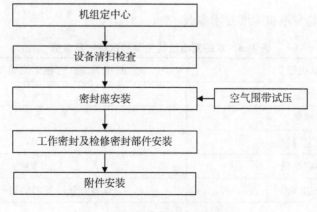

图 4-55 主轴密封安装程序图

4.5.9.2 施工准备

（一）施工条件

主轴密封及检修密封安装部位需清扫干净。

（二）技术准备

仔细阅读并熟悉与主轴密封及检修密封安装有关的图纸、资料。

根据图纸、资料，结合自己的施工经验，制定最合理的施工方案，编写出详细的作业指导书。

对质量控制点要特别注意。合理安排施工工序。

（三）现场布置

根据施工进度，在合适时间用厂房桥机将主轴密封及检修密封部件吊运到相应机组段安装部位。

4.5.9.3 主要施工方法

（1）主轴密封及检修密封应在轴线调整及盘车检查合格、机组定中心后进行。

（2）空气围带装配前，按要求通入压缩空气，在水中检查围带气密性，应无漏气。将空气围带按要求安装到密封座内。

（3）分别吊装两瓣密封座与水轮机导轴承部分的轴承座组装，并调整密封座与主轴的间隙符合设计要求。

（4）将工作密封部件安装于密封座内，并调整与主轴的间隙符合设计要求。

（5）安装密封座盖板，并配装主轴工作密封座、排水管和检修密封供气管及其附件等。

（6）按设计要求整定润滑水压力或流量。

第六节　灯泡贯流式发电机安装

4.6.1　水轮发电机及其附属设备主要技术特性

4.6.1.1　水轮发电机主要技术参数（表 4-6）

表 4-6　水轮发电机的主要技术特性及参数

发电机型式	灯泡贯流式三相交流同步发电机
数量	—
型号	—
额定容量	14 MW
额定电压	10.5 kV
冷却方式	具有空气冷却器的通风冷却

灭火方式	手动投入水喷雾灭火
旋转方向	向下游看为顺时针
制动方式	机械制动
轴承	设置组合轴承
润滑油牌号	L−TSA−46(或 L−TSA−68)

4.6.1.2 励磁装置主要技术特性

励磁装置型号:自并激可控硅励磁系统

数量:3 套

励磁变压器型式:3 台环氧树脂绝缘干式变压器

励磁柜数量:3 套(每套包括调节柜 1 块、功率柜 1 块、灭磁柜 1 块)

4.6.1.3 机组附属设备及自动化元件特性

随机附属设备及自动化元件特性见厂家有关图纸,其主要设备见表 4-7。

表 4-7 主要随机附属设备及自动化元件技术特性

序号	名 称	型号及规格	数量
1	调速系统	接力器及自动化元件等	3 套
2	发电机通风冷却系统	空气冷却器及其管路系统等	3 套
3	轴承润滑油循环系统及水冷却系统	循环水冷却系统(油冷却器及其管路系统);轴承润滑油循环系统(各油箱、油泵等及其管路系统、自动化元件)	3 套
4	主轴密封系统	工作密封为水力差压活塞式端面密封;检修密封为空气围带式及其管路系统	3 套
5	制动系统	机组制动采用机械制动,包括制动屏、自动化元件及管路系统	3 套

4.6.2 安装技术要求

(1)水轮发电机及其附属设备应符合国家现行技术标准和订货合同。安装承包人应按规定的质量标准和技术要求进行设备验收。对有缺陷的设备应进行处理,合格后方可进行安装,如使用不合格产品,造成的损失由安装承包人承担责任。

(2)安装、调试工作必须在设备制造厂指导人员的指导下进行,安装、调试的方法、程序和要求均应符合有关标准,规范和制造厂技术文件的规定,如有变更或修改必须得到安装指导人员的书面通知后才能进行。

(3)对重要部件的尺寸、制造允许偏差进行复核,检查结果应符合设计要求,不合格者不允许采用强硬措施进行安装。

(4)由安装承包人采购的安装材料、零部件应经过检验并有质量检验的合格证明。

代用品应经监理人批准后方可使用。

（5）设备安装前，承包人应制订详细的安装计划，并从监理人处取得已经审批的设备制造厂和设计单位的有关图纸和技术资料、安装说明书等。应按照有关规程规定及设备说明书的技术要求进行安装和调试，并达到相应的要求。

（6）安装承包人应保证安装场地的清洁，使发电机定子、转子、励磁系统设备等其他要求在规定的湿度和含尘量条件下进行安装的施工条件得到满足。

（7）励磁系统所用的电缆（包括接地线）均应是完整的、中间无接头的整根电缆。

（8）励磁设备安装、调试完成后，应随主设备及系统进行试运行。试运行应按有关启动验收规程的规定进行。

4.6.3　主轴及组合轴承装配

4.6.3.1　安装项目
（1）主轴清扫、检查。
（2）推力瓦、导轴承清扫，检查。
（3）组合轴承组装。
（4）主轴及组合轴承、导轴承组装。

4.6.3.2　安装程序图（图 4-56）

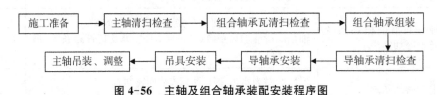

图 4-56　主轴及组合轴承装配安装程序图

4.6.3.3　施工准备
仔细阅读并熟悉主轴、水导轴承、推导组合轴承及其他相关部分的图纸、资料。根据图纸、资料，结合自己的施工经验，制定最合理的施工方案，编写出详细的作业指导书。50 MW 以下的机组主轴及组合轴承是在安装间整体组装、整体吊装到位，50 MW 以上机组通常选择主轴与水导轴承、镜板安装后吊装，在机坑内再进行发电机导轴承，正反推动瓦和机架安装。施工难度较大，占用主线关键工期。本书以常用单机 50 MW 以下灯泡机为例进行介绍。

4.6.3.4　主轴组装
（一）轴承轴瓦检查
将支撑主轴支架置于安装场地基础上，然后将主轴吊于支架上转动主轴上的与镜板连接的导向键槽位于轴上方，调整主轴水平，同时清扫主轴上轴承轴颈及两端法兰面。

（二）发电机径向轴承预装
先吊导轴瓦下半部于轴颈下软木上，再吊轴瓦上半部于轴颈上，同时采用临时固定措施，避免上半轴瓦滑动，然后再吊起下半轴瓦与之组合，检查组合面应无间隙，同时检查导轴瓦与主轴配合间隙，应符合设计要求，然后拆下轴承。

将支持环组合于轴瓦背上，合缝应无间隙，检查并测量支持环与导轴瓦球面间隙应满足设计要求，然后拆下支持环。

（三）正推力轴承组装

把轴承框架放支墩上，调整轴承框架水平度以满足设计要求；将套筒、支柱螺栓及轴承座组装于轴承框架上，调整支柱螺栓高度。

把所有推力瓦放在支柱上，并且每块瓦均能自由活动，安装轴瓦止推块、安装测温电阻、安装油槽。

（四）镜板组装

分瓣镜板组装在推轴颈后，检查组合面应无间隙，径向错牙以符合设计要求，且按转动方向检查，后一块应低于前一块。

若镜板为整体，则采用热套法套入，加热方法根据厂家要求进行。

（五）反推力轴承组装

将轴承支架置于支墩上，调整其水平度以符合设计要求；安装推力瓦支柱座及支柱于轴承支架上，将全部反推瓦放置于支柱上，再将镜板置于瓦上，测量调整镜板水平度，镜板与轴承支架的相对高程应符合设计要求。将测温电阻按图纸设计要求布置在反推力瓦上。

（六）轴承支架与导轴承组装

在轴颈处抹上猪油或凡士林，用于防锈及盘车时起润滑作用，将导轴承组装于主轴上，然后将支持环组装于轴承上。

用桥机吊起轴承支架于垂直位置，调整轴承支架水平满足设计要求；检查主轴水平度应符合要求。

吊轴承支架与支持环组装成一体，使反推轴瓦靠于镜板上，并用枕木临时支撑。

（七）正、反推力轴承组装

将发导轴承向镜板方向推，使反推轴瓦与镜板靠拢，然后用桥机吊起正推轴承座与反推轴承座组装成一体，调整正推轴承、螺栓，使正推瓦压紧镜板，以免主轴吊装时轴承移动。

（八）发电机径向轴承安装

清扫并检查导轴瓦与主轴配合间隙以符合设计要求。

先吊导轴瓦下半部于轴颈下软木上，再吊轴瓦上半部于轴颈上，同时采用临时固定措施，以免上半轴瓦滑动，然后再吊起下半轴瓦与之组合，组合时应保证绝对干净，以免损伤轴瓦，合缝检查应无间隙，旋转导轴瓦，使下半部轴瓦朝上，与实际工作位置一致。检查导轴瓦与主轴配合间隙应符合设计要求。

（九）大轴系统组装完毕后，安装专用吊装工具（图 4-57）。

4.6.3.5　主轴吊装（图 4-58、图 4-59）

（1）吊装前座环准备工作：根据图纸尺寸在座环上装上大轴吊装轨道，并装上踏板；检查与大轴系统的各个连接面必须满足安装要求。

（2）将大轴系统从座环上游侧流道框架孔横向吊入（有些厂的主轴从座环下游吊入，此种情况导水机构内环与主轴组装成一体，导水机构外环与导叶组装成整体等主轴吊装后吊装），进入流道后将大轴转 90°，水导瓦向下游。然后利用桥机调整大轴系统的高度和

图 4-57　组装完毕的主轴

图 4-58　主轴吊装

图 4-59　主轴吊装

方位,将大轴系统缓缓向下游移动,插入座环内环中,当大轴系统的工具支腿也进入后,通过桥机调整吊点位置。

(3) 在尾水管处设置手拉葫芦受力点,挂上手拉葫芦,将大轴往下游拉入到位,在大轴下方装上支撑工具,将大轴顶起直至支腿轮离开轨道,并将支腿轮工具拆除,装上水导轴承的扇形板,大轴发电机侧用支撑工具支撑。

说明:有些主轴吊装是从下游侧吊入。如果要从下游侧吊入要在尾水管上端预埋一锚钩用于吊主轴时换吊点用。

4.6.3.6 质量控制点及控制措施

主轴安装质量控制点及控制措施见表 4-8。

表 4-8 主轴安装质量控制点及控制措施

序号	质量控制点	控制内容	控制措施	控制依据	控制见证
1	轴承瓦接触面积	各轴承瓦接触面积	研刮	厂家设计标准 GB/T 8564—2003 DL/T 5113—2012	安装记录 质量签证
2	反推瓦面高程	反推瓦面高程	水准仪和千分尺测量及加垫处理	厂家设计标准 GB/T 8564—2003 DL/T 5113—2012	安装记录 质量签证
3	发电机和水轮机径向轴承组装	轴瓦间隙	用塞尺测量	厂家设计标准 GB/T 8564—2003 DL/T 5113—2012	安装记录 质量签证
4	操作油管安装	油管耐压试验	试压泵检查	厂家设计标准 GB/T 8564—2003 DL/T 5113—2012	安装记录 质量签证
5	主轴中心调整	主轴中心	经纬仪或千分尺测量及千斤顶调整	厂家设计标准 GB/T 8564—2003 DL/T 5113—2012	安装记录 质量签证

4.6.4 转子安装

通常情况下,贯流式发电机转子支架采用工厂制造或组装,整体运输,磁极需要在现场挂装(图 4-60)。

4.6.4.1 转子磁极挂装

(1) 挂装磁极前,测量磁轭圆度。各半径与平均半径之差不应大于设计空气间隙的 ±4%,检查磁轭平直度并作适当的修磨。

(2) 磁极开箱后,进行全面地清扫。逐个检查磁极的绝缘电阻,其值不应低于 5 MΩ,否则应予以处理。对每一个磁极进行交流耐压试验和交流阻抗测试,试验通过后方可挂装磁极。

(3) 按照制造厂编号挂装磁极。第 1 个磁极与最后 1 个磁极挂装位置要与转子引线

图 4-60　转子组装

的位置相对应。在磁极挂装时,应合理选择调整垫片,一方面可使磁极线圈与磁轭接触良好,另一方面可调整转子圆度。以转子中心体下法兰面的实际高程并参考定子铁芯的实际高程定出磁极铁芯高度。应保证机组总装后转子磁极铁芯中心平均高程比定子铁芯中心线平均高程低 1.5～3 mm;同时,各磁极中心线挂装高程与平均高程之差不应大于±1 mm。插入磁极键并锤击打紧。按图纸要求焊好鸽尾挡块。

(4) 检查转子圆度,各半径与平均半径之差应符合规范要求。

(5) 测量单个磁极线圈的交流阻抗值,其相互间不应有显著差别。试验所加电压不应大于额定励磁电压。

(6) 按图纸要求连按极间连线、阻尼环连接片和转子引线(注:在转子支架两个邻立筋挂钩下方有供把合转子翻身工具用的螺孔,相应之径向方向的两个磁极的连接件均先不相联)。所有螺栓、螺母均应固定牢靠。极间连接片接头螺栓把合处以 0.05 mm 塞尺检查,塞入深度不应超过 5 mm。测量转子绕组绝缘电阻,其值不应超过 0.5 MΩ,否则应进行干燥处理。

(7) 转子绕组通电干燥前,应彻底清扫转子磁极及转子。在转子绕组中通常以不超过额定励磁电流的直流电流,在对转子绕组进行干燥时,线圈表面温度不应超过 85 ℃,温度上升率不超过 5 ℃/h。当绝缘电阻稳定 6 h 左右后,即可降温停止干燥。

(8) 当转子绕组温度降至 40 ℃ 以下时,对绕组进行交流耐压试验,试验电压为3 250 V。测量转子绕组直流电阻值,以便今后作比较。电气试验通过后。按图纸要求搭焊磁极键并将多余部分割去。

(9) 转子装配完毕后,应对转子进行全面清扫检查。除安放转子起吊工具的两个磁极外,所有锁片均应锁定牢固,以防松动。

(10) 按规范要求对转子做电气试验。最后按要求喷漆。

4.6.4.2　转子吊装

根据本工程的实际情况,结合不同厂家的转子特点,编制不同的转子吊装方案,报监理批准后按既定的吊装方案实施(图 4-61)。

(1) 对桥机进行全面检查特别是桥机起升机构中的滚筒钢丝绳卡扣、电机、制动器抱闸、减速箱等的性能,应能满足使用要求。

图 4-61 转子安装好翻身工具准备翻身

(2)拆除吊具位置的磁极并妥善保护,后安装翻身工具。

(3)安装转子翻身工具,竖直提升转子约 500 mm 高度,升降 3 次考验桥机可靠性,同时可测量转子环臂的变形值;

(4)检查主轴法兰、螺孔已清扫干净,内无异物。

(5)利用转子翻身和起吊工具将转子翻身至垂直位置(转子翻身一般有两种方式:方式 1 利用翻身工具一点着地翻身;方式 2 利用专门吊具空中翻身,普遍用一点着地翻身),之后拆下翻身工具调整转子起吊工具,使转子中心轴线水平,确认正常后,再缓慢升起转子,将转子吊起超过行走前方的障碍物。整个翻身、起吊过程派专人监护桥机(图 4-62)。

图 4-62 转子翻身

(6)将转子吊至发电机竖井上方,缓慢下降转子,使转子法兰对正主轴;当转子法兰与主轴法兰相距 20～30 mm 时,由 3～4 人穿入两个螺栓进行水平导向牵引拉靠,最后穿入全部螺杆把紧(图 4-63)。

图 4-63　转子吊入机坑

（7）拆除吊具，用桥机回装吊具处的磁极。

（8）按厂家要求将联轴螺栓拉伸长，伸长值达到要求后锁定螺母。

6.6.4.3　质量控制点及控制措施

转子安装质量控制点及控制措施见表 4-9。

表 4-9　转子安装质量控制点及控制措施

序号	质量控制点	控制内容	控制措施	控制依据	控制见证
1	磁极挂装	标高、重量	测量、过称	厂家设计标准 GB/T 8564—2003 DL/T 5113—2012	质检报告 质量签证
2	磁极检验	直流电阻 耐压试验	大电流法交流耐压试验	厂家设计标准 GB/T 8564—2003 DL/T 5113—2012	质检报告 质量签证
3	转子吊装	转子翻身	安全措施	施工方案	施工报告
4	转子与主轴 联接	螺栓伸长值	用专用螺栓液压拉伸器拉伸螺栓；使用深度游标卡尺测量螺栓伸长值	厂家设计标准 GB/T 8564—2003 DL/T 5113—2012	质检报告 质量签证

4.6.5　定子安装

由于招标文件没有明确发电机定子是否整体到货，按照常规定子在工厂进行整圆、叠片、下线及全部组装工作，以下不做定子现场组装、下线方案。

4.6.5.1　定子吊装

定子吊装通常分为三种：翻身装法、三点吊装空中翻身吊装法和平衡梁吊装法。结合不同厂家的定子特点，编制不同的定子吊装方案，报监理批准后按既定的吊装方案实施。

（1）对桥机进行全面检查特别是桥机起升机构中的滚筒钢丝绳卡扣、电机、制动器抱闸、减速箱等的性能;应能满足使用要求。

(2)按要求安装定子吊装支架,考虑定子翻身时会造成变形,如果厂家的吊装工具中未提供防变形支架,我方将用槽钢制作防变形支架。

(3)定子翻身一般采用空中翻身(图4-64)。

图4-64 定子空中翻身

吊装时利用厂家提供的定子吊装翻身工具将定子垂直吊入机坑,初步联接定子与内环的全部组合螺栓,用测量定转子、气隙专用工具逐个测量定转子气隙并调整使之满足厂家规范的要求,调整过程中逐个拧紧与内壳体联接的螺栓,并联接定位(图4-65)。

图4-65 定子吊入机坑

(4)定子在套入转子时,要在定、转子间的四周放比空气间隙小的木板条,用以避免定子铁芯和磁极铁芯相碰。

(5)为防止定子吊起来后变形大而套不进转子,可预先制作一滑车,套定子时可把定子轻放在滑车上,减少定子的变形。具体方案在施工前提供。

4.6.5.2　质量控制点及控制措施

定子安装质量控制点及控制措施见表4-10。

表 4-10　定子安装质量控制点及控制措施

序号	质量控制点	控制内容	控制措施	控制依据	控制见证
1	定子圆度	铁芯圆度	内径千分尺测量	厂家设计标准 GB/T 8564—2003 DL/T 5113—2012	质检报告 质量签证
2	定子机座	法兰面	刀形尺测量	厂家设计标准 GB/T 8564—2003 DL/T 5113—2012	质检报告 质量签证
3	定子线圈	直流电阻 绝缘电阻 耐压试验 测温电阻	大电流法测量2 500 kV用交流耐压试验	厂家设计标准 GB/T 8564—2003 DL/T 5113—2012	质检报告 质量签证
4	定子吊装	定子翻身	安全措施	施工方案	施工报告
5	定子调整	空气间隙	用塞尺和外径千分尺测量	厂家设计标准 GB/T 8564—2003 DL/T 5113—2012	质检报告 质量签证

4.6.6　灯泡头及冷却套安装

灯泡头及冷却套在转子未吊入前,必须先组装好放入流道。组装时可在安装间或运行层适合的位置进行组合,将灯泡头检查清扫干净,组装成整体后,吊入机坑上游侧。在流道放置时要注意做好防腐工作(图4-66)。

图 4-66　灯泡头和冷却套组装

在前期预埋阶段时必须提前在流道预埋好灯泡头吊装的锚钩。为了安装方便,可在安装间将冷却套组装成整体后(冷却器必须经过清扫、质检和耐压试验合格后方可以安装),将冷却水管等先安装在灯泡头内,然后与灯泡头整体吊入流道。

待定子安装调整完后,才正式安装。把组合法兰面清洗干净,用刀形尺检查无高点,再把灯泡头吊起与定子把合在一起,注意密封条不能有位移现象(保持在密封槽里)。把组合螺栓打紧后用塞尺检查安装情况(图 4-67)。

图 4-67　灯泡头和冷却套吊入机坑

4.6.7　制动和除尘装置安装

(1) 先将制动闸在安装间进行清扫检查,按设计要求进行严密性试验,保持30 min,压力下降不超过 3%,各厂家的结构不一样,有些制动器安装在发电机定子的机架上,有些是安装在灯泡头上。

(2) 制动器顶面安装高程偏差不应超过±1 mm。与转子制动环之间的间隙偏差,应在设计值的±20%范围内。

(3) 配置制动闸的管路,按管路的安装工艺进行装配、焊接。合格后,清理检查,在表面涂漆。在管路外表面涂防结露材料。

(4) 制动器应通入压缩空气做起落试验,检查制动器动作的灵活性及制动器的行程是否符合要求。

(5) 在规定的位置上安装除尘装置。

第五章

竖井贯流式机组的安装技术

第一节　竖井贯流式机组概述

贯流式水轮机除灯泡式外还有竖井式和轴伸式两种类型,都是水轮机在流道内,而发电机在流道外,机组主轴穿过流道。

竖井贯流式水轮发电机组是把发电机装在具有流线型式断面的钢筋混凝土或钢竖井中,与安装在流道内的水轮机相连接,水流从竖井两侧引入水轮机,虽受竖井影响,但其过流条件与灯泡机组相比相差无几。其优点是便于运行人员接近发电机和水轮机,同时可以省去用于发电机的通风、冷却设备。竖井式和灯泡式水轮机的过水流道和主机部件几乎是相同的;与直接带动发电机的灯泡贯流式水轮机基本区别是,竖井贯流式水轮发电机组在水轮机与发电机之间采用了一个增速器,而灯泡结构被支撑在基础框架上的钢竖井所代替。

5.1.1　竖井贯流机组应用范围

根据以往资料统计,灯泡机组的灯泡体直径一般为转轮直径 DI 的 1.0～1.2 倍,水轮机转速为 75.0～150.0 r/min,但有下述问题:

(1)水轮机转速低于 60 r/min 时,相配的直联发电机直径会过大,放入灯泡体有困难,或者勉强可放,但靠近与维护困难。

(2)在某些电站水力参数下,水轮机与发电机直联时转速偏离转轮最优转速较远,机组效率将降低。

(3)因发电机尺寸过大,过流部分尺寸及机组间距很大,增加土建及厂房造价,此时需设置增速器,配高速发电机。

生产竖井机组历史最悠久的是奥地利伏伊特公司,而后来居上的有日本富士公司与法国奈尔皮克公司,我国的东方电机在生产大型竖井贯流机组方面累积了大量的经验,并成功将大型竖井机组水轮机由转轮直径为 3～4 m 拓展到 6 m,$P \geqslant 12\,000$ kW。世界最大的一台安装在美国俄亥俄州河上的 Murray 电站,额定出力为 19.4 MW(最大出力为 25 MW),水头 5.03 m,水轮机转速 45.34 r/mim,转轮直径 8.4 m。亚洲最大的竖井贯流电站为巴基斯坦真纳水电站,单机额定出力为 12 MW,国内最大的竖井贯流电站为小龙门水电站,单机额定出力为 11 MW。

5.1.2 结构特点

5.1.2.1 水力性能

从机组进水口方向看,水从竖井两侧流入,在固定导叶前水才汇成整圆,而在竖井区水流稍不对称就可能形成漩涡。竖井区流速不高,只为导叶轴面平均速度的一半或稍大。经模型试验证实,由灯泡引水改为竖井引水,水轮机效率降低约 0.5%。当然引水部分这种流态对机组的运行稳定性有一定影响,因此设计竖井时要求认真分析竖井与导叶的间距及其宽度等。现代竖井进水口宽度为 1.7～1.85m,而竖井本身的宽度约 0.65 m。

竖井机组的设计参数,可选的与灯泡机组相当。但统计资料表明,已运行机组参数为 $Q_{11} = 2.2～1.5$ m³/s,$n_{11} = 140～170$ r/min,参数水平略低于灯泡机组参数。因过流量越大,竖井的不利因素增加,故其参数水平略低于灯泡机组参数水平为好。

竖井机组多采用 5、4 或 3 枚叶片。其单位转速较高,而飞逸转速为额定最优转速的 3 倍左右。其空化系数比轴流转桨式水轮机略低。

5.1.2.2 竖井贯流机组结构特点

竖井的尺寸和形状是由增速器和发电机的大小、人行通道、静力和水力的要求及基础的需要而决定的。

竖井的结构设计准则是:

(1) 安全性要经得起在所有荷载下的荷载、力和扭矩的组合。

(2) 具有足够的刚度以保持导叶和轮叶的间隙在容许限度内相对运动。

(3) 每个方向的动力稳定性。用选择一定的墙厚和钢筋混凝土构件的办法容易满足应力标准,竖井的动力稳定性问题不大。当水头较高以及轴向力对垂直部件变得重要时,水位的要求明显的限制了经济布置的可能性。

如果不采用带钢支座的竖井结构,基础框件也可以位于混凝土支座上,它与相连接的钢竖井具有同样的外形,在这种情况下,为了便于运输,竖井结构是水平分段的。

设计竖井结构时应考虑三个特点:外形要简单,便于施工浇混凝土;满足受力及传力到基础的要求;便于维修发电机、增速器;便于密封。

一般竖井外形除了迎水面做成圆弧形外,沿水面均为平面,井宽在导水机构前逐渐变小到零。除井内设备压重外,尚有 100 多吨浮力;其他受力有突变负荷下的水锤力、压力脉动、正向与反向水推力、转轮重及扭力矩等,不像灯泡机组那样仅靠有限尺寸的固定导叶和几根灯泡支柱承受。竖井本身尺寸笨重、刚度大,受力及变形分析比较简单,传力路径一目了然,不像灯泡机那样需要进行结构应力与变形的模型试验。

竖井本身是钢结构,浇在混凝土里,类似灯泡体座环的基础环,是力传力部件。导水机构可以是分半或整体结构,一般是铸钢件。导水锥是整体,而导叶采用自润滑轴承,不污染水质。转轮室通常是焊接结构,便于安装拆卸转轮。在转轮室与尾水管之间设伸缩节。尾水管的里衬安装在出水流道一侧,直到管内流速小于 6 m/s 处为止。

水轮机主轴密封用炭精环,密封处轴上包不锈钢。另备有一膨胀密封,检查或更换密封时不用排干流道内的水即可进行(图 5-1)。

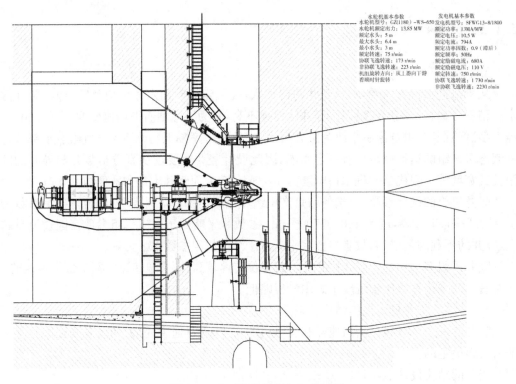

水轮机基本参数
水轮机型号: GZ(1180)-WS-650
水轮机额定出力: 13.85 MW
额定水头: 5 m
最大水头: 6.4 m
最小水头: 3 m
额定转速: 75 r/min
协联飞逸转速: 173 r/min
非协联飞逸转速: 223 r/min
机组旋转方向: 从上游向下游看顺时针旋转

发电机基本参数
发电机型号: SFWG13-8/1800
额定功率: 13MA/MW
额定电压: 10.5 W
额定电流: 794A
额定功率因数: 0.9 (滞后)
额定频率: 50Hz
额定励磁电流: 680A
额定励磁电压: 110 V
额定转速: 750 r/min
协联飞逸转速: 1 730 r/min
非协联飞逸转速: 2230 r/min

图 5-1　大型竖井贯流机组布置图

导叶控制方法有两种。传统方法是单作用的伺服马达,推动控制环,打开导叶,关闭靠重锤。新结构是设置单导叶接力器。

水轮机轴上有两个或三个轴承:导水锥内导轴承,增速器内径向及推力轴承。直联机组只有导轴承和推力轴承。导轴承承受转动部分重量及转轮径向力。导轴承用分半件便于安装。润滑油源可来自重力油箱,并备有高压油泵,供机组启动时抬机及推动接力器用。

增速器一般指齿轮传动。只要齿轮质量有保证,运行噪声低,振动小,能满足竖井机组要求即可。微型竖井机组亦可用三角皮带传动。增速器的低速轴与水轮机轴刚性连接,高速轴与发电机靠齿形联轴节传动。停机时的制动器装在高速轴上。

由于竖井机组顶部与厂房相通,面积大,因此竖井机组发电机通风不成问题。若竖井机组的水头高、直径大、竖井深时,发电机通风效果不良时,亦可采用风道通风的办法,空气由竖井下支墩进入,经发电机及出气管排出厂外。

5.1.3 竖井贯流与灯泡贯流机组的比较

竖井贯流式水轮发电机组是开发超低水头水力资源的良好机型,是灯泡贯流机设计思想的扩展,两种机型基本相同,都具有:水平或倾斜的主轴;水流从进口到尾水管出口基本为轴向流动;流道内支撑一个密封的灯泡体或竖井,水从其周围流出或流向发电机;发电机安装在泡体内或竖井内。

两种机型的转轮和导水机构基本相同,主要区别为发电机及功率传递方式。

灯泡式机组具有如下特点:水轮机轴与发电机轴直联;发电机的定子机座为灯泡体的外壳。

竖井式机组具有如下特点:发电机与水轮机通过齿轮或皮带等增速装置连在一起,高速发电机安装在水轮机上游侧的一个金属或混凝土竖井机壳内,但它不是竖井壳体的一部分。

该机组除具有一般贯流式水轮机的优点外,因发电机和增速装置布置在开敞的竖井内,通风、防潮条件良好,运行和维护方便。机组的引水流道为直通型,由于上游流入的压力水绕过竖井外壳(当发电机布置于水轮机上游侧时),通过导叶直接作用在转轮桨叶上,通过增速装置增速后带动发电机旋转,整个水轮机的重量支撑在座环上(常规机组的座环),再通过座环传递到混凝土基础上,竖井贯流式机组的结构虽然比较复杂,但随着科学技术的进步及计算机的广泛应用,水力、机械和电气方面的问题均得到了良好的解决。它与低水头立轴的轴流式水电站相比具有如下显著的优点:

(1) 效率高:目前世界上竖井贯流式水轮机的模型水轮机最高效率可达94%左右,而立轴式轴流转桨式水轮机其模型效率一般为91%左右,由此可见贯流机要高3%。

(2) 单位流量大:在相同直径、转速、水头和效率的情况下,竖井机组的过流量比立轴式轴流转桨式水轮机大30%～40%,在22 m水头段以下的立轴式轴流转桨式水轮机的最大单位流量为2 000 L/s,而竖井贯流式水轮机在15 m水头段以下可达2 600～3 300 L/s,这样在相同条件下转轮直径可缩小,其比值在15 m水头段以下为0.79～0.8,在22～25 m水头段为0.88～0.91。

(3) 单位转速高:竖井机组的单位转速可比轴流机组高10%～20%,在相同的出力条件下,转轮直径可缩小7%～11%。

(4) 贯流式水轮机适合作可逆式水泵水轮机运行,由于进出水流道没有急转弯,使水泵工况和水轮机工况均能获得较好的水力性能。如贯流式水轮机被应用于潮汐电站上可具有双向发电、双向抽水和双向泄水等六种功能。

(5) 投资节省:电站从进水到出水方向基本上是轴向贯通,过流通道的水力损失减少,施工方便。贯流式机组的尺寸小、节省工程的土建投资,一般可节省土建费用20%～30%。其建设周期短,投资小,收效快,淹没移民少,电站靠近城镇,有利于发挥地区兴建电站的积极性。

竖井贯流式水电站因竖井的存在把进水流道分开成两侧进水,增加了引水流道的水力损失,一般竖井式机组的水力效率比灯泡式要降低1%～1.5%。

　　直联传动方式要求水轮机与发电机转速相同，当水头较低时，其水轮机转速必然很低，则就要求增加发电机磁极对数，加大容量，从而导致发电机尺寸加大。但是水力流道设计又趋向于采用较小的灯泡比。此时若采用灯泡式机组，就需增大发电机长度，使得水冷系统、强迫空冷系统的布置非常紧张。有时还需把空气加压到 3 倍大气压，靠增加空气的密度来提高空气的冷却能力，这些都相应增加了制造和运行维护成本。

　　竖井贯流式机组适用于更低的 8 m 以下的水头，主要部件比灯泡式机组多一个增速齿轮箱，它采用行星齿轮系统将发电机转速提高，尺寸变小，发电机制造、安装、维护成本大大降低。但同时却增加了齿轮箱的制造和维护成本。

　　有资料表明同样规模的竖井贯流较灯泡贯流电站节省投资约 20% 左右。

　　竖井式和灯泡式机型的应用范围均有重叠区。综合平衡要求考虑工程费用、机组总效率、功率输出以及适用性、运行可靠性和维修性。所有对于超低水头、单机容量较小的机组以采用竖井贯流式机组为宜。

第二节　大型竖井贯流式机组安装顺序

　　小型竖井贯流式机组的发电机、增速器等设备均为整体到货，结构简单，安装方便，本书不再列举。本文仅以小龙门电站和真纳水电站的安装顺序作为介绍，难点在于埋件埋设的精准度、机组在三段轴系中调整轴系的过程，对于增速器连接后的盘车找摆，作为高转速发电机侧上下导轴瓦和轴承座的调整。在发电机调整过程中不断优化安装顺序，与灯泡贯流式机组安装不同的是灯泡贯流式机组主轴吊入后可以在水机和发电机侧双向施工，而竖井贯流式机组在发电机一侧的安装调整工作和时间往往远高于灯泡贯流电机工期。由于增速器厂家和主机厂家设计要求增速器必须充水完成后才能调整，因此整台机组的安装流程不得不做以更改，安装流程图见图 5-2。

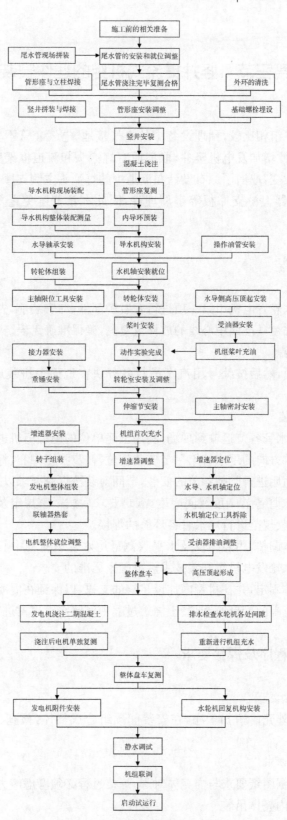

图5-2 竖井贯流式机组安装流程图

第三节 竖井贯流式机组的埋件安装

与灯泡贯流式机组相比较,预埋设备中的电气接地、电气套管不变,全场供排水管路未发生较大改变,因此增加发电机竖井,取消原有灯泡头和流道框架盖板,所有部分测压管路预埋位置发生改变,取消了原有设计在流道中的灯泡头主侧支撑,进而取代的是发电机定子基础板、增速器上游支撑板等小型埋件,因此本章节避免重复,仅介绍大型埋件安装。

5.3.1 尾水管安装

尾水管里衬为水轮发电机组第一项进行安装的部件,在安装前,先进行机组的中心轴线及坝轴线下尾水法兰基准面中心线的放样及复测,确保准确无误。

(一)尾水管拼装

先平整一块地面,然后按编号用汽车吊将各分块在地面上拼装成整段,调整好圆度后,焊接加固。

(二)尾水管安装

根据顺序,将尾水管各节运输到现场,利用土建单位的施工门机进行吊装。

先将最靠近下游方向的尾水管第一节安装就位,初步找正中心、标高及与转轮中心线的位置,临时加固,随后进行其他各节的安装,节间对装按厂家要求以及有关标准进行。

测量并调整尾水管各节圆度及同心度,满足要求后按厂家规定及水利水电工程压力钢管制造、安装及验收规范进行尾水管各环缝的焊接。

进行尾水管整体调整,用经纬仪及水平仪测量尾水管里衬的中心、高程及里程,使之符合厂家的标准及水轮发电机组安装技术规范国家标准的要求。

按要求进行整体固定,并在衬管内加设足够的支撑,以保证在混凝土浇筑过程中尾水管里衬不产生超出范围的变形,在混凝土浇筑过程中对尾水管里衬进行监测。

5.3.2 座环安装程序及焊接要求

5.3.2.1 座环组装

将座环内壳体、外壳体清扫干净,在安装间预组合成整体,检查、调整使之符合设计要求。

5.3.2.2 焊接要求

将上、下立柱根据图纸要求与内壳体对焊,焊接过程必须考虑应力变形等因素。

5.3.2.3 座环内壳体吊装

座环内壳体正式安装前,先检查座环预埋基础板的位置,复测机组中心线及座环法兰中心线以及法兰面波浪度、高程等测量基准,确定座环的安装位置。利用桥机将座环内壳体整体吊就位。

5.3.2.4　座环外壳体吊装

座环内壳体整体吊就位,初就位加固后,吊装座环外壳体与座环内壳体连接,调整座环内、外壳体的同心度和位置,设置可调整支撑,便于座环调整。

5.3.2.5　调整

利用起重器及其他调整支撑,以基准中心线为基准,用经纬仪、水准仪调整座环的中心、高程、垂直度、里程、平行度,使其符合设计及水轮发电机组安装技术规范及厂家技术要求。具体安装顺序可参考图 5-3、图 5-4。

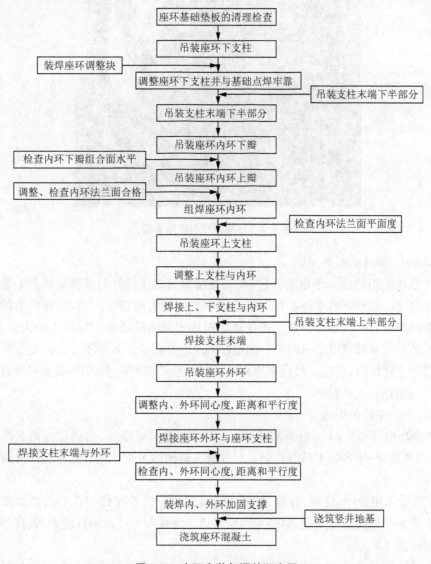

图 5-3　座环安装与调整顺序图

图 5-4　座环外环安装实物图

5.3.2.6　座环的额外加固

座环是机组组成的一个重要部件,其安装浇筑后的质量好与坏将直接影响着机组以后的工作性能。调整好的座环若在浇筑过程中产生较大的错位变形,将在以后的机组轴线调整中带来很大的困难与不便。若在浇筑过程中波浪度或垂直度发生较大的变化,将给以后的转轮室间隙调整带来困难。调整好的座环在浇筑过程中不允许产生变形和任何位移。现因上述原因,在施工过程中均在厂家图纸要求加固的基础上,提案再增设刚性支撑,对座环进行进一步的加固。

5.3.2.7　座环的焊接

(1)座环内环与上、下立柱连接缝由 2～4 名焊工同时施焊,内侧考虑两名焊工同时施焊,外侧考虑 2～4 名焊工同时施焊。对焊缝坡口间隙大于 3 mm 的需先作补焊后方能开始施焊。

(2)焊接采用分中、对称、分段、退步、跳焊,每段分段长度约 200 mm,各焊工跳焊顺序一致。为减少焊接热输入量,焊缝采用窄旱道。焊接时先在内侧打底焊,焊接厚度为内侧坡口深度的 1/3。

(3)打底焊完成后,在外侧用碳弧气刨清根,用角向磨光机将背缝打磨去掉氧化层及其他杂质,再依次对背缝进行施焊,前两层按分段退步跳焊,以后按分段退步焊,焊接厚度为背缝坡口深度 1/2。

（4）背缝焊至坡口 1/2 深度后，转焊内侧焊缝，焊接方法采用分段退步焊，直至盖面。为保证焊缝有一个良好的外观，盖面焊采用连续焊接。完全焊内侧后，再焊外侧，外侧焊接方法同上。

（5）焊接时用千分表在支柱侧面及平面监测变形，根据变形情况调整焊接顺序及各条焊缝的焊接进度，以达到控制焊接变形的目的。

5.3.2.8 焊缝探伤与防腐

（1）上支柱和下支柱焊完后，焊缝必须先作 UT 和 PT 探伤，以避免热处理后大量焊缝返工。热处理按图纸要求进行焊后热处理，加温使用红外加热装置进行，退火时要按图纸的技术要求进行，并作好各项记录。

（2）最终探伤。热处理后进行最终的 UT 及 PT 探伤。

（3）防腐。清理工艺搭块、支撑，打磨清理表面，必要时应进行补焊，最后扫漆（图 5-5）。

图 5-5 座环内外壳体加固图

5.3.3 发电机竖井安装

5.3.3.1 竖井安装流程

（1）拼装发电机竖井用的钢平台的组装，在机坑处或者安装间内其他工位，搭建钢平台，准备发电机竖井的拼装。

（2）按设计要求，发电机竖井分别组装为下、中、上三部分，各部分的焊缝均进行焊接，并检查是否合格。

（3）分别将下、中、上三部分发电机竖井依次吊入机坑进行安装，调整完成后，焊接各部分的环形焊缝和与座环内壳体的连接焊缝，并按设计要求进行加固。

（4）调整完毕即进行支撑、加固件的焊接固定，控制变形，同时监测座环法兰面的变化,加固完毕后应复测中心、高程、垂直度、里程、平行度等,确认合格并经监理工程师签字后,交付土建单位浇筑二期混凝土。在浇筑施工全过程应对座环法兰面平面度和垂直度的变化进行监测(图 5-6)。

图 5-6　竖井预埋后实物图

根据竖井基础的结构特点,竖井基础混凝土浇筑分两期进行。在浇筑座环混凝土时浇筑一期混凝土,同时预留地脚螺栓和基础垫板槽坑。待一期混凝土强度达到要求后,安装调整地脚螺栓和基础垫板,合格后浇筑二期混凝土。待二期混凝土强度达到要求后再进行竖井装配的安装。

5.3.3.2　竖井基础预埋

(1)在混凝土浇至一期高程以前,根据地脚螺栓和基础垫板的中心和方位预留竖井地脚螺栓和基础垫板的安装槽坑,槽坑深度和宽度,严格依照设计图执行。

(2)一期混凝土强度达到设计要求后,清理、检查所预留的地脚螺栓和基础垫板安装槽坑的中心方位是否正确,槽坑中心线与机组中心线之间的距离偏差应不大于 10 mm,槽壁应留有搭焊钢筋且凿毛并清扫干净。合格后将地脚螺栓按图纸所示方位摆放于槽坑内,根部穿入圆钢,检控地脚螺栓间距和距机组中心线距离使之达到设计要求,靠近座环侧第一根地脚螺栓距座环内环下支柱距离满足设计尺寸(图 5-7)。

(3)地脚螺栓摆放好后在槽坑内搭设钢筋,从靠近座环的第一个地脚螺栓开始调整每一个地脚螺栓的中心、方位和高程。调整后应保证混凝土浇筑后第一个地脚螺栓距座环内环下支柱距离偏差应在 0~2 mm 范围之内,所有地脚螺栓距机组中心线的距离偏差及地脚螺栓之间的间距偏差应不大于 2 mm,每个地脚螺栓的垂直度应不大于 2 mm/m。所有地脚螺栓的顶面高程应在设计范围内,偏差在 0~+5 mm 范围之内,并记录以上检查结果。

(4)地脚螺栓调整合格后将其与槽坑内的钢筋搭焊牢靠,防止其在混凝土浇筑过程中发生位移或倾斜。对地脚螺栓的丝扣应进行有效的保护,防止混凝土浇筑过程中磕碰

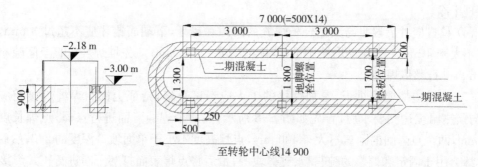

图 5-7 某电站竖井低级混凝土浇筑图

损坏。

（5）根据竖井地基图将基础垫板置于相应高程,调整其中心、方位和水平,合格后与槽坑内钢筋搭焊牢固,其应保证混凝土浇筑后基础板中心和位置偏差不大于 10 mm,水平不大于 1 mm/m。

（6）浇筑竖井基础二期混凝土,浇筑时应注意控制浇筑速度和一次浇筑量,尽可能避免地脚螺栓发生位移或倾斜。同时应采取相应措施监测混凝土浇筑过程中地脚螺栓中心、方位及高程的变化,如有变化应及时进行纠正处理。

（7）混凝土浇筑后,再次检查地脚螺栓和基础垫板的高程、中心、方位和水平,使其仍应满足上述技术要求。

5.3.3.3 竖井后段Ⅲ的安装

（1）清扫竖井装配的安装基础,检查地脚螺栓和基础垫板的高程、中心、方位和水平,其应满足相关要求。

（2）根据竖井地基图在靠近座环的基础垫板上布置两个 M64 以上千斤顶,调整千斤顶高程略高于设计高程 5～10 mm。同时布置两个 16T 千斤顶和临时金属支墩（自备）,金属支墩的大小和摆放位置应确保竖井在装配及焊接过程中稳固、牢靠。

（3）吊装竖井后段Ⅲ的两块把合板到机坑,对照地脚螺栓调整其中心和方位,合格后使把合板穿过地脚螺栓缓慢落下,置于 M64 千斤顶和 16T 千斤顶上,利用 16T 千斤顶调整其高程和水平,合适后置于支墩和 M64 千斤顶上,调整其中心与机组中心偏差不大于 2 mm;法兰面高程应为设计高程,偏差应不大于 2 mm,水平偏差不大于 1 mm/m。合格后用楔子板塞紧支墩与把合板,打紧 M64 千斤顶,同时对称打紧地脚螺栓的螺帽,再次检查把合板的中心、高程、水平仍应满足上述要求。

（4）在把合板和座环内环相关圆弧的下表面点焊若干支撑块和骑马板,支撑块和骑马板的点焊方位应利于竖井后段Ⅲ的支撑与调整。分别吊装两块竖井后段Ⅲ到机坑置于所点焊的支撑块上,根据图纸要求调整竖井后段Ⅲ的中心、方位和高低,两块竖井后段Ⅲ距机组中心线的距离偏差应不大于 1 mm。用压码和拉紧器调整其圆弧与座环内环的错牙和间隙,过流面错牙应不超过 3 mm,间隙不大于 4 mm。拉紧器至少需要 4 个,利用其和骑马板将竖井后段Ⅲ和座环内环固定牢靠。

（5）如图 5-8 所示,焊接竖井后段Ⅲ与其把合板。首先打磨内环与上、下竖井焊缝,保证焊缝坡口附近无油污、油漆、锈蚀等杂质,然后再用压缩空气将坡口表面及周围的灰尘清理干净。

（6）检查竖井后段Ⅲ与其把合板焊缝的间隙和错牙，下端面错牙应不超过 3 mm，间隙应不大于 4 mm。为保证焊接质量，若焊缝间隙大于 4 mm 应先堆焊坡口直至间隙小于 3 mm 再进行整体焊接。

（7）焊条应按要求烘干，参加焊接的工人应考试合格，持证上岗。焊缝焊接前应预热，当预热温度达到要求后，首先如图 5-8 所示，在两个焊缝背面进行点焊，点焊长度约 200 mm，两个点焊间的距离不大于 400 mm，点焊高度不小于单面坡口深度的 2/3；然后刨去焊缝上用于固定和调整的骑马板、支撑块等；最后将点焊表面打磨干净进行正式焊接。

（8）焊接时先焊外边坡口，焊完后背面清根并打磨（须将气刨所形成的碳化层打磨干净），然后作 100%MT 检查无缺陷后再焊接正面焊缝。记录检查结果。焊接时应严格按照焊接规范施焊，采用同步、对称、退步、窄道焊等焊接方法以减少应力集中和防止焊接变形，焊后应保温、降温，温降不大于 20 ℃/h。

（9）将焊缝表面打磨光滑作 100%MT 和 100%UT 检查应无焊接缺陷，并将做好记录。

（10）根据竖井中段Ⅲ的位置在机坑内布置临时支墩和千斤顶（自备），如上所述吊装竖井中段Ⅲ的把合板到机坑，调整其高程水平满足相关要求，利用 16 t 千斤顶调整其与竖井后段Ⅲ把合板的高低错牙及水平，合格后用楔子板楔紧支墩与把合板，对称打紧 M48 地脚螺栓的螺帽。

（11）在竖井后段Ⅲ的把合板和圆弧的下表面点焊若干支撑块和骑马板。吊装两块竖井中段Ⅲ到机坑，置于所点焊的支撑块上，穿入与竖井后段Ⅲ之间的 M30 组合螺栓，并对称把紧，根据过流面组合缝的错牙情况装焊压码进行调整。合格后按照焊接方法及要求焊接竖井中段Ⅲ及其把合板。竖井中段Ⅲ和竖井后段Ⅲ之间可根据实际情况加焊骑马板使之相对固定。

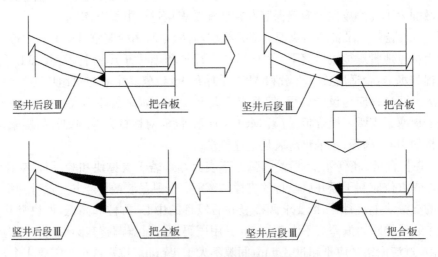

图 5-8　竖井与其把合板装焊图

（12）吊装、调整、焊接竖井锥段Ⅲ与其把合板，方法同上。

（13）吊装、调整、焊接竖井前段Ⅲ与其把合板。整体调整、检查竖井下段的中心、高程、水平及距转轮中心线的距离。合格后其中心及开口与设计偏差应不大于 2 mm,水平不大于 5 mm,距转轮中心线的距离与设计偏差应在 10~20 mm 范围内。合格后在两开口之间搭焊槽钢(电站自备)进行固定。(槽钢不但用于此序的加固,也将用于下序的脚手架)

(14) 按照焊接方法及要求焊接竖井下段,焊接时从进水口方向第一条组合缝焊起,最后焊接竖井中段Ⅲ与竖井后段Ⅲ之间的焊缝。焊后再次检查竖井下段的中心、高程、水平仍应满足要求,距转轮中心线的距离与设计偏差应在 0~10 mm 范围内。竖井与座环之间的焊缝预留不焊,待整个竖井装配焊接完后再整体与座环进行焊接。

(15) 对竖井下段进行必要的支撑和加固,确保竖井中、上段在调整和焊接过程的稳固性。

(16) 在座环内环和竖井后段Ⅲ的相应位置焊接支撑块,吊装竖井后段Ⅱ中的两块圆弧板到机坑置于支撑块上,安装其与竖井后段Ⅲ的组合螺栓;在内环、竖井后段Ⅲ与竖井后段Ⅱ之间搭焊拉紧器和压码,调整其间隙及错牙,其最大间隙应不超过 4 mm,错牙不超过 3 mm。合格后搭焊骑马板,将两块圆弧板固定牢靠。

(17) 吊装竖井中段Ⅱ到机坑,在其与座环上支柱之间搭焊拉紧器、压码等,调整其与座环之间的间隙和错牙。

(18) 如上所述依次吊装竖井中段Ⅱ,竖井锥段侧板Ⅱ,竖井前段Ⅱ到机坑进行支撑、调整、稳固。调整检查上、下口断面尺寸与设计值偏差不大于 5 mm;所有组合缝过流面的间隙和错牙满足要求;将竖井中段焊接为一整体。焊接完后检查上、下断面尺寸,合格后将支撑两端的楔子板,并按图纸要求打紧。

(19) 调整、检查竖井中段的中心、方位及其与竖井下段和座环之间的间隙和错牙,整体检查竖井上、下段垂直度。垂直度应保证竖井整体安装后机组中心线方向和 X 方向均不大于 1 mm/m。合格后如项 3.1.7.2 焊接方法及要求将竖井中段与竖井下段焊接为整体。焊后整体检查竖井上、下段的中心、方位及垂直度,并记录检查结果。

(20) 按竖井中段的安装、调整、焊接及检查方法和要求装焊、检查竖井上段,完成竖井装配和焊接。整体调整竖井的中心、方位、垂直度和与座环的配合间隙及错牙满足上述要求。

(21) 根据上述焊接方法及要求焊接竖井与座环。焊接时先焊竖井与支柱焊缝,最后焊竖井与座环内环焊缝。焊接过程中应注意监测竖井垂直度及座环内环法兰面平面度的变化,如有异常应及时采取相应措施进行调整或处理。

(22) 如图 5-8 竖井与其把合板装焊图装焊竖井底板,装焊时待整体装配调整、检查合格后,首先将底板焊接成整体,再将底板整体与竖井焊接。

(23) 撤掉竖井装焊的临时性支撑,打紧地脚螺栓,将 M64 千斤顶分别与基础垫板和竖井点焊,按照埋入部分装配图示位置装焊基础板、拉锚等。

(24) 根据图纸装焊测压接头和测流量接头,并按照相关图纸要求安装测压管到相应位置作耐压试验,试验压力 0.5 MPa,耐压时间 20 min,将试验结果记录。

(25) 彻底清洗机坑,按照水轮机安装一般要求的相关规定浇筑竖井混凝土至设计高程。

（26）混凝土浇筑后根据图纸利用堵板封焊灌浆孔，焊后磨平作 MT 或 PT 探伤，并记录检查结果。

（27）根据图纸装焊地脚螺栓螺母帽，焊后作 PT 检查。

（28）待竖井混凝土强度达到要求后用碳弧气刨处理掉竖井内、外面上焊接的无用的调整块等，若在气刨过程中伤及母材，应对其进行补焊、打磨，并按相关技术要求作防腐处理。

第四节　竖井贯流式水轮机安装

由于水轮机中设备大部分与灯泡贯流式机组相同，本文对结构发生改变的主轴、操作油管、转轮体等设备作详细描述，增加了挡油环、轴承端盖的安装方法。

5.4.1　主轴装配的吊装

竖井贯流式机组轴系由主轴、增速器和转子连接的，并非一根主轴分别悬挂转子和转轮的灯泡贯流式机组，因此所有吊具设计和行走牵引吊具不同，操作油管的安装方法也发生改变，转轮体接力器的行走距离反馈机构需要从主轴上游侧提前装入，同时还要兼顾主轴在与增速器安装时的预留裕度。

（1）根据图纸仔细清点操作油管、装配旋套、橡胶圆条的数量，并清洗干净。找出操作管Ⅰ和操作管Ⅱ以及旋套厂内组装标记及主轴与转轮体的铰钻标记。

（2）用钢锉、抛光布砂轮及油石将主轴组合法兰表面及密封槽的高点、毛刺清理干净，并用刀口尺检查，确保组合面平整、光滑无毛刺。

（3）用清洗液仔细清洗主轴内油孔，操作管内表面及其螺纹，清洗后用干燥压缩空气吹干，然后在油孔内及操作管内表面涂一层透平油，并对油孔及操作管的出口进行密封保护。

（4）检查主轴及各操作管相关配合面的配合尺寸，检查导瓦装配处的表面质量，其应光滑无凹凸点和划痕等。

5.4.2　主轴的组装

（1）在安装间适当位置按照操作油管Ⅰ和操作油管Ⅱ的尺寸布置若干枕木。

（2）按照厂内标记分别吊装两段操作管Ⅱ于枕木上，取掉两头的密封，用旋套将操作管Ⅱ联接成一体，检查其长度应，合格后再通过旋套将其与操作管Ⅰ连接，检查操作管Ⅰ、Ⅱ装配的整体长度，偏差不大于 2 mm。

（3）根据主轴装配图在安装间内相应位置布置主轴组装支架（工地自备，与水导轴承配合处不布置），在主轴组装支架上放置诸如毛毡之类的软质材料。

（4）将主轴吊放在支架上，对主轴进行彻底地清理，将各加工面的油脂、污物、锈蚀及毛刺清除干净；检查各精密加工面，应无锈蚀、划痕等缺陷。

（5）调整主轴水平以主轴水导轴承配合部位为测量基准，调整主轴水平到 0.05 mm/m 以内。

（6）吊起操作管装配由主轴发电机端穿入，操作管装配应能顺利穿入且窜动灵活，然后检查操作管距主轴法兰面的距离，符合设计要求，预装套筒，其应顺利穿入主轴，且法兰面与主轴止口法兰面平齐。合格后取出操作管装配，在旋套及操作管上作标记，拆开操作管装配，将各操作管及套筒清理干净。

（7）将操作管和旋套的螺纹清理干净，抹上螺纹锁固胶，按照预装标记将两段操作油管Ⅰ、Ⅱ把合为一体并把紧，然后吊起操作管装配基本调平，由发电机端穿入主轴。

（8）按照设计要求将操作管Ⅰ密封槽清洗干净，安装孔用方形圈，将轴套如图 5-9 所示，连同操作管装配一起装入设计位置；然后封住操作管，做水压试验。试验压力 0.2 MPa，时间 30 min，注意观察压力表有无压降及操作管内有无水渗出。记录试验结果，合格后用压缩空气将操作管内吹干，然后摸上透平油，最后将操作管两头密封，以防主轴吊装过程中杂质进入（图 5-10）。

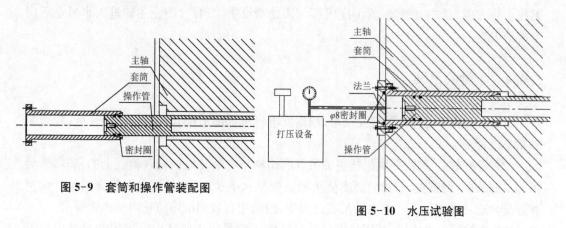

图 5-9　套筒和操作管装配图

图 5-10　水压试验图

5.4.3　主轴吊装前的准备

5.4.3.1　水导瓦的安装

（1）将水导瓦装配在安装间解体，仔细清洗、检查组合法兰面，用刀口尺检查合格后，清理水导瓦组装的螺栓、销钉等零部件并清洗干净。清洗后，用压缩空气将各机加工面吹干并检查各油路是否畅通，是否符合图纸要求。然后，用丝堵将各油孔封住。

（2）预装水导瓦，以组合面上两个螺纹锥销进行定位，穿入组合螺栓并对称打紧，用塞尺检查组合面间隙和错牙，0.05 mm 塞尺应不能通过，合格后将导瓦解体分瓣。

（3）将主轴轴颈清理干净。在轴瓦工作面上涂上一层红丹粉，然后将上下两半轴瓦分别吊放在主轴轴颈上，沿主轴圆周方向来回动作几次。取下轴瓦，检查轴瓦工作面与主轴轴颈的接触情况，每平方厘米应有 1.5～2 个接触点。

（4）在主轴轴颈上浇透平油，将轴瓦下半部分吊放在主轴下方相应部位，用千斤顶或其他工具(工地自备)顶起轴瓦,使轴瓦瓦面紧贴轴颈(瓦面底部间隙为零),在分半面密封槽处装上橡胶圆条。吊装轴瓦上半部分与轴瓦下半部分组合,对称把紧组合螺栓。组合后松开顶起工具,调整轴瓦位置,使轴瓦左右间隙相等,顶部间隙为零。此时,测量轴瓦底部间隙和左右两边间隙,测量 8 个点,底部间隙应在 0.40～0.53 mm,轴瓦两边间隙之差应小于 0.05 mm,否则应重新刮瓦处理,直至满足接触点要求和轴瓦间隙要求。

5.4.3.2　支架及吊具的安装

(1) 导瓦安装检查合格后,检查清洗轴承支架及安装螺栓、螺帽和螺孔。然后将支架与导瓦用组合螺栓把合在一起,再与主轴用组合螺栓和垫圈进行把合,从而将导瓦固定在主轴上,防止其在吊装过程中串动。

(2) 清洗主吊耳螺栓和螺母,将其安装于主轴水轮机端正上方的联轴孔上,并打紧螺母。

(3) 将主轴吊具在安装间解体、清扫干净,将吊具安装位置的主轴部位清洗干净并裹上一圈橡胶围带,绕轴组装分瓣吊具,组装时应注意吊耳与销轴的方位应与先前安装的两个吊耳保持一致,然后把紧组装螺栓。

(4) 考虑到主轴的行走空间,造成整个安装进度会相对滞后。故在吊装准备前,在管型座＋Y 方向、竖井上游侧、管型座内部±X 处增设手动葫芦,防止主轴进入水机室后向上游滑出。

5.4.4　主轴的吊装

(1) 在安装间进行主轴装配试吊,根据发电机机坑廊道尺寸调整钢丝绳长度,检查主轴重心位置。

(2) 将吊车主、副钩分别吊挂主轴吊具的销轴与主轴发电机端联轴孔上的吊耳,然后吊起主轴装配,调整主、副钩的高度使主轴装配呈水平状态,并根据发电机廊道尺寸调整其方位合适后缓缓吊下。在主轴吊装过程中,应采用有效的措施防止内操作管滑出。

(3) 主轴吊入机坑后,利用吊板挂装导链将主轴吊放于座环内环支撑和导叶内环上方,测量主轴中心高程,用塞尺检查水导轴承法兰面与导叶内环相应配合法兰面之间的间隙应符合设计要求。

5.4.5　主轴的初步调整

(1) 拆下轴承支架,利用主轴顶起工具将主轴顶起,根据水导轴承法兰面到导叶内环相应配合法兰面的距离旋转调节螺杆。缓缓落下主轴,首先以水导轴承法兰面与导叶内环相应的配合法兰面之间圆柱销定位,调整两法兰面之间的错牙,安装水导轴承于相应位置,然后安装挡板和压板及相应的把合螺栓。最后落下主轴将其重量完全转移到水轮机导轴承和主轴顶起工具上。

(2) 测量并调整主轴中心高程、方位及主轴轴向距离,利用主轴顶起工具调整主轴水平,其水平应不超过 0.02 mm/m,水轮机端法兰距内环距离偏差不大于 1 mm。

（3）再次检查主轴中心、方位及水平以上测量结果合格后，依次拆除主轴顶起工具、支撑、主轴吊具、支架等辅助安装工具。

5.4.6 挡油环的安装

（1）将主轴上靠近轴瓦位置的挡油环安装位置用酒精或汽油擦洗干净，将挡油环及其装配用的圆柱销、内六角螺钉、弹簧垫圈等部件清洗干净。

（2）将圆柱销装于主轴上的销钉孔中，将挡油环上半部分放在主轴上方，调整挡油环销孔对准已安装的内螺纹圆柱销，将挡油环上半部分就位；将挡油环下半部分用千斤顶顶起与挡油环上半部分组合，依次装入弹簧垫圈、内六角螺钉并把紧。测量水导轴瓦与挡油环的距离，挡油环组合面的间隙以及挡油环与主轴之间的间隙。水导轴瓦与挡油环的距离应为 15 mm，偏差不大于 2 mm，用塞尺检查挡油环组合面的间隙以及挡油环与主轴之间的间隙，0.05 mm 塞尺应不能通过。

（3）合格后拆下挡油环，在挡油环分半面及与主轴的配合面上按设计要求均匀涂上一层 1596 密封胶，按上述方法重新安装轴瓦上、下游侧的两个挡油环。安装挡油环时应注意将主轴表面溢出的密封胶擦拭干净。

5.4.7 轴承端盖的安装

（1）清洗轴承端盖与导瓦安装的配合法兰面、轴承端盖组合面及其装配用的组合螺栓、销钉等。

（2）安装上半部分轴承端盖就位，将轴承端盖下半部分用千斤顶顶起并与轴承端盖上半部分组合，依次装入圆柱销、用组合螺栓并把紧。然后将其与轴瓦把合在一起。测量水导轴瓦与轴承端盖把合面和轴承端盖组合面的间隙以及轴承端盖与主轴之间的间隙。轴承端盖与主轴之间的间隙最小不得小于 4 mm，轴承端盖组合面间隙用塞尺检查，0.05 mm 塞尺应不能通过，轴承端盖与轴瓦把合面应无间隙，局部最大应不超过0.10 mm，长度不大于组合面周长的 1/3。

（3）合格后拆下轴承端盖，在轴承端盖分半面上按设计要求均匀涂上一层密封胶，在轴瓦与轴承端盖间装入耐油橡胶圆条，按上述方法重新安装轴瓦上、下游侧的两个轴承端盖。

5.4.8 转轮装配的安装

（1）清理转轮试验基础板和安装间转轮装配支座，吊装支座于基础板上，检查、调整支座水平。可利用在支座与基础板把合面间加垫的办法来调整支座上法兰面水平，其水平度应不超过 0.05 mm/m。合格后，在支座上法兰面上均匀放置厚度相同的紫铜垫。在支座中心位置布置一个千斤顶。

（2）将转轮体内、外清理干净，然后吊起穿过操作油管倒放于支座上。用框式水平仪检查转轮体与活塞杆把合面的水平度,其应不超过 0.10 mm。

(3)将转臂、连杆清理干净并按对应标记组装在一起,组装时应在连杆轴瓦工作面上涂上一层黄干油。转动连杆检查连杆动作灵活性,连杆应能灵活转动。合格后,将转臂、连杆按对应标记吊放入转轮体内相应位置。

(4)根据工地的实际情况在转轮体上方布置支架和导链,在转轮体轴瓦工作面上涂上一层黄干油,用导链将转臂吊起并调整转臂轴孔与转轮体轴孔基本同心,转臂基本贴紧转轮体。

(5)将叶片轴、叶片轴套装工具清理干净,按图 5-11 所示将叶片轴套装工具、叶片轴组装起来,利用平衡块调整叶片轴轴线水平。

(6)吊起叶片轴,对准转轮体上相应轴孔,将叶片轴按对应标记缓慢套装入转轮体。套装过程中,同时注意调整转臂,将转臂套装在叶片轴上。当叶片轴基本套装入转轮体后,调整转臂与叶片轴的相对位置,对正转臂与叶片轴销孔,将清理干净的圆柱销按对应标记装入。拆除叶片轴套装工具。来回提升、降落连杆几次,检查叶片轴动作的灵活性,叶片轴应转动灵活。依次对称安装全部叶片轴和转臂、连杆装配。

(7)将操作油管清理干净,用桥机将外操作油管吊起,缓缓套装在转轮体内落于预先布置好的千斤顶上并固定牢靠,套装时应注意保护,避免碰撞。

(8)用清洗液清洗活塞杆上的油孔,干净后用压缩空气吹干涂上透平油,将转轮体与活塞杆配合表面清洗干净,将活塞杆、销子清理干净,按图 5-11 将销子装入转轮体配合面上的销孔内。

(9)将活塞杆吊起于转轮体上方约 200 mm 处,清洗操作油管与活塞杆配合表面及密封槽,安装 O 型密封圈,使操作油管对准活塞杆上的油孔,操作千斤顶将操作油管装入活塞杆内。然后边松千斤顶边缓慢下落活塞杆,调整活塞杆销孔对准转轮体上的销子,将活塞杆落在转轮体上就位。活塞杆安装就位后,按图 5-11 依次安装 M64 把合螺柱、止动垫圈、螺母,把紧螺栓,检查活塞杆与转轮体配合面的间隙,其不应有间隙,局部最大不应超过 0.10 mm,深度不超过组合面宽度 1/3,长度不超过周长 1/5。合格后,利用止动垫圈将螺母锁住。

(10)活塞杆安装完后,动作连杆到全开位置以使连杆销孔高出转轮体端面。调整各连杆轴线竖直并且各连杆销孔中心基本位于同一水平面内。合格后将各连杆临时固定。

(11)将接力器缸清理干净,装入轴用阶梯圈,吊起接力器缸操作架面朝下并调整其水平,对正活塞杆下落套装入活塞杆。调整操作架与连杆的相对位置,转动叶片轴调整连杆销孔与接力器缸上的各叉头销孔按对应标记对正,合格后按对应标记依次对称装入连杆销,并按图 5-11 依次安装限位块、内螺纹圆柱销、弹簧垫圈和螺栓,并把紧。

(12)将活塞、活塞环清理干净,按图将活塞环装入活塞上相应的槽内,活塞环装入时其接口应错开 120°。

(13)清洗活塞杆上的密封槽、键槽,并在其内涂上一层透平油,按图 5-11 将 O 型密封圈装入相应的密封槽,将键、卡环、紧固环清理干净。吊起活塞并将其上平面水平,然后对正活塞杆下落,套装在活塞杆上。调整活塞与活塞杆的相对位置,当活塞与活塞杆上的键槽对正后将键装入键槽,将活塞装入接力器缸内。

（14）在活塞上平面和活塞杆卡环槽内涂上一层透平油，按图5-11装入卡环，检查卡环与卡环槽、活塞的间隙，其最大间隙应不超过0.05 mm。合格后按图5-11将紧固环就位并依次安装弹簧垫圈、螺栓，将紧固环把紧。

（15）清理接力器缸盖和接力器缸盖轴套工作面以及止口工作面，安装轴用阶梯圈和橡胶圆条并涂少许凡士林。将接力器缸盖吊起并调整水平，然后对正活塞杆缓慢下落，套装活塞杆置于接力器缸上，调整接力器缸盖与接力器缸的相对位置，按图5-11依次安装螺柱、止动垫圈、螺母，将接力器缸盖把紧在接力器缸上。检查接力器缸盖与接力器缸把合面的间隙，其应符合部件组合面间隙要求，合格后用垫圈锁紧螺栓。

（16）将操作管Ⅱ和回复杆及其内部的通油孔清理干净，用旋套联接为整体自活塞杆孔中穿入，上下动作回复杆，其应无任何憋劲和卡阻。

（17）将接力器缸盖上的特殊螺杆孔清洗干净，装入特殊螺杆，安装连板，把紧M24螺母，打紧止动垫圈。

（18）将泄水锥清扫干净，吊装于转轮体上，调整其与转轮体的相对位置，检查滑块座与滑块的配合情况，根据泄水锥与转轮体的配合情况在接力器缸上划线，然后吊出泄水锥焊接滑块座。重新吊装泄水锥，由滑块轴安装的孔检查其与接力器缸上的滑块位置，找正后装入滑块轴和相应的密封圈，安装弹簧垫圈、螺栓并把紧。然后装入泄水锥与转轮体组合面上的圆柱销，依次装入弹簧垫圈、并把紧组合螺栓。

以上安装工地结束后，即需准备接力器动作试验，检查操作机构的安装有无憋劲，动作是否灵活。操作动力可采用压力油，也可采用压缩空气，电站根据实际情况自选。试验时由操作油管通入压力油或压缩空气将接力器打至全开，然后撤掉压力油或压缩空气，观其靠自重回复情况。

图5-11 转轮组装图

（19）接力器动作试验检查合格后拆除试验设备，最后如图5-11要求点焊泄水锥与转轮体组合面上的B20圆柱销，将其点焊固定于大半圆侧。

（20）装焊泄水锥护板，并将焊缝打磨光滑。拆掉转轮装配脚手架、支墩，彻底清扫转轮上的油污等。清理转轮翻身工具，安装吊耳于叶片轴和泄水锥上，准备转轮吊装。

5.4.9 转轮吊装

5.4.9.1 转轮吊装前的准备工作

(1) 前提条件之一安装调整增速器,增速器法兰垂直度应不大于 0.02 mm/m。

(2) 前提条件之二,将水导轴承及发电机导轴承、正反推力轴承安装调整基本合格,且轴承高压减载装置已形成。安装转轮接力器行程测量装置,连结发电机端与增速器。

(3) 联结主轴与增速器,调整轴系的中心、水平。调整轴系水平时应综合考虑轴系与转子、转轮等部件连接后主轴、导叶内环等部件的挠度影响。

(4) 将转轮室下半部分清理干净并吊入机坑,并按照相应位置穿入销钉,把紧组合螺栓。将导叶内环延伸段和主轴密封部件吊入机坑,将检修密封座和检修密封盖套装于主轴内,方便后续安装。

(5) 工地自制封板装于叶片轴上以防圆柱销在转轮吊装过程中掉出。

(6) 在机坑内搭建联轴及安装叶片的脚手架。

5.4.9.2 根据转轮起吊重量和起吊高度选择强度和长度合适的钢丝绳。利用钢丝绳分别将吊耳和与吊车主、副钩相连。首先启动副钩将转轮吊起,然后主钩起,副钩降,同时注意控制主、副钩距离,防止钢丝绳刮伤转轮外表面,并尽量避免冲击载荷,最终使转轮翻身并保持其轴线水平。

5.4.9.3 将转轮吊起运到下游侧机坑,下落转轮到机组中心线高程附近调整转轮轴线与机组轴线平行,与主轴中心重合、转轮+Y线与主轴+Y线位于同一轴切面上,转轮法兰面距主轴法兰面约 300 mm。

5.4.10 转轮联轴

(1) 缓慢下落转轮与主轴中心高程一致。将旋套和主轴和转轮两个内操作管的螺纹清洗干净,涂上螺纹锁固胶。先将悬套与转轮内操作管把紧,再与主轴内操作管把紧。将两个操作油管表面及密封槽清洗干净后安装密封圈。

(2) 将主轴法兰面和止口工作面清洗干净,配割、粘界接并套装耐油橡胶圆条。移动转轮,靠近主轴法兰,到主轴止口距离转轮止口约 100 mm 时,根据转轮操作油管与主轴配合孔的错牙情况调整主轴、转轮。

(3) 将联轴螺栓清理干净,按标记对称地将 4 只联轴螺栓装入主轴孔中。移动转轮,靠近主轴法兰,待联轴螺栓能够旋入时,对称、均匀地旋转联轴螺栓,将转轮止口的拉入主轴配合止口直至两法兰面距离在 1~3 mm。精确调整主轴与转轮的装配销孔,将圆柱销清理干净并装入。

(4) 旋转联轴螺栓。一边旋转联轴螺栓,一边用塞尺检查其均匀程度,直至两法兰面接触为止,用带棘轮式液压扭矩扳手将 4 只联轴螺栓对称拧到设计扭矩。

(5) 装入其余联轴螺栓,用普通扳手拧紧螺栓,然后用扭矩扳手依次对称按照扭矩设计要求值把紧扭矩值。联轴螺栓预紧合格后,按图装焊止动垫块及销子。

（6）拆掉转轮翻身工具及起吊吊耳，将泄水锥盖板清理干净，装上 O 型密封圈，装入内六角螺钉并打紧。

5.4.11 转轮试验

（1）在受油器及其重力油箱管路安装合格后，从受油器处进行充油打压进行转轮试验。

（2）作转轮的动作试验。从受油器处进行充油对转轮接力器进行转轮动作试验，使转轮叶片全关、全开动作 10 次左右，观察转轮传动机构灵活性及叶片转动平稳性，监听转轮有无异常声音，检测叶片在全关至全开过程中叶片根部与转轮体、叶片轴密封压环的间隙，测量叶片在转动过程中接力器行程，绘制转轮接力器行程与转轮叶片角度的关系曲线。

（3）作转轮叶片的密封漏油试验。对转轮体充油，历时 16 小时并且每小时动作叶片 2～3 次。测量每只叶片每小时的漏油量，每只叶片每小时的漏油量不得大于 7.5 mL，必要时通过调整密封条的压紧程度来调整叶片密封的漏油量；观察转轮体其余部位，转轮体各部件的连组合面不得漏油。

（4）上述试验合格后，按图用环氧树脂将叶片密封的压环、泄水锥盖板、叶片螺栓盖板螺钉沉孔填满刮平。

（5）用高压油将主轴顶起，转动主轴，依次检查三个转轮叶片与转轮室下段之间的间隙。

5.4.12 受油器的安装

（1）固定座装于水机室内的受油器安装，浮动瓦与瓦座分离，受油器座固定在水机室内座环筋板上，下部用螺栓配销钉形式加固，采用把合面加绝缘垫、绝缘套管的方式保证瓦座绝缘。受油器为分瓣结构，内设浮动瓦和密封，将各腔油路在主轴上分开，各腔油从主轴上进油孔进入操作油管。盘车合格后需要预装，浮动瓦与转轴配合间隙需要现场检查研配，受油器安装工艺程序繁琐。如图 5-12 所示。

（2）清扫、检查受油器浮动瓦和操作油管轴颈的配合尺寸，浮动瓦与操作油管轴颈的配合间隙满足设计要求。

（3）吊装受油器底座，装入浮动瓦压板，并按要求调整底座与转轴同心度（≤0.05 mm），并按厂家要求对底座基础板加固，进行底座预装。

（4）受油器底座找正符合要求后，按底座与基础板之间的实际间隙加工钢垫板，其厚度应考虑绝缘垫板的厚度，留出调整裕度，方便使用垫板调整高度。

（5）安装相关附件后，复测主轴与底座间隙，应符合要求，并钻铰销钉孔，打入绝缘销钉。

（6）拆除受油器底座，依次套入上部分和下部分分瓣受油器以及端盖、甩油环及密封等。

（7）安装受油器底座，联接受油器，并复测浮动瓦与主轴轴向间隙各部位间隙符合设计要求。检查受油器对地绝缘电阻，应符合设计要求。

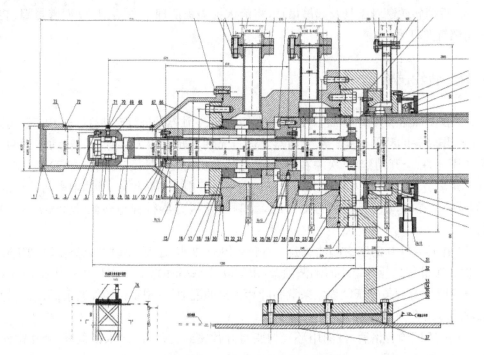

图 5-12　固定座安装于座环侧的受油器

第五节　增速器的安装与调整

5.5.1　主轴齿轮箱联接法兰套装

（1）清理、检查主轴齿轮箱联接法兰所有表面。仔细清理、检查主轴齿轮箱联接法兰与主轴的配合面、主轴齿轮箱联接法兰把合面等,除去其所有表面的油污、毛刺以及局部高点等。

（2）清理、检查与主轴齿轮箱联接法兰配合的主轴段,除去其所有表面的油污、毛刺以及棱角等。

（3）清理、检查主轴齿轮箱联接法兰把紧螺母,除去其表面螺纹表面油污、毛刺、局部高点等,并将其与主轴螺纹段进行研配,要求该螺母应旋转灵活(图 5-13)。

（4）测量主轴齿轮箱联接法兰与主轴之间配合面配合尺寸,核查二者之间的配合尺寸是否与图纸相符。测量时,在主轴齿轮箱联接法兰的上、下部配合面,至少应分别在相互垂直的两个方向上测出其各自内径,同时,测量主轴上相对应位置的外径。

（5）用桥机将主轴齿轮箱联接法兰吊起一定高度,调整齿轮箱联接法兰面的垂直度,其垂直度应不大于 0.05 mm/m。

图 5-13 增速器实物照片

（6）布置主轴齿轮箱联接法兰热套电加热装置，并通电检测其电加热装置是否可靠。

（7）根据主轴齿轮箱联接法兰的过盈量及热套间隙，确定其热套温升、加热器总容量及其加热时间。主轴齿轮箱联接法兰热套加热时，其热套温升应根据主轴齿轮箱联接法兰的过盈量及热套间隙确定，并综合考虑主轴齿轮箱联接法兰热套过程中温度降低等因数。

5.5.2　增速齿轮箱安装

（1）清理、检查增速齿轮箱与水轮机座环的配合面，除去其配合面上的油污、毛刺以及局部高点。

（2）清理、检查增速齿轮箱把合螺杆、螺母、偏心销套以及销钉螺栓，除去其表面的油污、毛刺等，并配对检查其把合螺杆及螺母。

（3）检测水轮机座环增速齿轮箱把合面的垂直度及其圆周波浪度，其垂直度及圆周波浪度应满足增速齿轮箱有关技术要求（图 5-14）。

（4）将增速齿轮箱吊装就位，并用把合螺杆、螺母将增速齿轮箱对称初步把合于水轮机座环上。

（5）检测增速齿轮箱联接法兰面与水轮机转轮中心线的垂直度，其垂直度不应大于 0.02 mm/m；必要时，可采用打磨水轮机座环上增速齿轮箱把合面的方法进行处理（图 5-15）。

（6）由于水轮机侧充水之后调整发电机，仅对工期要求而且需要各个工序之间衔接紧凑。其本质问题在于充水后整个座环和水机主轴会发生变化。其中座环的变化不仅仅影响到增速器和导水机构，而且带到了整台机组轴系调整的各个关键数据。

竖井贯流机中的增速齿轮箱是把合在水轮机座环上，技术要求其把合面与其轴线的垂直度须控制在 0.05 mm 之内。某电站利用 ANSYS 软件对不同工况下水轮机座环进行了分析计算，在最大推力负荷下（最高水头），其把合的座环面变形情况如图 5-16。从

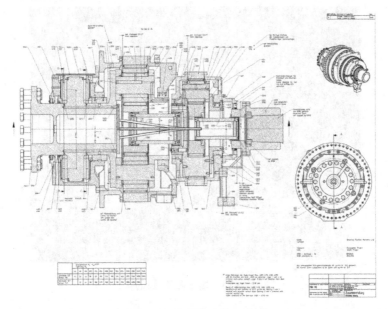

图 5-14　增速器结构示意图

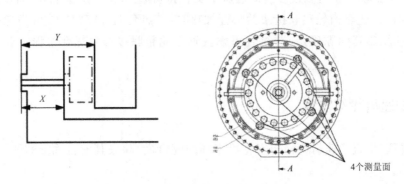

图 5-15　增速器测量孔

图中可见,座环上部和下部在轴向方向的变形量相差 0.546－0.246＝0.30 mm。因此在安装增速器过程中对于增速器的 Y 方向的垂直度控制过程中,应当考虑到 0.30 mm 在座环上游把合面安装裕度,从而弥补座环因为充水而造成的变形,初步解决了因为水轮机安装与发电机安装周期沿长的困局。根据体形分布计算,如图 5-17 各测量分布点所示,其中 B、D 两点要比 A、C 大 0.10 mm 为宜。

　　因此,需要以水轮机转轮中心线为基准,调整增速齿轮箱中心偏差,其中心偏差应满足增速齿轮箱的有关技术要求,并使用深度千分尺测量增速器靠背基础面四个孔深度,用来调整增速器的垂直度。

　　(7) 合格后,对称打紧所有增速齿轮箱把合螺杆,复测增速齿轮箱联接法兰面与水轮机转轮中心线的垂直度,并以水轮机转轮中心线为基准,复查增速齿轮箱中心偏差。

　　(8) 调整增速齿轮箱底角位置,用螺栓将底角与增速齿轮箱把合成一体,并用钢筋将底角进行有效加固,然后,按要求浇注其二期混凝土。

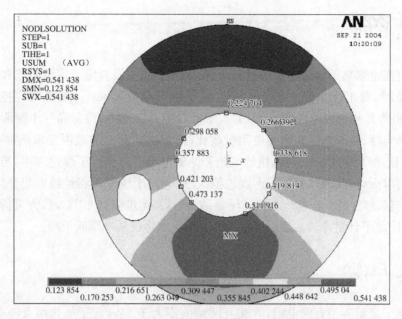

图 5-16　设计水头下某电站座环垂直度变形图

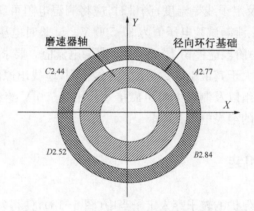

图 5-17　某电站增速器测量点布置图

第六节　发电机安装及轴线调整

5.6.1　转子试验

在安装间对转子磁极悬挂完毕后,测量整个转子磁极的直流电阻以及绝缘电阻,要求转子绕组绝缘电阻测量值不应小于 5 MΩ,否则,应进行干燥。干燥后当转子绕组温度降至室温时,测量转子绕组绝缘电阻以及直流电阻值,按标准进行转子磁极整体交流耐压。

5.6.2　定子干燥

采用直流电加热干燥法对定子进行干燥。干燥前,应设置定子保温措施和温度监控装置。干燥时,其干燥电流一般不应超过定子额定电流的 50％,其温升应控制在 5～8 ℃/h,其最终加热温度应在 75～85 ℃。干燥时温升过程中,应每隔一小时测量并记录线圈的加热温度、绝缘电阻和绝缘电阻吸收比;当温度达到上述范围要求后,应每隔 2～3 h 测量并记录线圈的加热温度、绝缘电阻和绝缘电阻吸收比。干燥过程中,当温度达到上述范围要求后,应及时调整定子干燥电流大小,当定子线圈每相绝缘电阻稳定后,仍需保温 8 h 左右,然后再停止通电加热。干燥结束后,当温度降到 40 ℃时,方可拆除帆布等保温措施,让定子自然冷却。最后用干燥的压缩空气将线圈端部吹干净。

5.6.3　定子试验

测量定子绕组各相直流电阻,其相互间差值不大于 2％,定子加热结束冷却后,按要求用 2 500 V 绝缘摇表测量直流耐压前每相定子绕组的绝缘电阻,并记录下当时的空气相对湿度、环境温度以及定子线棒温度;测量时,应将测温电阻可靠接地。按要求进行定子直流泄漏试验,其直流泄漏试验电压值为 31 500 V。试验时电压按每级 0.5 倍额定电压值分阶段进行升高,每阶段应停留 1 min,读取泄漏电流值。要求在相同的试验电压下,各相泄漏电流的差别不大于其最小读数值的 50％,否则,应找出原因,并将其消除。试验时应将其余两相定子绕组以及测温电阻可靠接地。用 2 500 V 绝缘摇表,按要求测量交流耐压前每相定子绕组的绝缘电阻。

5.6.4　发电机整体组装

使用假轴法将做好保护的转子穿入定子当中(图 5-18),使得发电机组成了整体。在定、转子中间装入限位工具后,将发电机整体吊入竖井内部。就位后,首先进行发电机的初就位,以机组安装高程和轴线水平为简要测量基准,将定转子整体固定在竖井内部。由于定子底板刚度不足,稍微调整受力后即发生变形,因此现场需要增加多个支墩和调整使用的楔子板,并辅以千斤顶在定子底板、两侧轴承座底板下,以便于调整。

5.6.5　发电机整体(包括基础板)吊装

(1) 发电机基础板(包括发电机整体)吊装准备前,全面检查、清理发电机基础板安装位置处的一期混凝土表面,使其表面满足发电机基础板吊装、调整要求。清理各基础板地脚螺母及地脚螺杆上部螺纹段,除去地脚螺栓上部螺纹段的表面保护层,并将配对检查地脚螺栓及螺母。

(2) 复测各地脚螺杆实际分布尺寸是否满足其基础板的正常吊装;必要时,应先对地

图 5-18 转子穿装前示意图

脚螺杆或基础板上的地脚螺杆孔进行处理,以确保基础板吊装就位。

(3) 将发电机整体(包括基础板)运抵安装间,仔细清理、检查定子基础板表面,除去其表面的油污、锈蚀等,并打磨钢板与楔的接触面上的毛刺、高点等,除去两者表面的油污、锈蚀、毛刺、高点等,并配对检查楔的配合面。

(4) 以定子铁芯磁力中心线为基准,按发电机基础图中垫板(包括其配对楔)的具体分布位置,将各垫板(包括其配对楔)安放到位,并按照基础板要求初步调整各垫板间分布尺寸,要求各楔应基本正对于钢板。调整各垫板上楔顶面水平,要求每对楔的顶面水平应不大于 0.05 mm/m,同时,要求每对楔顶面间高程偏差应不大于 ±0.50 mm。

(5) 全面检查桥机、起吊平衡梁等涉及发电机起吊工具的焊缝是否存在裂纹等现象,确保起吊安全。

(6) 将发电机基础板吊装就位。发电机基础板吊装时,要求其吊点必须位于底版挂钩上;吊装过程中,要求整个基础板的水平度不大于 0.05 mm/m,使基础板上的地脚螺栓孔正对其地脚螺杆,以便于基础板顺利吊装就位。

(7) 发电机基础板吊装就位后,用楔子板调整发电机大轴水平,并在大轴轴颈处测量其水平,要求其大轴水平不应大于 0.02 mm/m。

(8) 调整发电机中轴线高程及其定子铁芯磁力中心线。以水轮机转轮中心线为基准,调整定子铁芯磁力中心线,其定子铁芯磁力中心线相对于转子中心线,向前轴承侧偏离约 1 mm;以水轮机转轮中心线实际高程为基准,调整发电机中轴线高程,发电机中轴线高程可参照发电机大轴轴颈的高程确定。合格后,打紧所有楔子板,并将地脚螺杆螺母临时对称把紧。

5.6.6 发电机附件检查与调整

(1) 拆除机组制动装置外罩装配等;拆除过程中,应将上述装配所属的有关零部件按其分类存放,以便于上述部件的回装。

(2)清理、检查的座式滑动轴承,拆除轴承的前、后端盖,并拆除轴承装配所属的有关附件,如轴承挡油圈装配、润滑油管路接头、高压油管路以及轴瓦测温元件及其引线等,以便于轴承装配的整体清理、检查。

(3)拆除座式滑动轴承盖组合螺栓及定位销,用专用吊具将其上轴承盖吊开,并将销拔出。拆除轴瓦组合螺栓,用专用吊具将其上轴瓦吊出;上轴瓦吊出后,应将其平放于平台上,并注意保护好其瓦面及球面。用千斤顶将转子水平轻微托起,使主轴轴颈与下轴瓦间脱开。将转子水平托起时,必须采取措施确保整个转子的稳定性。

(4)全面清理、检查上轴瓦的瓦面、球面及其组合面,除去其表面上的油污、毛刺、局部高点等。将座式滑动轴承的下轴瓦抽出,全面清理检查下轴瓦的瓦面、球面及其组合面,除去其表面上的油污、毛刺、高点等。

(5)按轴瓦有关要求,检查、修刮各轴瓦储油腔。仔细清洗其高压油孔及其连接管路,确保高压油油路畅通,其内无任何异物。

(6)配对检查上、下轴瓦球面及其轴承座球面,要求整个轴瓦球面及轴承座球面的接触面为整个球面的75%左右,且分布均匀;必要时,应对轴瓦球面进行研刮处理,以确保轴瓦球面与轴承座球面间的接触面满足上述要求。

(7)盘动转子,检查下轴瓦与主轴轴颈的接触角,应符合图纸及有关规范要求。在接触角范围内,下轴瓦应与主轴轴颈均匀接触,要求每平方厘米应有1～3个接触点;在接触角外部,主轴轴颈与下轴瓦间的间隙从上到下应呈楔形分布,以利于润滑油进入,从而确保机组旋转时可靠地形成油膜;高压油油室的周边约5 mm宽应全部接触,以免其泄油而降低油压。

(8)采用压铅法检测轴瓦与主轴轴颈之间的瓦间隙,要求当下轴瓦底部与主轴轴颈间隙为0时,其上轴瓦与主轴轴颈顶部的间隙应在0.35～0.557 mm范围之内,同时,两侧间隙应均分匀。采用压铅法进行瓦间隙检测时,将长约30～40 mm的 $\phi 1.0 \sim \phi 1.5$ mm铅丝安放于上轴瓦与主轴轴颈顶部以及上下半轴瓦的接合平面间,用上下半轴瓦把合螺栓将其把紧,然后,松开上下半轴瓦的把合螺栓并取出铅丝,用外径千分尺读取铅丝厚度并计算其实际间隙值(图5-19)。

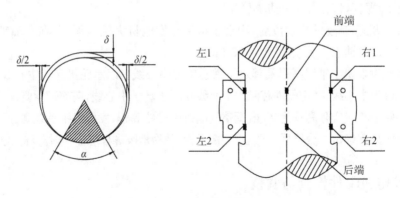

图5-19 轴瓦测量分布

检查记录如表 5-1。

表 5-1 轴承与球瓦间隙测量表

间隙值		测量方位		
		后轴承轴颈	前轴承轴颈	间隙平均值
轴颈顶部	前			
	后			
轴颈左侧	左1			
	左2			
轴颈右侧	右1			
	右2			

（9）检测上轴瓦与上轴承盖之间的间隙，其上轴瓦顶部与主轴轴颈的间隙应控制在0.02～0.04 mm。采用压铅法进行上轴瓦与上轴承盖间的间隙检测时，将长约 30～40 mm 的 $\phi1.0$～$\phi1.5$ mm 铅丝安放位置应位于上轴瓦与上轴承盖间的顶部以及轴承盖接合平面间，用把合螺栓将上下轴承盖把紧，然后，松开上下轴承盖的把合螺栓并取出铅丝，用外径千分尺读取铅丝厚度并计算其实际间隙值。

（10）把紧各部轴承把合螺栓，用 1 000 V 兆欧表测量各轴承绝缘电阻值，其值应不低于 1 MΩ。

5.6.7 热套主轴齿轮箱联接法兰

（1）通电对主轴齿轮箱联接法兰整体进行加热。加热过程中，应在控制加热时间的基础上，将加热器分批逐次投入，同时，应定期测量、记录齿轮箱联接法兰温升及内径。

（2）合格后，按要求迅速将主轴齿轮箱联接法兰套装就位，然后，按图纸有关要求，将螺母把紧，并按图纸有关要求，沿轴颈周向测量螺母端面与前端轴颈中心线的距离。

（3）主轴齿轮箱联接法兰热套后冷却过程中，应采取措施防止其与发电机轴线间发生偏斜；主轴齿轮箱联接法兰冷却后，应复查发电机大轴水平，其大轴水平不应大于0.02 mm/m，检测主轴齿轮箱联接法兰面与发电机大轴的垂直度，其垂直度应不大于0.02 mm/m。

（4）按图纸要求，根据螺母螺孔的位置，在主轴及齿轮箱联接法兰上配钻深度为20 mm 的 2-M12 螺孔，并将锥端紧定螺钉安装就位（图 5-20）。

5.6.8 机组联轴器联轴后调整

（1）全面检查清理联轴器法兰组合面、侧面及其背面，除去其表面锈蚀、毛刺、局部高点等，并检查联轴器法兰的端面跳动量，其端面跳动量应不大于 0.02 mm。

（2）利用定子机座楔子板调整发电机大轴水平，在转子两侧轴承轴颈位置检测，其水

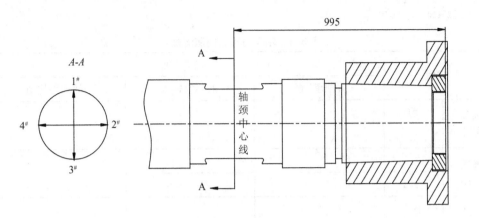

图 5-20 热套后检测示意图

平不得大于 0.02 mm/m。

（3）采用转子旋转法检查，调整定转子上、下端空气气隙。每个磁极的间隙值应取 4 次（每旋转 90°测量一次）测量值的算术平均值，各磁极间隙值与平均间隙值之差不应超过平均间隙的 ±8%。

（4）利用直尺与塞尺初步检查联轴器法兰的径向及轴向间隙。必要时，可利用定子机座楔子板调整发电机大轴中心高程，并采用将定子机座左右位移的方法初调联轴器法兰的轴向间隙。

（5）联轴器法兰径向及轴向间隙测量在联轴器法兰的 +Y、-Y 方位各设置一块千分表，用于测量联轴器法兰轴向偏差，要求各千分表表头应与所测量部位的表面垂直（图 5-21）。

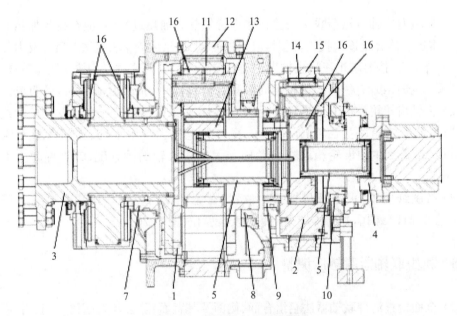

图 5-21 联接状态下的增速器

(6) 在联轴器法兰+Y方位设置一块千分表,用于测量联轴器法兰径向偏差,要求各千分表表头应与所测量部位的表面垂直。

(7) 用高压油顶起系统将顶起发电机大轴一次,将所有千分表对零,按机组旋转的方向,在保证两联轴器法兰不得有相对角位移的情况下,同时顺序转动联轴器法兰,在其0°、90°、180°、270°四个位置,读取各千分表读数。

(8) 根据各部位测点千分表读数,计算出联轴器法兰径向偏差(Ax、Ay)及轴向偏差(Bx、By)。

其中:联轴器径向水平偏差 $Ax=(a2-a4)/2$

联轴器径向垂直偏差 $Ay=(a1-a3)/2$

联轴器径向垂直偏差 $Bx=(b12+b22)/4-(b14+b24)/4$

联轴器径向垂直偏差 $By=(b11+b21)/4-(b13+b23)/4$

(9) 联轴器法兰的同心度调整

根据联轴器法兰径向偏差(Ax、Ay)和轴向偏差(Bx、By),计算出定子机座在各轴承位置处的高程增减值以及左右位移值;必要时,联轴器法兰的同心度也可通过调整传动端的轴承高度和左右位置来消除轴线的径向偏差,通过调整前轴承高度和左右位置来消除轴线的轴向倾斜,但轴线调整不得使气隙发生变化。其计算公式如下:

后轴承处机座高程增减值:$\triangle Hy1=(L1\times By)/R+Ay$

后轴承处机座左右位移值:$\triangle Hx1=(L1\times Bx)/R+Ax$

前轴承处机座高程增减值:$\triangle Hy2=(L2\times By)/R+Ay$

前轴承处机座左右位移值:$\triangle Hx2=(L2\times Bx)/R+Ax$

(10) 调整联轴器法兰同心度,其轴向间隙偏差应不大于0.03 mm,径向间隙偏差应不大于0.02 mm。联轴器法兰同心度调整合格后,按联轴器有关要求用联轴螺栓进行联轴器联接(图5-22)。

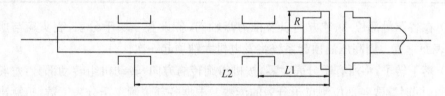

图 5-22 联轴法兰实测图

5.6.9 机组轴线检查

(1) 检查转动部分是否处在中心位置、大轴是否水平、镜板应是否垂直。沿机组轴系分别在集电环、各轴颈、联轴器法兰、推力盘和水导轴承滑转子处,将其圆周分成8等份,并分别按反时针方向从1~8进行编号,要求各部位所对应的同一编号,应位于同一轴截面的同一方位,同时计算对应180°方向的差值。摆度检测记录表见表5-2。

表 5-2　摆度检测记录表

部位		摆度计算			
		1～5	2～6	3～7	4～8
集电环上环	+X				
	+Y				
集电环下环	+X				
	+Y				
前轴承轴颈	+X				
	+Y				
后轴承轴颈	+X				
	+Y				
发电机联轴器上游侧法兰	+X				
	+Y				
发电机联轴器上游侧法兰	+X				
	+Y				
水轮机联轴器上游侧法兰	+X				
	+Y				
水轮机联轴器下游侧法兰	+X				
	+Y				
水导轴颈	+X				
	+Y				

（2）在各测量部位 X、Y 方向以及推力盘轴向，各设置一块千分表，表头应与所测量部位的表面垂直。用高压油顶起系统将发电机大轴顶起一次。

（3）落下转子，将所有千分表对零，按机组旋转的方向，转动机组转动部分，每转到一个等分点，同时读取各部位测点千分表的读数。根据各部位测点千分表读数，折算出机组各测量部位的摆度值，应达到 GB/T 8564—2003 的规定。

（4）待各项数据满足设计要求后，将发电机进行加固，然后进行发电机的二期混凝土的浇注。在浇注过程中进行监视。混凝土到保养期后再进行盘车检查和微调满足要求后方可联轴做下一步工作。对分瓣轴承安装定位销钉、轴承座安装限位销钉、安装挡风罩、碳刷架等。

5.6.10　竖井贯流机组对于轴系调整的思考

由于整个轴系有三段独立的轴连接而成，且在连接后在各处均承载不同荷载，整个主轴势必会造成挠度的变形。而其中各分段轴在安装前已与导轴承研磨完毕，形成了手动的有效配合,因此整个挠度的产生,不仅仅作用于轴系的不平衡,更加对轴与轴承、旋转部件与固定部件的间隙、摆度、同心度均造成了深远的影响。根据技术数据,分别对分段轴系进行了受力分析,如图 5-23、图 5-24 所示。

从而发现各段导轴承处的变化并非按照原有设计一样为理论直线,而导轴承处的轴承座受力情况也不尽相同,因此在安装间进行发电机整体预装时优先考虑两侧导轴承的水平度以及轴承座的垂直度。

当缺少埋设的基础底板、基础螺栓没有顶起备帽或者底座刚度不足,二期混凝土浇注位置不均匀,混凝土的标号和特性等,均不同程度妨碍了发电机侧安装和调整,定子底座下方浇注的混凝土造成了定子的偏移以及两侧轴承座的下陷。实际施工过程中,混凝土过了保养期后必须要新调整和复测。

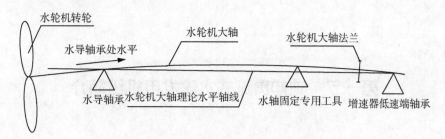

图 5-23　机侧轴系受力分布图

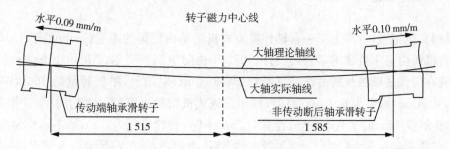

图 5-24　侧轴系受力分布图

第六章

轴伸贯流式水轮发电机组安装技术

第一节　轴伸贯流式水轮发电机组简介

6.1.1　机组概述

根据文献记载,世界上第一台轴伸贯流式机组是由德国的库尼(Kuhne)于 1930 年发明,首台机组由瑞士爱舍维斯公司设计,1952 年由阿里斯查密尔(Allis Chaimers)公司制造,安装在美国密歇根州的劳沃波恩特(Lower Paint)电站上,单机容量为 166 kW,转轮直径为 0.76 m,水头为 6.1 m。目前,轴伸贯流式机组单机容量最大的为 1965 年美国投产的奥尔卡(Ozark)水电站,单机容量为 25.2 MW,转轮直径为 8 m,额定水头为 9.8 m。我国目前单机容量最大的为 1999 年投产的 SXK 水电站,单机容量为 3.5 MW,转轮直径为 1.85 m,水头 22 m。这种贯流式水轮发电机组基本上采用卧式布置,水流基本上沿轴向流经叶片的进出口,出叶片后,经弯形(或称 S 形)尾水管流出,水轮机卧式轴穿出尾水管与发电机大轴连接,发电机水平布置在厂房内。

轴伸贯流式机组按主轴布置的方式可分成前轴伸、后轴伸和斜轴伸等几种。这种贯流式机组与轴流式相比没有蜗壳、肘形尾水管,土建工程量小,发电机敞开布置,易于检修、运行和维护。但这种机组由于采用直弯尾水管,尾水能量回收效率较低,机组容量大时不仅效率差,而且轴线较长,轴封困难,厂房噪音大,这些都将给运行检修带来不便。

此类水轮发电机组与灯泡贯流式机组显著不同在于,该机型发电机移出灯泡体,露在水轮机外,还可采用各种形式的增速装置。由于可采用常规发电机,中小型机组经济性显著。在中小型水力资源的开发中,轴伸贯流比灯泡贯流投资少、经济性好,在安装、使用、维修、保养上比灯泡贯流方便,在性能方面也和灯泡贯流机接近。

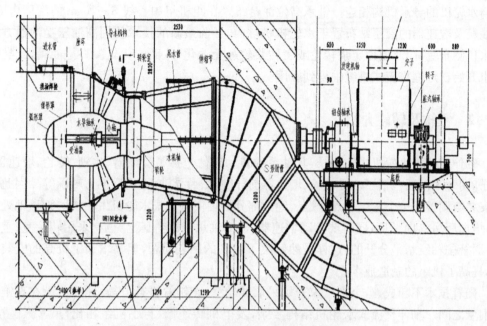

图 6-1 轴伸贯流式水轮发电机组结构图

如图 6-1 所示,水轮机主轴从肘管中水平穿过后与发电机轴联接,两轴之间设置过渡法兰,便于拆装。发电机和水轮机轴承共用一个供油系统,集中供油。为保证机组运行稳定,发电机机坑底部距流道有足够距离。轴伸贯流水轮机组,流道呈轴向布置,水流从上游流道沿水轮机轴轴向流向转轮,并流入尾水管,然后流入 S 形尾水肘管从发电机正下方流出。上游来水,以尽可能少的水力损失、均匀地引入锥形导水机构,形成理想的流量进入转轮室,然后高效地将水的势能转化为水轮机的机械能,通过水轮机轴和发电机轴使发电机转子转动,将机械能转化为电能。

水流从进水管引入,经导水机构、转轮、尾水管排至尾水渠道。转轮室后的肘管成 S 形,水轮机主轴从肘管中水平穿过后通过增速器与常规发电机联结。水轮发电机组设 2 导 1 推共 3 个轴承,其中水轮机侧设有 2 个轴承。水轮机径向轴承布置于固定支座内,径向推力轴承布置于肘管密封座与增速器间的厂房地板上;发电机的径向轴承布置于转子的下游侧。发电机和水轮机轴承共用一个供油系统,集中供油。为保证机组的运行稳定,发电机机坑底部距流道有足够的距离。

轴伸贯流水轮机是水平轴向布置的,没有蜗壳,流道也是轴向的,水流平行于水轮机轴流向转轮,可以把导水机构布置在靠近转轮叶片的位置上,从而充分控制转轮入口处的水流条件,使转轮具有更佳的抗气蚀性能。导水机构采用锥形布置,16 只导叶成圆锥状布置在内外配水环之间,其锥角为 65°。考虑机组运行的稳定性,进水管的座环与尾水管大部分埋入混凝土中。水轮机进水管顶部开有方形孔,以供装卸灯泡体内工件时使用。对于流道内的水轮机部分设有 4 根固定支柱,其中上支柱是油、气、水管路的入口,下支柱是排水管、排油管的出口,并且水轮机流道内的零部件重量以及动载荷通过固定支柱传递到基础上。调速器与油压装置分开布置,设置于水轮机上游侧,通过操作油管、反馈钢丝绳与水轮机的导水机构相连。轴承高位油箱布置在距机组中心线 8～10 m 的副厂房内，回油箱及增速器的液压站布置于水轮机机坑内，目前最新的技术使用高油压受油器方便在水机侧布置，同时使用定浆转轮或者转浆轮毂无油化，从而取代轮毂高位油箱，此类技术也开始在灯泡贯流式机组中得到应用。

6.1.2　主轴及转轮介绍

轴伸贯流式水轮机主轴特长，其轴系的转动部件包括了受油器、主轴、转轮、增速器、转子，同时附件还包括了水导轴承、增速器前导轴承、后导轴承、正反推力轴承等。因此轴系安装与调整是一个重点难点问题。绝大部分的轴伸贯流式水轮机主轴从肘管出轴处拉出，增加厂房纵向长度，同时要移动增速器、推力轴承、发电机等。也有采用转轮室、直锥管、肘管按轴线水平分开的，这样虽然解决了主轴的吊装问题，但又增加了机壳的安装麻烦，提高了机组的制造成本。

随着技术不断成熟，个别厂家开始采取转轮室、直锥管进行分瓣，伸缩节设在直锥管与肘管之间。轴伸贯流式水轮机结构复杂，发电机转速低，与小机组相比，尺寸大、重量重，故要求水轮机拆装时不移动发电机。为此，在两轴之间设置分半过渡法兰，就能很方便地单独拆装、维护水轮机或发电机。水轮机主轴与发电机大轴之间设联接法兰或者增速器轴联接，在拆卸转轮及主轴时，可以不移动其他部件而达到拆卸目的，主轴及转轮可以直接从分瓣转轮室、直锥管处吊装。

轴伸贯流水轮机转轮参数选择与灯泡贯流式、轴流式机组转轮不同。S 形尾水管限制过大的流量通过，水流能量转换不充分引起水力效率下降。选择叶栅稠密度较小值的转轮，使其具有大的过流能力和高的单位转速。轴伸贯流水轮机转轮采用周边叶栅稠密度较小，而靠近轮毂处叶栅稠密度较大，叶片平均稠密度也较大，叶片进出水边均为曲线。叶片相对的扭角较灯泡转轮稍小，这样选择参数设计出的转轮具有优良的能量和抗气蚀特性（图 6-2）。

图 6-2　轴伸贯流式水轮机

转桨式轴伸贯流式水轮机,其转轮的转桨机构为带操作架的直连杆机构。桨叶回复机构设在受油器上,通过扇形板和钢丝绳将机械运动输出。转轮叶片的密封采用多层"V""X""Y"橡胶。为便于转轮安装,转轮泄水锥分为上下两部分。转桨式轴伸贯流式水轮机支撑方式与定桨式相同,均为两支点支撑。由于主轴长、跨距大,为增加主轴刚度,减轻主轴重量,主轴采用空心锻件,或采用厚壁无缝钢管、焊接法兰结构。根据轴伸贯流式水轮机的特点,其支撑位置、主轴直径和内孔尺寸应经多方案优选而定。随着轮毂无油化的推进,轴伸贯流机组的转轮体将进一步缩小轮毂比,将重新调整相关参数,无油化改造可参考后续章节。

6.1.3 导水机构

轴伸贯流式机组的导水机构设置与灯泡贯流式机组相似,采用锥形布置,16 只导叶成圆锥状布置在内外配水环之间,其锥角为 65°,导叶采用二支点结构,整体采用铸钢铸造。导叶翼型为空间扭曲型线,上、下轴承近年来通常采用钢背聚甲醛轴头自润滑材料轴承。导叶轴头密封处在原有双密封结构基础上逐步采用热套不锈钢或镀铬保护等措施,以防锈蚀影响密封圈的性能。导叶密封采用"Y"形加"O"形密封,导叶短轴设在导叶内环上,与导叶内环轴孔配合,以便于安装。导叶轴与导叶臂采用圆柱销或者键传递转矩。导叶立面采用金属密封,头尾部可根据需要在密合面堆焊不锈钢。用金属密封作为立面密封,结构简单方便,加工制作能完全保证密封的严密性,同时贯流机组水头低、渗漏不大,金属密封形式也便于导水机构的安装与调整。导叶上、下端面间隙的调整是通过导叶轴端的螺栓及调整垫环厚度来实现的,在关闭状态下其端面总间隙和立面局部间隙在1/4导叶高度范围均需要满足设计要求,以能保证漏水量小,又能保证机构的运作灵活。16 个导叶分别装有剪断销或者拉断销及信号器,当导叶之间有异物时剪断销剪断并发出信号,以保护其他零件不受损害。由于贯流式机组的导水机构呈锥形布置,连板的运行是空间立体运动,剪断销的受力复杂,有剪切力,还有一定的扭矩,很容易发生剪断,目前已经取代了原有弹簧连杆式的设计。

随着新材料的应用,在导叶密封面喷涂防腐、耐磨的复合密封材料也在增多,有着良好的发展前景。导水机构外环斜向均布着 16 个穿孔,用以装设导叶的上支点。外导环为薄壳焊接件,刚性差,为了增大导水机构的整体刚度,在结构设计上适当地布置环向或纵向筋板是必要的。但为解决整体吊装的变形给安装带来的麻烦,采用厂家设计专用的整体吊装,同时做好翻身定位支撑工具和缓冲等工作,以防止设备的翻身吊装变形。控制环为滚动摩擦环轴承结构。在控制环的滑动面上设有钢球,可减少钢球之间的摩擦,使控制环具有小的摩擦力矩,保证控制环动作灵活。控制环的安装平面度和翻身后的垂直度均需要检查,一旦超标则会影响到今后钢球的使用寿命以及开关机动作。

作为传统接力器,考虑到轴伸贯流式机组水头不高,扭矩不大,使用双接力器 4.0 MPa或者 6.3 MPa 垂直布置,后期由于厂房基坑空间问题,逐步选用 45°布置或者使用 12 MPa单一接力器布置。控制环采用了单耳孔、单导叶接力器的结构,这种系统结构紧凑,布置清晰,安装调试方便。导水机构控制环大耳孔与接力器推拉杆相连,小孔与导叶连板的叉头铰接。另外,控制环上还设有装回复钢丝的圆槽。控制环在接力器的作用下作圆周往复运动时,带动连板,连板再将操作力传递给与之铰接的导叶臂,从而实现对导叶的控制。

在机组停机时,需对导水机构进行锁锭,该功能由接力器实现。锁锭有两方面的内容,即从原理上对控制油管路进行锁锭和从机构上对接力器推拉杆进行硬锁锭。接力器设计时无自动锁锭,只在导叶全关位置设有人工锁锭,这是一道十分可靠的防护措施。

6.1.4 主轴各密封简介

与灯泡贯流式机组不同,轴伸贯流式机组的轴承密封共分三道,水轮机侧有三道分别是:第一道为梳齿密封或者迷宫密封,第二道为工作密封,第三道为检修密封,防止水自转轮室内进入到水导轴承侧和受油器侧,而在主轴与增速器联接处伸出尾水管处增加了一道工作密封,防止水从尾水管进入增速箱侧。

水机侧迷宫密封或者梳齿密封主要起降压和防止大型杂质进入,对工作密封起保护减量作用。为减小磨损,梳齿密封采用不锈钢材料或者高分子橡胶材料制成。通常情况下,水机工作密封采用水压活塞式密封,密封环采用性能好的中硬橡胶。可储存润滑水,利于接触面润滑;密封活塞上布置大小合适的进水孔,以使活塞上腔与内腔形成适量的压差;使用寿命长,安装、调整、维护方便。为了保证活塞自由运动,在安装时,应使活塞与活塞体之间需要达到设计间隙。

检修密封是机组停机使用的,它根据机组的大小分别采用填料密封或空气围带密封。采用填料密封时,填料由多股碳纤维丝呈人字形编织而成,断面呈方形,容易浸渍润滑剂,对轴的振动和偏心有浮动弹性,致密性好,能满足主轴密封对填料的性能要求,同时工作部分的轴颈表面粗糙度要求较高。采用空气围带,在机组正常时,围带不充压缩空气呈自由状态,与小轴圆柱面满足设计间隙要求;停机时,围带充以压缩空气,膨胀抱住小轴密封面,起到密封作用。空气围带只在机组停机时使用,因此对轴颈的表面粗糙度要求要低些。

此外,在主轴密封投入使用过程中,为了确保密封的安全可靠,需对漏出的水作有效处理。因此在检修密封位置之后,设计时在转动部分设置甩水环,尾水罩上设集水管,甩水环将漏出的水封住并通过离心力作用甩入尾水罩内,通过尾水罩上的采水管排出。通过采用以上措施,可以有效防止主轴密封漏水进入水导轴承侧和增速器侧。

6.1.5 增速器及轴承布置

由于贯流式机组转速不高,不采用增速器将不会有对应的电机匹配,这将直接影响到电机的造价,通过竖井贯流式机组的结构可以看出,使用增速器后的发电机体积变小,空间缩减,极大地方便了投产使用和运行维护,有利于低水头水力资源开发投资的积极性。因此,为了提高发电机的单机容量,缩小体积,降低成本,应当优先采用加增速器方案。在带增速器的机组中,增速比及所传递的功率较大。通常轴伸贯流水轮机组常采用行星齿轮增速器,而非大型竖井贯流机组中采用多组太阳轮和行星轮联合使用的方式。行星齿轮增速器的增速比一般较大,采用独立的供油系统、冷却系统、用电系统。发电机与增速器采用柱销联轴器或者齿轮联轴器连接,为了减小运行环境噪音污染,柱销结构逐步代替了原有齿轮联轴器结构。由于柱销在传递力矩时会发生弹性变形,从而产生附加的轴向推力,且其轴向位移量较大。同时附加上下游正向方向推力轴承结构,防止轴向窜动对径向瓦的影响。

6.1.6 发电机结构简介

轴伸贯流式水轮发电机一般放置在增速器下游侧厂房地面上,按照常规卧式水轮发电机布置,发电机的基础不能按卧式水轮发电机的方式布置设计,一般选取较大的铁芯外径,以便选用较多的定子槽数,这样将使发电机具有高而短的外形,引起发电机铁芯内圆产生较大的变形,从而形成较大的气隙椭圆度,气隙形状随之发生改变,目前采用在线监测技术,可以过程监控气隙,弥补了运行测量的弊端。

过小的铁芯外径将导致转子散热困难,需要对电机的铁芯温度进行监控跟踪。发电机通风系统常采用管道式通风冷却。由于发电机位于流道的正上方,其底部通常不能放置通风管,而改为顶部出风,抽风机置于风管穿墙孔内。由于发电机转速低,运行时提供的风压及风量均较小,且极间距较小,过风面较窄流阻较大,风压降较常规机组大许多。为保证发电机散热对风量及风速的要求,风路流道设计应尽量畅通,不留死角,防止局部放置增大风阻的零部件,如极间连线宜引至磁轭端面而不放置于风路上;适当增大风叶尺寸、角度,以增加风动压头;流道过渡部应圆滑,减小尖角等。除此之外,宜选用具有较高压头及较大风量的风机。

第二节 安装技术及工序

6.2.1 安装技术要求

(1)水轮机和有关附属设备安装、调试、启动试运行必须在设备制造厂的安装指导人员的指导下进行,安装、调试、试运行的方法、程序和要求均应符合制造厂提供的技术文件的规定,如有变更或修改必须得到安装指导人员的书面通知后才能进行,除制造厂有规定的要求外,其余的安装要求按《水轮发电机组安装技术规范》(GB/T 8564—2003)执行。

(2)设备到货后,应对设备进行开箱检查、清点,查看是否有缺件或损坏,并做好记录,安装前应将设备清扫干净。

(3)对重要部件的尺寸、制造允许偏差进行复核,检查结果应符合设计要求,不符合要求时不允许安装。

(4)安装所使用的材料应符合要求,对重要部件的重要材料必须有检验和出厂合格证。

（5）水轮机设备配套的辅助设备、自动化元件、仪表等必须有产品说明书和出厂检验合格证。

（6）埋设部件与混凝土的结合面，应无油垢和严重锈蚀，混凝土与埋件的结合面密实，不得有空隙。

（7）机组安装中所需的安装、吊运用锚件、加固件的设计、制造、埋设时应不构成对水工结构的损坏，并有记录。

（8）调整用的楔子板应成对使用。搭接长度在 2/3 以上。

（9）各连接部件的销钉、螺栓、螺母应按设计要求进行锁定或点焊牢固。有预应力要求的螺栓，其伸长值和连接方法应符合设计要求。基础螺栓、千斤顶、接紧器、楔子板、基础板均应点焊牢固。

（10）组合面的水平度和垂直度应符合设计要求，不允许在组合面之间用加垫的方法达到要求。

6.2.2　一般规定

（1）施工场地应进行统一规划。设备的运输、保管应按"水轮发电机安装、运输、保管条件"执行。在施工现场放置设备，应考虑放置场地的允许承载能力。

（2）按现场条件选择设备吊装方法并拟定大件吊装技术措施。

（3）机组安装所用的材料，必须符合图纸规定，对重点部位的主要材料必须有出厂合格证，如无出厂合格证或对质量有怀疑应予复验，符合要求后方准使用。

（4）凡参加主焊缝焊接的焊工应按规程、规范的规定考试合格。焊接施工工艺，如制造厂无特殊规定，应遵照有关的工艺方法。焊接时接地线应接到被焊部位上，不得利用接地网或建筑内预埋钢件作连接体。

（5）对设备组合面应用刀形样板尺检查无高点、毛刺，合缝间隙应符合 GB/T 8564—2003 中的要求。

（6）对设备部件应进行全面细致的清扫检查，对精加工面上防护油脂应用软质工具刮去油脂，不允许用金属刮刀、钢丝刷之类工具进行清除工作，零部件加工面上的防锈漆，一般使用脱漆剂之类的溶剂清除。对重要部件的主要尺寸及配合公差应进行校核，制造厂保证的整体组件可不解体清扫检查。

（7）对设备各部位密封槽应按图纸尺寸校核，用于油系统的橡胶密封条应进行耐油性能鉴定。密封条对接口不应大于 0.1 mm，对口黏接强度可用拉伸和扭转方法检查。

（8）各部连接螺孔安装前应用相应的丝锥攻丝一次，各部位的螺钉、螺母、销钉均应按设计要求锁定或点焊固定。

（9）设置合适数量的牢固、明显和便于测量的安装轴线，高程基准点和平面控制点，误码率差不应超过±0.5 mm。

6.2.3 轴伸贯流式水轮机组安装工序

6.2.3.1 改进后的安装工序(图 6-3)

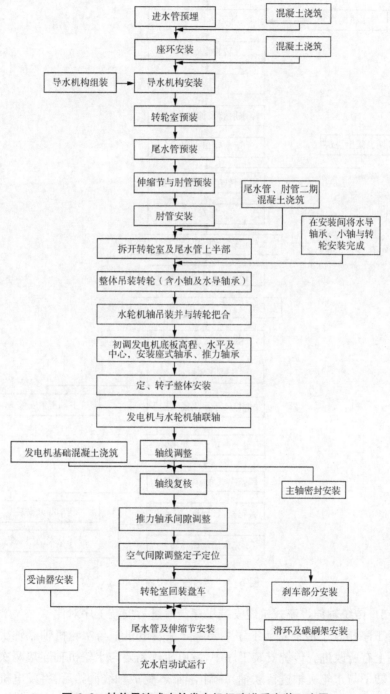

图 6-3 轴伸贯流式水轮发电机组改进后安装工序图

6.2.3.2 传统轴伸贯流式机组安装工序(图 6-4)

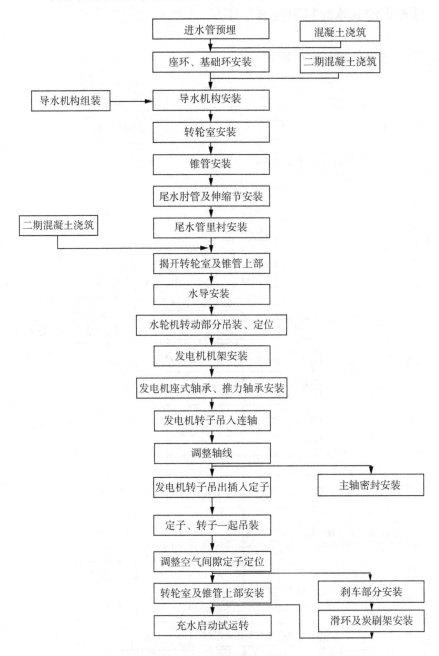

图 6-4 传统安装工序图

6.2.3.3 传统轴伸贯流式机组安装工序与改进后安装工序对比

改进后工序相较于传统安装工序主要差异在发电机轴与水轮机轴联轴次数和定、转子安装工序上有所改进。传统安装工序中,发电机轴需要与水轮机轴连接两次,第一次仅吊装发电机转子与水轮机轴进行联轴,并调整轴线,完成轴线调整后,将发电机转子吊出,插入发电机定子后再整体进行吊装,因此发电机转子吊装两次,吊装工序复杂,此工序不仅增加了工作量、工期,而且发电机轴与水轮机轴两次联轴不能确保联轴后轴线调整结果不发生变化,轴线调整结果易发生变化。改进后工序针对传统工艺的不足进行合理改进,改进后工序中水轮机轴安装就位后,对发电机底板和轴承进行初调,并初步进行固定,在安装间将转子插入定子,并做好必要防护后,将定、转子整体吊装就位,然后进行轴线调整,待轴线调整合格后,对发电机底板进行最终固定,并移交土建单位浇筑二期混凝土。改进后工序不仅缩短了安装工期,简化了安装工序,而且保证了轴线调整的可靠性,大大地提高了安装效率和安装质量。

第三节　主要设备部件安装

6.3.1　进水管预埋安装

进水管为水轮发电机组第一项进行安装的预埋件,在安装前,先进行机组的中心轴线及进水管法兰面安装基准线的放样及复核,确认准确无误。根据校核过的机组中心轴线和转轮中心线标出安装控制基准点,进水管控制基准点设置完成。

施工中的设备、工器具及材料已准备就绪。施工前技术人员必须认真仔细熟悉有关图纸及资料,并负责向施工人员进行详细的技术交底。同时实施人员编写好施工组织设计,制定合理的安装方案、安全措施和质量保证措施(图 6-5)。

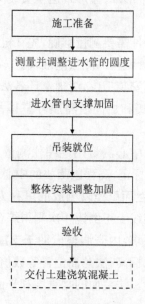

图 6-5　进水管安装程序图

进水管由于外形尺寸较大,因此现场拼装后或者整体到位安装前先测量并调整进水管的圆度,合格后在进水管内加设足够的支撑。安装时用单小车双梁桥式起重机吊装就位,需要时可考虑另加滑车及卷扬机拖拉就位。进水管整体调整时,用经纬仪及水平仪测量进水管下游法兰中心、高程及里程,使之符合厂家和设计图纸的要求及水轮发电机组安装技术规范国家标准的要求。

按要求进行整体固定,以保证在混凝土浇筑过程中进水管不产生超出范围的变形,在混凝土浇筑过程中对进水管进行监测(表 6-1)。

表 6-1　进水管安装质量控制点及控制措施及控制措施

序号	质量控制点	控制内容	控制措施	控制依据	控制见证
1	进水管	进水管下游法兰中心及高程;法兰与转轮中心线之距离;法兰垂直度及水平度	用水准仪、经纬仪及挂钢琴线测量;用内部支撑加固防止变形;安装调整合格后设置足够的加固用基础埋件	厂家设计标准 GB/T 8564—2003	安装记录质量签证

6.3.2　座环安装

座环位于进水管下游侧,由分瓣构成,上下用固定导叶支撑。是油、气、水管路的入口,水平方向有两个辅助支撑。水轮机流道内零部件重量以及动载荷通过座环传递到基础上,座环是机组安装的基准,安装精度要求较高。因此,对座环安装作好充分准备,确保安全顺利地完成安装。将座环、锥形罩、弧形罩运至安装间,完成进水管下游法兰面高程、中心复测和引线。

座环安装前,基准点、基础埋件需要测量准确,先在机坑预埋基准点埋件,机组埋件前放出机组中心线、转轮中心线及管型座的测量基准线。

将座环各部件转运至安装间安装工位,清理座环各法兰面,首先将座环各部件拼装完成,再将外环进行拼装。完成焊接和加固后将座环整体吊装,座环吊装到位后进行初步固定。

座环调整,按以下步骤进行:中心测量用经纬仪测量,按基准中心线测量内壳及前锥体法兰面上厂的 $Y-Y$ 线中心标记;高程以测放的中心高程为基准,测量座环内环体下游法兰面组合缝处 $X-X$ 线;法兰面里程以测放的里程为基准,用钢卷尺测量;法兰面波浪度测量将经纬仪立在测量基准线上正倒镜 4 次测得综合值,中心、方位、高程、法兰面波浪度均要满足厂家要求和规范要求,内壳调整借助于支撑柱处的油压千斤顶及楔字板等工具进行,每次调整均记录中心、标高、法兰面位置等数值。前锥体调整用调整钢管、中心定位工具及调整螺栓等工具进行。法兰面的垂直度和平面度可用经纬仪或拉钢琴线的方法测量。

调整完毕即进行支撑、加固件的焊接固定,焊接固定时注意控制变形,同时监测管型座法兰面的变化。随后进行座环内外环支撑杆、支撑架的安装及加固,防止混凝土浇筑时发生变形。

6.3.2.1 轴伸贯流式机组座环安装程序(图 6-6)

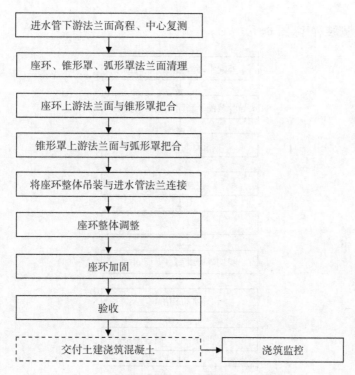

图 6-6 轴伸贯流式机组座环安装程序图

6.3.2.2 质量控制点及控制措施(表 6-2)

表 6-2 座环安装质量控制点

序号	项　目	允许偏差范围	说　明
1	方位及高程	±2.0	(1)上、下游法兰水平标记的高程; (2)部件上 X、Y 标记与相应基准线之距离
2	法兰与转轮中心线距离	±2.0	测上、下、左、右 4 点
3	最大尺寸法兰面垂直平面度	0.8	
4	圆度	1.0	
5	下游侧内、外法兰间距离	0.6	

6.3.3 导水机构安装

6.3.3.1 结构简介

轴伸贯流机组导水机构与其他贯流式机组相类似,均由内、外配水环、导叶、导叶轴承、导叶控制环、重锤及连杆拐臂等组成。导水机构有 16 个活动导叶,采用 ZG230－450 整铸。在导叶内环上装有导叶短轴,与导叶内环轴孔配合,导叶轴孔内压有 SF－2

钢复合材料轴套,用水润滑,上下轴套材质相同,上轴套压在导叶套筒内。控制环为滚动摩擦球轴承结构,在控制环与外环之间装有 $\varphi25$ 钢球,以使控制环具有小的摩擦力矩。

6.3.3.2 安装程序(图 6-7)

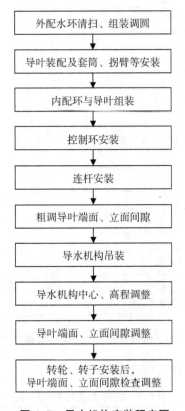

图 6-7 导水机构安装程序图

6.3.3.3 现场布置

对于大型分瓣部件(内配水环、外配水环、控制环),根据施工进度的要求,用厂房桥机转移到安装工位。导水机构组装前,将外配水环运至安装间,进行清扫检查;在导水机构组装场地布置 8 个外配水环组装支墩,支墩高度按能满足导叶顺利插入而不与内配水环相碰来确定。

对于小型部件(如活动导叶、拐臂、连杆、导叶密封、各种螺栓/销钉等),按照图纸要求,完成设备清扫、测量和检查工作,然后用原包装或自制包装加以保护。根据施工进度,用厂房桥机吊运到相应机组段进行安装。

6.3.3.4 导水机构组装

将外配水环运至安装间,进行清扫检查后,吊装在支墩上后调整高度一致后,再将内配水环运到安装场后,清扫、检查各组合法兰面及螺孔、密封等;各加工面涂润滑脂予以保护,而后将内配水环大口朝下吊放在组装位置中心处;将清扫、检查合格的外配水环一半大口朝下吊放于支墩上,用支墩上的楔形板调整水平至 0.10 mm 以内;用桥机吊装另一半外配水环,用链式葫芦调整水平后与支墩上的一半配水环组合,组合前组合面按设计要求涂密封胶,打入定位销钉,对称、分次拧紧组合面螺栓至设计值。组合后调整法兰面水平,检查组合缝间隙、错牙等各项指标,应符合设计要求;检查调速环滚珠槽,组合处不得有错牙;组合后其间隙 0.05 mm 塞尺检查不能通过,上下游法兰面应无错位现象。

清扫外轴套和外配水环上的轴套孔,检查各配合尺寸、密封渗漏排水孔等符合设计要求后,按制造厂编号装配外轴套,轴套与轴套孔的配合面应涂一薄层白铅油,密封槽装入"O"型密封圈;装配锥形活动导叶,采用链条葫芦的两吊点起吊方式插装导叶,在导叶轴颈处涂二硫化钼润滑脂,在导叶端部和外配水环间垫入稍厚于设计端面间隙长约 100～150 mm 的金属垫片,用链式葫芦将导叶向外配水环拉靠;安装密封环、球轴承、压环、拐臂和导叶端盖等,然后松掉临时链式葫芦,使导叶处于悬臂状态。

用桥机吊起内配水环,通过千斤顶、支墩和楔形板等调整内、外配水环之同心,销轴孔与导叶轴承孔对准,内、外配水环法兰面轴向距离应符合设计要求,将内配水环临时固定;取掉导叶与外配水环间的垫片,用桥机小钩或千斤顶等调整导叶小端,装上导叶销轴;各密封槽装"O"型密封圈,其配合面涂一薄层白铅油。

初步调整导叶端面间隙,使其符合设计要求。

在外配水环出水边法兰顶上组合分瓣调速环,组合螺栓按设计值拧紧;将调速环吊起调平后套入外配水环;用调平顶丝将调速环调平对正滚珠槽,并用塞尺检查、调整其与外配水环间隙,使其符合设计要求;装入钢球,调整其与外配水环滚道间隙,用润滑脂将钢球固定,装上压环并均匀拧紧其与调速环的组合螺栓和推力螺栓后,去掉调平顶丝检查调速环是否灵活;按设计要求向滚珠槽内注油。

初步调整导叶端面间隙合格后,将各导叶及控制环转至全关位置临时固定。按设计要求安装连杆和剪断销,采用调整偏心销或调整连接螺母的方法初步调整导叶立面间隙、连杆长度,并符合设计要求。

清扫、检查内配水环与水导轴承座的组合面,放入密封条后吊装水导轴承座,按厂家设计要求调整水导轴承座高度及与内配水环之同心度,合格后拧紧组合螺栓,检查组合面间隙应符合规范要求。

6.3.3.5 导水机构吊装

内外环下游法兰面用 4～8 条槽钢以辐条形式加固,槽钢两头与法兰面用螺栓把合。焊接临时挡块将控制环止动。

导水机构整体组装完毕后,利用厂家提供的专用起吊装置,如果厂家没有提供专用起吊装置,用桥机将导水机构一点着地(或空中)翻身 90°,垂直吊入机坑与管型座连接。

清扫座环下游侧法兰及内、外配水环进水边法兰;安装导水机构吊装及翻身专用工具;在导水机构翻身后,安装内、外配水环密封"O"型圈;将导水机构吊入机坑,用链式葫芦调整内、外配水环法兰与座环法兰面平行。

先将内配水环与座环联接,拧入部分螺栓,挂钢琴线调整内配水环上游镗口中心与机组中心同心,然后拧紧内配水环全部连接螺栓,法兰间隙应满足规范要求;连接面如有密封水压试验要求,则进行密封水压试验,应无渗漏。

根据导叶端面间隙利用桥机及千斤顶来调整外配水环,合格后,拧紧全部连接螺栓,连接面间隙应满足规范要求。如有密封水压试验要求,则进行密封水压试验,应无渗漏。

钻绞定位销孔,安装销钉并点焊。

使用链式葫芦或桥机旋转控制环,使导叶全关,测量导叶立面间隙,如不符合要求,调整连杆长度。

主轴、转轮及转子安装调整完成后,再次测量、记录导叶端面、立面间隙,间隙应符合设计要求。

待接力器安装调整好压紧行程后,再次测量导叶立面间隙。

6.3.3.6　质量控制点及控制措施(表6-3)

表6-3　导水机构安装质量控制点及控制措施

序号	质量控制点	控制内容	控制措施	控制依据	控制见证
1	内、外配水环	两法兰距离及平行度	预组装时用水准仪测量,吊装时用经纬仪或挂钢琴线测量	厂家设计标准 GB/T 8564—2003	安装记录质量签证
		同心度			
2	内配水环	中心及高程	用水准仪及挂钢琴线用千分尺测量	厂家设计标准 GB/T 8564—2003	安装记录质量签证
3	内、外配水环与座环连接	法兰连接面间隙	用塞尺测量或进行水压试验挂钢琴线用千分尺测量	厂家设计标准 GB/T 8564—2003	安装记录质量签证
		同心度			
4	导叶端面及立面间隙	间隙	用塞尺测量	厂家设计标准 GB/T 8564—2003	安装记录质量签证

6.3.4　转轮室、尾水管预装及肘管安装

清理导水机构法兰面及转轮室各法兰面后,将转轮室下半部及上半部吊入机坑,与导水机构外环连接,进行预装。安装时符合转轮室高程与中心,并调整使其与座环中心保持一致。清理尾水管法兰面,并在安装间拼装完成后整体吊装,与转轮室完成预装,并调整中心与座环一致,同时调整测量转轮与转轮室间隙。

转轮室及尾水管各组合面密封条,在机组转轮安装完成后拆下转轮室及尾水管后进行安装,密封安装完成后对转轮室及尾水管进行重装,安装完成后检查分瓣把合面的严密性,把合后用0.05 mm塞尺检查不能通过,允许有局部间隙,但不大于0.10 mm,深度不得超过分瓣隙宽度的1/3,长度不超过全长的10%。

安装肘管前,完成转轮室及尾水管预装工作,并将伸缩节与第一节肘管进行预装,并根据座环中心进行调整,合格后,进行加固,吊装第二节肘管,完成第二节肘管与第一节肘管拼接,并确保肘管中心线与机组中心左右偏差在设计允许范围内,依次完成第三节肘管与第二节肘管的拼接,并调整加固。完成肘管拼接工作后,符合测量要求,验收合格后移

交土建进行混凝土浇筑(图6-8)。

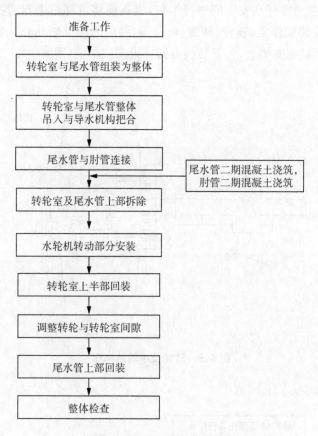

图 6-8 转轮室、尾水管预装及肘管安装程序图

6.3.5 转轮及小轴安装

6.3.5.1 部件简介

转轮装配主要是由转轮体、叶片、转臂、操作机构、护罩等组成,转轮是水轮机的重要部件,水流的势能和动能通过转轮变为机组水轮机转动部件旋转的机械能,再通过主轴传递给发电机,通过发电机将机械能转换为电能,贯流式机组基本上都采用轴流转桨式转轮,转轮叶片在导水机构的配合下根据水头和负荷需求调整至最佳位置,以保证水轮机在高效率工况下运行。常规贯流机组的转轮叶片操作机构采用活塞结构,其均布置在转轮体内,通过受油器供油来控制活塞的位移,再经过转臂带动叶片的开关。而该机组的转轮叶片操作机构采用无油调桨操作装置,其主要结构包括:操作架、叉头、销、连杆、转臂、切向键等,并采用连杆运动结构。来自受油器开关腔的压力油推动接力器杆运动,从而带动操作架、连杆、转臂操作叶片转动。在转轮导向座内设有10个导向块,引导操作架的轴向运动。本操作机构不在转轮轮毂内布置接力器,将接力器外移至水轮机锥形罩内,不仅减小了轮毂体积,有效地提高了水资源利用率,还解决了因轮毂漏油造成的环境污染等

问题。

转轮、小轴和接力器杆在安装间进行组装,组装前将各部位进行清扫和检查,将转轮体立放在支墩上安装操作架、连杆、转臂、叶片等,装配时应注意防止杂物落入转轮体内,然后将转轮翻身平放在支架上,先安装接力器杆再安装小轴(图6-9)。

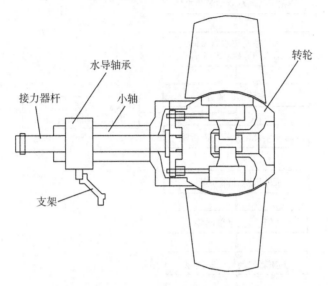

图6-9　转轮及小轴结构图

6.3.5.2　安装程序(图6-10)

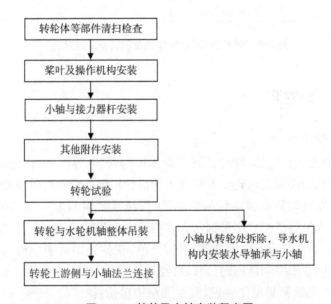

图6-10　转轮及小轴安装程序图

6.3.5.3　安装主要施工方法

转轮由叶片、转轮体、桨叶接力器、转臂、密封装置等部件组成。主轴分小轴、水转机轴和发电机轴(发电机轴在转子处,与转子磁轭在厂内热套)。

转轮在安装间进行组装,转轮装配前要进行解体、清扫、检查;装配时,将转轮体立于支墩上,安装活塞缸、活塞、转臂、缸盖等,然后安装桨叶。装配时应注意杂物勿落入缸中,应注意检查清扫。

清扫小轴轴承轴颈及法兰面,清扫水轮机轴两端法兰面。

在转轮上安装小轴与接力器杆。

总装油压试验:转轮主轴及接力器进行总装,接力器缸内充操作油压 16 MPa,试验时间为 16 小时,每小时转动全行程 2 次,动作应灵活。

试验完毕,将小轴从转轮处拆除,在导水机构内安装水导轴承与小轴。

将转轮与水轮机轴连接,用 0.03 mm 塞尺检查应无间隙。将组装完后的转轮水轮机轴整体翻转 90°吊入机坑就位,与小轴联接,对称方向把合联轴螺栓,转轮与小轴联接组合面用 0.03 mm 塞尺检查应无间隙。

6.3.5.4 质量控制点及控制措施(表 6-4)

表 6-4 转轮安装质量控制点及控制措施

序号	质量控制点	控制内容	控制措施	控制依据	控制见证
1	转轮耐压试验	转轮各组合面密封	① 试验用油的油质应合格,油温不应低于 5 ℃; ② 在最大试验压下保持 16 h; ③ 在试验过程中,每小时操作叶片全行程开关 2～3 次; ④ 各组合缝不应有渗漏现象,单个叶片密封装置在加与未加试验压力情况下的漏油限量,不超过 5 mL/h,且不大于出厂试验时的漏油量	厂家设计标准GB/T 8564—2003	安装记录质量签证
2	主轴中心调整	主轴中心	经纬仪或千分尺测量及千斤顶调整	厂家设计标准GB/T 8564—2003	安装记录质量签证

6.3.6 水导轴承安装

6.3.6.1 水导轴承安装一般要求

在安装间配装水导轴承,研刮轴瓦。轴瓦研刮后,瓦面接触应均匀,每平方厘米面积上至少有 1～3 个接触点;每块瓦的局部不接触面积,每处不应大于 5%,其总和不应超过轴瓦总面积的 15%,各项指标达到要求后将水导轴承安装在小轴上,检查轴瓦与小轴间隙使其符合设计要求(0.28～0.45 mm)。水导轴承安装完成后,将水导轴承连同转轮吊装就位,然后利用水导轴承底部的支架精确调整机组轴线的中心和水平,待机组轴线调整完毕后钻销钉孔。

6.3.6.2　水导安装程序(图 6-11)

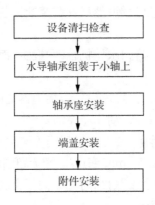

图 6-11　水导安装程序图

6.3.6.3　主要施工方法

(一)轴瓦清洗、检查及测量

(1)清洗水导轴颈,清洗时要用专用的清洗剂,不要用硬制的木块或铁制东西刮除脏物。

(2)粗洗后用甲苯或酒精进行全面的精细清洗,并检查水导轴颈有无轻微的锈斑、毛刺等,可用细油石、研磨膏或金相砂纸进行研磨,研磨时应朝着主轴旋转方向研磨;若存在较大的缺陷,应会同有关专家进行处理或返厂处理。

(3)清洗完后,应用纯棉不起球的毯子包住轴颈处,严禁用带汗水的手触摸轴颈面。

(4)对水导轴承及各配件进行彻底清洗,并检查进油孔不允许残留铁屑及任何污物,用压缩空气反复吹扫油孔及油路,注意油路是否正确,确认没任何污物后用不起球的白布封堵。

(5)检查导轴瓦的瓦面有无裂纹、夹渣及密集气孔等缺陷,轴承合金面应无脱壳现象,尤其要仔细检查下半部轴瓦—轴承金属外壳的结合面应无脱壳现象。

(6)用平尺检查接触点的情况,沿轴瓦长度方向每平方厘米应有 1~3 个接触点,用专用工具检查轴瓦的接触角。

(二)水导轴承安装

清洗好水导轴承的各附件后,在安装间进行组装。首先调整小轴高度及水平,使下半部轴瓦套入后以一千斤顶高度为限。一切准备工作完成后套入水导轴承下半部并用千斤顶及木方垫住下半部轴瓦,用千斤顶慢慢顶起下部轴瓦使其刚好贴住轴颈时为宜。用桥机吊起上半部轴瓦,并把合下半部轴瓦螺栓,调整水导轴瓦在小轴的位置达到设计位置;测量轴瓦与轴颈间隙符合设计要求,松掉千斤顶,再次测量轴瓦与轴颈间隙,并调整轴瓦与轴颈间隙,达到如下要求。

(1)两侧间隙相等,最大偏差不大于 0.05 mm。

(2)未松千斤顶前上部间隙与松千斤顶后下部间隙相等。

(3)轴瓦前后间隙沿 X 轴线方向的同一位置间隙相一致。

(4)调整合格后装上游侧挡油环及附件,下游侧用白布包好,待小轴就位后进行安装。

6.3.7 主轴密封安装

6.3.7.1 安装程序(图 6-12)

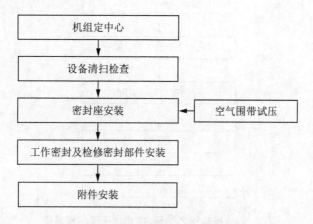

图 6-12 主轴密封安装程序图

6.3.7.2 主要施工方法

(1) 本机组有两处主轴密封,前主轴密封在小轴与导流罩处,后主轴密封在肘管与水轮机轴处。两处主轴密封应在轴线调整及盘车检查合格、机组定中心后进行。

(2) 空气围带装配前,按要求通入压缩空气,在水中检查围带气密性,应无漏气。将空气围带按要求安装到密封座内。

(3) 分别吊装两瓣密封座在水轮机轴处组装,并调整密封座与水轮机轴的间隙,使其符合设计要求。

(4) 将工作密封部件安装于密封座内,并调整与水轮机轴的间隙符合设计要求。

(5) 安装密封座盖板,并配装主轴工作密封排水管(本机主轴密封采用自补偿轴向接触密封,具有良好的封水性能,无须提供主轴密封供水)和检修密封供气管及其附件等。

第四节　轴伸贯流式水轮发电机安装

6.4.1 径向推力轴承、座式轴承装配

6.4.1.1 安装项目内容

(1) 发电机轴颈和镜板清扫、检查。

(2) 径向推力轴承,座式轴承清扫、检查。

(3) 径向推力轴承、前后座式轴承装配。

6.4.1.2　安装程序(图 6-13)

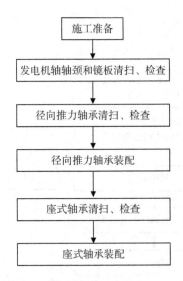

图 6-13　径向推力轴承、座式轴承安装程序图

6.4.1.3　径向推力轴承、座式轴承及底板组装

(一)发电机轴清扫检查

将支撑发电机轴(通常发电机轴厂家热套安装在转子磁轭上)支架置于安装场地基础上,然后将发电机轴吊于支架上,调整后发电机轴水平,同时清扫发电机轴轴承轴颈、镜板及两端法兰面。

(二)发电机前径向轴承预装

先吊导轴瓦下半部于轴颈下软木上,再吊轴瓦上半部于轴颈上,同时采用临时固定措施,以免上半轴瓦滑动,然后再吊起下半轴瓦与之组合,检查组合面应无间隙,同时检查导轴瓦与发电机轴配合间隙,应符合设计要求。

(三)正、反推力瓦组装

本机组正、反推力瓦均为单块,反推力瓦用螺栓固定在径向轴承下游侧,正推力瓦安装在推力瓦瓦座的支柱螺栓上,与油盒一起整体与在径向轴承下游侧把合,调整支柱螺栓高度;将反推力瓦与镜板间隙调整到略大设计间隙(0.8~1.1 mm)。

(四)发电机后座式轴承安装

清扫并检查导轴瓦与发电机轴配合间隙符合设计要求;先吊导轴瓦下半部于轴颈下软木上,再吊轴瓦上部于轴颈上,同时采用临时固定措施,以免上半轴瓦滑动,然后再吊起下半轴瓦与之组合,组合时应保证绝对干净,以免损伤轴瓦,合缝检查应无间隙,旋转导轴瓦,使下半轴瓦朝上,与实际工作位置一致,检查导轴瓦与发电机轴配合间隙应符合设计要求。

6.4.1.4　质量控制点及控制措施

控制措施见表 6-5。

表 6-5　径向推力轴承、座式轴承装配安装质量控制点及控制措施

序号	质量控制点	控制内容	控制措施	控制依据	控制见证
1	轴承瓦接触面积	各轴承瓦接触面积	研刮	厂家设计标准 GB/T 8564—2003	安装记录 质量签证
2	反推瓦面高程	反推瓦面高程	千分尺测量及加垫处理	厂家设计标准 GB/T 8564—2003	安装记录 质量签证
3	径向轴承组装	轴瓦间隙	用塞尺测量	厂家设计标准 GB/T 8564—2003	安装记录 质量签证

6.4.2　转子、定子及底板安装

6.4.2.1　施工前准备工作

由于轴伸贯流机组使用增速器传动,因此发电机部分外型尺寸偏小,一般转子和定子均为整体到货,方便运输。机组结构见图 6-14,整机组装前需要做如下工作。

(1) 检查转子、定子圆度,各半径与平均半径之差应符合规范要求。

(2) 对转子、定子进行全面清扫检查。

(3) 按规范要求对转子、定子做电气试验。

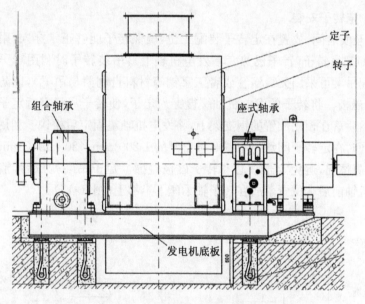

图 6-14　轴伸贯流式水轮发电机结构

6.4.2.2　发电机安装顺序

(1) 对桥机进行全面检查,特别是检查桥机起升机构中的滚筒钢丝绳卡扣、电机、制动器抱闸、减速箱等的性能;应能满足使用要求。

(2) 将底板置于安装场地基础上,调整底板水平。

(3) 在安装间插入定子,在空气间隙处插入木条,安装吊具,将转子、定子整体吊到底板处。

（4）将转子、定子与底板预装；调整转子与定子的空气间隙，空气间隙与平均空气间隙之差不超过平均空气间隙值的±10％，空气间隙调整完毕后将定子定位。

（5）将转子、定子和底板整体与水轮机轴联接。

（6）临时加固底板。

（7）机组盘车。

（8）盘车合格后，加固底板基础。

（9）浇注底板二期混凝土。

6.4.2.3　发电机底板与导轴承安装

本机组的发电机部分有两部套筒式导轴承，其中上游径向瓦在定转子上游侧的组合轴承内，下游径向瓦在定转子下游侧的座式轴承内。它们的同轴度、水平、高程以及发电机底板牢固与否是整个机组安装质量的关键，是机组长期稳定、安全、可靠运行的保证。在尾水肘管安装完成，混凝土强度达到要求后，即可进行发电机底板的预装。

首先将底板放置在楔子板上，初调好底板高程、水平和中心；然后将座式导轴承下半部吊至底板上，用钢琴线、水准仪、内径千分尺，以水轮机座环处轴承座和肘管中心为基准测量出两轴承座的高程、中心、水平。各项测量数据指标达到设计要求后浇筑发电机底板二期混凝土，待混凝土的强度达到设计要求后，复测发电机两个导轴承和定子的中心及高程。

6.4.2.4　定转子安装

将定子吊至安装间，放置在定转子装配工位，确保转子能够正常穿入，用双梁桥式起重机主钩（32 t）起吊转子（转子已热套在发电机轴上），吊装转子时利用转子吊装工具起吊（若厂家未配吊梁可采用无缝钢管或者工字钢等材料自制简易吊梁），以防止起吊转子时钢丝绳损坏磁极。将转子的发电机轴缓慢穿入定子，使转子尽量靠近定子，粗调定、转子间的间隙，然后落在预先放置的钢支架上，将发电机轴垫固定后松钩。利用主钩吊起定子套入转子，同时在定转子间均匀布置 8 条自制的 1 200 mm×20 mm×3 mm 绝缘板，检查定转子的气隙情况，避免定子铁芯和转子磁极碰撞。定子吊装就位后，整体吊装定转子，调整发电机轴前后端位置落放在转子轴承座下半部上（图 6-15）。

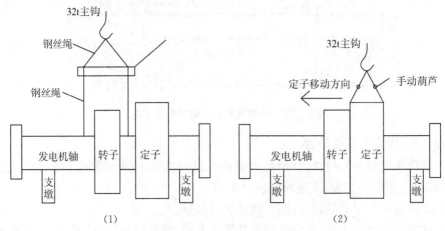

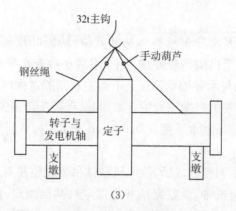

（3）

图6-15 定转子套装

精调转子前后的位置,复核、调整发电机的空气间隙,满足设计要求后安装定、转子前后的导轴承和组合轴承及其他附件,重点确保导轴瓦和推力瓦的间隙、空气间隙均应符合设计要求。

6.4.2.5 质量控制点及控制措施(表6-6)

表6-6 转子、定子安装质量控制点及控制措施

序号	质量控制点	控制内容	控制措施	控制依据	控制见证
1	转子、定子圆度	转子、定子铁芯圆度	百分表、内径千分尺测量	厂家设计标准 GB/T 8564—2003	质检报告 质量签证
2	定子调整	空气间隙	用塞尺和外径千分尺测量	厂家设计标准 GB/T 8564—2003	质检报告 质量签证

6.4.3 制动器安装

（1）先将制动闸在安装间进行清扫检查,按设计要求进行严密性试验,保持30 min,压力下降不超过3%。

（2）制动器顶面安装高程偏差不应超过±1 mm内。与转子制动环之间的间隙偏差,应在设计值的±20%范围内。

（3）配置制动闸的管路,按管路的安装工艺进行装配、焊接。合格后,清理检查,在表面涂漆。在管路外表面涂防结露材料。

（4）制动器应通入压缩空气做起落试验,检查制动器动作的灵活性及制动器的行程是否符合要求。

6.4.4 轴系盘车调整

常规的贯流式机组通常采用水轮机和发电机共用一条轴,水轮机转轮和发电机分别在轴的两端,而该电站轴系采用小轴(转轮上游侧)、水轮机轴(转轮下游侧)和发电机轴共3段轴,相对与其他机组盘车调整轴系的难度增大,现对该机组轴系盘车调整做简单的介绍。

机组水机小轴、转轮及水导轴承整体吊装就位，转轮叶片与转轮室下半部用木条垫起，调整小轴及水导轴承至机组高程并调水平，用塞尺检查水导轴承轴瓦间隙，轴瓦总间隙为 0.40 mm，调整小轴与水导轴承轴瓦上下游左右间隙对称均匀分布，然后吊装水轮机轴与转轮连接，水轮机轴发电机端用专用支架顶起，利用千斤顶调整水轮机轴与小轴在同一高程，并调整至水平，确保其水平度在 0.02 mm/m 以内，再利用塞尺检查水导瓦间隙，并调整。

水轮机轴高程及水平调整完成后，发电机整体吊装就位并与水轮机轴联轴，根据水轮机轴高程及中心调整发电机轴，调整完毕并将发电机基础固定，检查发电机轴承座水平，并调整轴瓦间隙均匀分布，然后再次检查发电机轴中心及高程，并做调整，确保其水平在 0.02 mm/m 范围以内。

完成上述工作后进行机组盘车，盘车前对发电机轴及水轮机轴的水平进行复核，确保其水平度在 0.02 mm/m 以内，在水轮机轴与发电机轴连接法兰位置 $+X$、$+Y$ 方向分别架设百分表，在水轮机轴联轴法兰上游侧法兰面位置（Z 向）单独架设一块百分表，将主轴沿圆周方向等分成 8 份，并做好标记，启动发电机轴承油系统，利用人工或主厂房桥机旋转发电机轴，先旋转 1～2 周确保各部位无碰撞后将各百分表调至零位，再次旋转发电机轴，每到一个测量点位置应做短暂停留，直到百分表的读数不再发生变化时才能进行读数。以此类推旋转一周后将记录的结果进行对比，应确保 X、Y 方向百分表的摆度趋势一致，Z 方向的百分表无较大的窜动。通过计算核实水轮机轴上游侧法兰的摆度值是否超过设计和规范要求，同时对发电机下游侧导轴瓦处的摆度进行复核，以确保发电机轴的加工质量，同时应对水轮机轴的水平度进行复核。综合考虑水轮机轴联轴法兰上游侧法兰的摆度和水轮机轴的水平度，以确定是否需要在水轮机轴和发电机轴法兰面之间进行加垫处理，如果需要进行加垫处理，应按照上述盘车流程进行检查，直到水轮机轴的摆度和水平度达到设计和规范要求。

水轮机轴与发电机轴盘车检查合格后，按照上述同样的方法检查、调整小轴及水导轴承位置的摆度，使其满足设计和规范要求，最终应确保水导轴承位置的相对摆度不超过 0.05 mm，整个轴系的水平度不超过 0.02 mm，水轮机轴和发电机轴连接处、水轮机轴（轴向）架设百分表，注意观察主轴的 Z 向（轴向）窜动，如果窜动值超过推力瓦的间隙，应重新调整、复核推力瓦的间隙，直至满足要求为止。

第五节　高油压调桨式转轮在轴伸贯流机组中应用

由于轴伸贯流式机组自身转轮直径小，轮毂比偏大，部分机组经多年长久运行，转轮密封磨损失效，导致机组漏油严重，严重污染下游河流，而且调速器油泵启动频繁，损耗大量厂用电。而水机侧受油器安装再水导轴承上游侧，空间极为有限，论安装和检修带来了极大困难。随着技术的日趋成熟，为解决上述问题，开始对转轮操作油进行高油压操纵，轮毂无油化进行改造。

6.5.1 改造思路

从实用性能和经济性能指标对比后发现,更换常规转轮依然存在传统的受油器因其结构复杂,密封困难,常存在或多或少的漏油、窜油、烧浮动瓦、操作油管断裂等问题,且中心调整困难,安装难度大,盘车往往要耗费数天时间。转轮体内轮毂油运行时间长,桨叶密封磨损后存在漏油污染环境的隐患。从扩能增效的角度,选用了高油压调桨式转轮。

高油压调桨式转轮的操作油由原来的中低压 4.0 MPa 提升到 16 MPa 高油压,接力器从轮毂体内外置于发电机轴端,简化了水轮机转轮结构,提高了转轮的过流能力和能量指标。

同时配套使用新型高油压配套液压调节装置代替传统的受油器,以及内部操作油管、浮动瓦、轮毂润滑油等,从而使机组转轮在运行中实现内部无油状态,解决了漏油造成的河流的环境污染问题,同时也解决了漏油造成油泵频繁启动的问题。

6.5.2 高油压调桨式转轮系统转轮体内部改造

由于是改造项目没有采用新的转轮体,采用以旧改新的原则,无需重新铸造新转轮,因此主要设备需要转轮返厂加工,新加工部件在工地现场试配并试验。

(1) 利用原有型转轮进行改造,保留原来转轮的轮毂、叶片。取消原转轮里的活塞、活塞杆及其连接件,更换为转轮操作架、桨叶枢轴及相关的零部件。(车间完成)

(2) 原转轮里的轴套全部更换成自润滑轴套。(车间完成)

(3) 更换原有水轮机桨叶密封,改为进水 V 型反向密封。(车间完成)

(4) 拆除原有操作油管限位装置,增加限位块和导轴承,完善操作架结构。(车间完成)

(5) 增加操作油管的连接旋套和锁紧装置。(车间加工,电站现场)

(6) 静平衡试验及初步组装。(车间完成)

(7) 试验及检查。(电站现场)

但如果使用在新电站当中,完全可以使用新型转轮设计,不用进行操作架、枢轴等部件的更换,并且通过模型试验后可以大面积推广使用(图 6-16)。

6.5.3 改造后转轮体的现场组装及试验

(1) 利用在支座与基础板把合面间加垫的办法来调整支座上法兰面水平,其水平度应不超过 0.05 mm/m。合格后,在支座上法兰面上均匀放置厚度相同的紫铜垫。在支座中心位置布置一个千斤顶。转轮体与活塞杆把合面的水平度,其应不超过 0.10 mm。

(2) 吊起叶片轴,对准转轮体上相应轴孔,将叶片轴按对应标记缓慢套装入转轮体。套装过程中,同时注意调整转臂,将转臂套装在叶片轴上。当叶片轴基本套装入转轮体后,调整转臂与叶片轴的相对位置,对正转臂与叶片轴销孔,将清理干净的圆柱销按对应

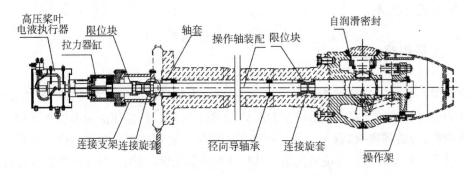

图 6-16 高压式调桨转轮体示意图

标记装入。拆除叶片轴套装工具。来回提升、降落连杆几次检查叶片轴动作的灵活性,叶片轴应转动灵活,同时装入 V 型密封,确保压力适中,密封均匀。

(3) 根据设计要求,制造车间采用合格的 46# 汽轮机油进行接力器严密性耐压试验,依次按照 50%、75%、100%、110%、125% 额定工作压力下进行观察,每级试验压力保持 10 min,未见有泄漏和异常声响,最大试验压力为 20 MPa,保持 30 min;各密封面及合缝未见有渗漏和异常声响。由于轮毂内无操作油,为检查桨叶密封安装质量,现场通过转轮检修排油孔向轮毂内注入压缩空气进行气压检漏试验,试验压力为 0.3 MPa,保持 30 min,未见有泄漏及压降。

(4) 桨叶接力器与桨叶操作轴连接后,进行桨叶动作试验,检查操作机构的安装有无憋劲和卡阻现象。桨叶动作应灵活可靠,桨叶开、关动作的最低操作油压为 1.7 MPa,桨叶开度转角与接力器行程关系曲线见表 6-7。

表 6-7 某水电站改造后桨叶开度转角和接力器行程关系表

序号	1	2	3	4	5	6	7	8	9	10	11
接力器行程(mm)	0	28.0	57.0	86.0	115.5	145.5	175.3	204.8	234.0	262.5	291.0
桨叶开度(°)	0	4.5	9	13.5	18	22.5	27	31.5	36	40.5	45

6.5.4 高压受油器部分简介

受油器是原有桨叶操作油开腔、关腔、轮毂腔的三腔配油装置。由于新型转轮不设轮毂油,所以结构发生颠覆性的变化,使用全新高油压桨叶全自动调节装置,是由新型受油器、接力器缸体、位移传感器、操作杆等四部分组成,油缸油压采用 16 MPa。操作杆部分代替原有转轮体操作油管,接力器缸体内使用活塞装置高油压操作系统,安装于电机轴端部,通过油缸移动带动调节轴直线运动,改造内容如下。

(1) 拆除原机组的受油器及操作油管,更换为高油压桨叶调节器。

(2) 发电机集电环及刷架需要根据高油压桨叶调节器装配的要求重新设计制造。

(3) 增加 16 MPa 新的高压桨叶调节控制系统及油压装置(图 6-17)。

图 6-17 高油压受油器示意图

6.5.5 高油压桨叶全自动调节装置现场安装与试验

（1）高油压电液全自动桨叶调节装置接力器缸通过支架连接在发电机轴端,桨叶接力器外壳固定在机组大轴上,接力器活塞固定在桨叶调节轴上,与机组大轴同时旋转,活塞经液压油操作带动桨叶转动,操作接力器的电磁阀可以电动和手动操作,并安装有桨叶位移传感器,实现桨叶开度的闭环调节。

（2）桨叶电液调节控制装置安装在发电机运行层,由电磁阀液压操作机构、液控单向阀（液压锁）、开关速度调节阀、配套油压装置等组成,现场整体安装。桨叶位移传感器安装于机组灯泡体内。

（3）对于操作油管路和调节装置必须清洗干净,无污物、杂质残留;油管路连接可靠不漏油。由于高压高速旋转接头的旋转体与桨叶接力器的连接座是在车间同车配,现场安装时只需分别在接力器缸的支架侧法兰和高压旋转接头侧法兰的 X 和 Y 方向架设百分表进行盘车,接力器缸体摆度的双幅值不超过 0.10 mm 即可。盘车数据合格后钻铰桨叶接力器和连接支架的定位销钉孔,见表 6-8。

表 6-8 某电站高压受油器盘车记录表 单位:0.01 mm

百分表读数		测点							
		1	2	3	4	5	6	7	8
支架侧法兰	X	0	1	2	3	5	3	2	1
	Y	−1	1	0	2	3	4	3	1
旋转接头侧法兰	X	0	2	2	3	4	3	2	1
	Y	−2	−1	0	1	2	1	0	−1

（4）安装好压力油进油和回油管路,油路经过操作电磁阀、液控单向阀、开关速度调节阀后进入高压高速旋转接头,高压高速旋转接头由壳体、衬套、旋转体、开腔油路和关腔油路等组成,它采用高压间隙密封方式确保不会窜油泄压,可以向与机组大轴一起旋转的桨叶接力器提供液压油和排出回油。

（5）桨叶充油建压后观察流过高速高压旋转接头的液压油直接控制桨叶接力器活塞的移动,当操作电磁阀在中间位置,液控单向阀将桨叶接力器开、关两腔的油路封闭,如果桨叶接力器和高压高速旋转接头的开、关两腔密封正常,没有窜油现象,那么桨叶接力器的活塞被固定在当前位置。

(6)调试中注意事项:当桨叶控制操作电磁阀工作在关腔导通位置,压力油进入桨叶接力器关腔,桨叶接力器开腔与回油相通,活塞往关方向移动。当控制操作电磁阀工作在开腔导通位置,压力油进入桨叶接力器开腔,桨叶接力器关腔与回油相通,活塞往开方向移动,进而完成桨叶的开关功能。

第七章

常用管道及阀门技术要求

第一节　贯流式电站常用阀门

7.1.1　切断用阀门

7.1.1.1　截止阀

截止阀是由阀座、阀盘、垫片、阀体、阀盖、填料、手轮等部分组成。截止阀在管路上主要起开启和关闭作用。它的主要启闭零件为阀盘和阀座，当改变阀盘与阀座间的距离时，即可改变通道截面的大小，从而改变流体的流速或截断通道。阀盘与阀座间经研磨配合或装有密封圈，使两者密封面严密贴合。阀盘的位置是由阀杆来控制的，阀盖顶端有手轮、中部有螺纹及填料函密封段，保护阀杆免受外界腐蚀。为了防止阀内介质沿着阀杆流出，可用压紧填料进行密封。

截止阀按结构形式分有标准式及角式，截止阀的特点是操作可靠，易于调节，但结构复杂，价格较贵，阻力较大，启闭缓慢。

截止阀主要用于水电站的油、水、压缩空气等系统管路中。

7.1.1.2　闸阀

闸阀是由阀体、阀座、闸板、阀盖、阀杆填料压盖、手轮等部件构成。

闸阀在管路上起启闭作用。它的主要启闭零件是闸板和阀座。闸板平面与流体流向垂直，改变闸板与阀座间的相对位置，即可改变流通截面大小，从而改变流体的流速或流量。为了保证关闭的严密性，闸板与阀座间经研磨配合，或在闸板与阀座上装上耐磨、耐腐蚀的金属密封圈。

根据闸板阀的结构形式不同分为楔式闸阀和平行式闸阀两种。根据启闭时阀杆的运动情况分，有明杆式闸阀和暗杆式闸阀。

闸阀的特点是结构复杂,尺寸较大,价格较高;流体阻力最小;开启缓慢,无水锤现象;易于调节流量,闭合面磨损较快,研磨修理较难。

闸阀不适合用于介质含沉淀物的管路,主要用于给水管路,也可用于压缩空气管路;较为常见的在流道阀门井处。

7.1.1.3 球阀

球阀的结构与旋塞十分相似,它是由阀体、阀盖、密封阀座、球体和阀杆等零件构成。带孔的球体是球阀中的主要启闭零件。球阀的主要优点是操作方便,开关迅速,旋转90 ℃即可开关,流动阻力小,结构比闸阀、截止阀简单,零件少,重量轻,密封面比旋塞易加工,且不易擦伤,得到日益广泛的应用。球阀主要用于低温、高压及黏度较大的介质和要求迅速启闭的管路中,而不适用于精细调节流量的管路。常见的球阀分带活动密封阀座的浮动球球阀及密封阀座在球前的固定球球阀。

7.1.1.4 旋塞

旋塞是由阀体、栓塞、填料及填料压盖等部件构成。旋塞在管路上有迅速开启和关闭的作用。它的主要启闭零件是锥形栓塞和阀座,栓塞和阀体以圆锥形的压合面相配,栓塞顶上有方头,可用扳手旋转栓塞,使其达到启闭作用。根据连接方法的不同,旋塞阀可分为螺纹旋塞阀和法兰旋塞阀。旋塞阀的特点是结构简单,启闭迅速,阻力甚小;转动费力,研磨费工。旋塞阀适用于120 ℃和1 MPa 压力的含有悬浮物和结晶颗粒的液体管路及低温低压介质又要求启闭迅速的管路中,而不适用于需要精确调节流量的管路及高温高压管路。常用于贯流式电站常用油的流量调节处,例如导叶及导水机构的分段关闭,以及高压受油器中用于桨叶开关时间。

7.1.2 节流用阀门

7.1.2.1 蝶阀

蝶阀由阀体、阀门板、阀杆与驱动装置手柄等部件组成,靠旋转手柄带动阀杆及阀门板,从而达到启闭的目的,蝶阀的特点是结构简单、维修方便;渗漏时只需更换密封圈。蝶阀一般适用于工作压力小于0.05 MPa,工作温度为−30～+40 ℃,相对湿度为30%～90%的环境中,在贯流式电站中,主要用于压力不大的水介质的管路上,用于启闭和调节流量,但是不能用来精确调节流量,例如消防供水。

7.1.2.2 节流阀

节流阀的结构与截止阀相似,所不同的是启闭件的形状不同,截止阀的启闭件为盘状,即阀盘,而节流阀的启闭件为锥状或抛物线状,即阀芯。节流阀阻力大,用于温度较低、压力较高的介质和需要调节流量、压力的管路上。常用的节流阀有中低压外螺纹节流阀和高压角式外螺纹节流阀。

7.1.3 止回阀

止回阀又名单流阀或者单向阀。它的作用是阻止介质逆向流动。止回阀是根据阀前阀后介质的压力差而自动启闭的阀门。根据其结构形式的不同,止回阀可以分为升降式止回阀和旋启式止回阀两种。

7.1.3.1 升降式止回阀

升降式止回阀的阀体与截止阀相同,但阀盘上有导杆,可以在阀盖的导向套筒内自由升降。当介质自左向右流动时,能推开阀盘而流过;若逆流时,由于介质的重量和压力的作用而使阀盘下降,截断通路,阻止逆流。升降式止回阀必须安装在水平管路上,而且使阀盘轴线严格垂直于水平面,这样才能保证阀盘升降灵活与工作可靠。

7.1.3.2 旋启式止回阀

旋启式止回阀是利用摇板来启闭的。它可以安装在水平管路或介质由下面向上流动的垂直管路上,也可以安装在倾斜的管路上。安装时应注意介质流向,并且保证摇板的旋转轴呈水平状态。止回阀也可用于泵或压缩机的管路上及其他不允许介质作逆向流动的清洁介质管路上。

在贯流式水电站中常见于检修泵、渗漏水泵出口处,也有与其他阀门组合使用在主配压阀出口处。

7.1.4 安全阀

安全阀是设备和管路上的自动保险装置。安全阀是一种根据介质工作压力而自动启闭的阀门。当管路中介质压力超过规定值时,阀盘自动开启,排出过量介质,使容器内压力迅速降低,达到安装保护的目的;当压力降至正常时,阀盘能自动关闭。安全阀有杠杆重锤式和弹簧式两种,电站内常用杠杆重锤式安全阀,是靠改变重锤的位置来调整工作压力的,当锤向杠杆内侧移动时,垂锤的力臂减小,使安全阀开启压力减小;如重锤向外侧移动,力臂加大,安全阀开启压力增大。它必须垂直安装,应使杠杆保持水平。常见的安全阀安装在油压装置上侧。

另一种弹簧式安全阀是靠改变弹簧压力的大小来实现调压的。在弹簧安全阀中还有带扳手和不带扳手的。扳手的作用是检查阀瓣的灵活程度,有时也做手动紧急泄压用。一般顺时针方向旋转弹簧上的螺母,弹簧压紧而压力加大,安全阀的开启压力也加大;相反,安全阀的开启压力也会减小。油压装置的补气装置中有设计为弹簧式安全阀的,但总体还应用不多。

7.1.5 减压阀

减压阀的作用是能够自动地将设备和管道内的介质压力降低到要求使用压力,常用的减压阀有活塞式减压阀和薄膜式减压阀两种。

7.1.5.1 活塞式减压阀

活塞式减压阀结构与垂直布置的安全阀相类似,主要由阀体、阀盖、帽盖、活塞、弹簧、主阀、脉冲阀及膜片等零件构成。它是利用膜片、弹簧和活塞等敏感元件,改变阀芯与阀座之间间隙来达到减压的目的。在阀体的下部装有主阀弹簧以支承主阀阀芯,使主阀阀芯与阀座处于密封状态。另外,下部端盖中的螺塞,用来排放阀中的积液。在阀体上部的气缸中装有气缸盘、气缸套、活塞和活塞环。气缸盘中间的导向孔与主阀阀杆相配合,活塞顶在主阀阀杆上,当活塞受到介质压力以后,通过主阀阀杆推动主阀阀芯下移,使主阀开启。阀盖内装有脉冲阀的弹簧、阀芯和阀座,在阀座上覆有不锈钢膜片。帽盖内装有调节弹簧、调节螺钉及锁紧螺帽,以便调节需要的工作压力。

7.1.5.2　薄膜式减压阀

薄膜式减压阀是由阀体、平衡盘、阀盖、锁紧螺母、调节螺钉、弹簧、弹簧座、圆盘、橡胶薄膜、低压连通管、阀杆、阀座密封圈、阀盘、阀底等部件组成。当介质自左端流入阀体时,由于阀杆上的平衡盘和阀盘直径相等,而作用在两盘上介质的压力大小相等方向相反,合力为零,阀门就不能自动开启。要开启阀必须先用扳手松开锁紧螺母,然后拧调节螺钉,压缩弹簧,使薄膜连同阀杆、平衡盘和阀盘下移,开启阀口,这时介质通过阀口间隙克服阻力消耗能量,压力下降,达到减压目的。

减压后的低压介质压力一方面直接作用在阀盘下面,另一方面又通过低压连通管作用在平衡盘的上面,仍然互相平衡。但是低介质的压力又作用在薄膜的下面,使薄膜上移,这向上的压力刚好与弹簧压力相互平衡,因此使阀盘始终保持一定的开度。调节好后,将锁紧螺母拧紧。工作时,如果低压管路中介质消耗能量增加,则其压力要下降,这时薄膜下面的压力也随之下降,由于弹簧压力的作用使阀盘稍微开大,流过较多介质。使低压管路中压力自动恢复正常。反之,能使薄膜和阀盘上移,关小阀口,减少介质流量,使低压管路中的压力恢复正常。

减压阀按进口和出口压力的具体数值进行选择,并保证不得超过减压阀的减压范围,因为不同的进口压力和出口压力所配的敏感元件是不同的。减压阀应直立地安装在水平管路上,注意阀体上箭头的方向应与介质流向一致。减压阀两侧应装置阀门,高、低压管路上都需装有压力表,低压管路上还得设置安全阀,减压阀前的管径与减压阀公称直径相同,减压阀后的管径比减压阀公称直径大1～2号。贯流式电站减压阀多装配在油压装置补气集合当中,也有在技术供水系统或冷却系统中使用减压阀的。

管道分类、常用符号、公称直径及型号详见附录。

第二节　阀门安装的一般规定

7.2.1　安装前的检查

阀门在安装前应仔细核对所用阀件的型号与规格是否符合设计要求,是否有出厂说明、合格证等技术资料,对无技术资料,使用要求严格的场合应做强度试验或严密性试验。此外,还要进行外观质量检查,阀体应完好,开启机构应灵活,阀杆应无歪斜、变形、卡涩现象,标牌应齐全,不合格的阀门不得安装。安装注意事项:

（1）阀门装卸需轻拿轻放，防止损坏。

（2）吊装绳索应拴在阀体法兰处，不得拴在手轮或阀杆上，以防折断阀杆。

（3）明杆阀门不能装在地下，以防阀杆锈蚀。

（4）阀门应安装在维修和检查及操作方便的地方。

（5）在水平管道上安装时，阀杆应垂直向上，或是倾斜某一角度，而阀杆向下安装是不合乎要求的。

（6）截止阀安装应低进高出。

（7）止回阀安装，必须特别注意介质的流向。对于升降式止回阀，应保证阀盘中心线与水平面垂直。对于旋启式止回阀，应保证其摇板的旋转枢轴水平。

（8）杠杆式安全阀安装，必须使阀盘中心线与水平面垂直。

（9）安装法兰式阀门应保证两法兰端面互相平行和同心。拧紧螺栓应对称进行。

（10）安装丝扣阀门应保证螺纹完整，并按介质不同的要求涂抹密封填料。

7.2.2 阀门的试验

按照暖卫工程施工验收规范的规定：阀门安装前，应作耐压强度试验和严密性试验。试验应在每批（同牌号、同规格、同型号）数量中抽查 10%，且不少于一个，如有漏裂不合格的应再抽查 20%，仍有不合格的则需逐个试验。对于起切断作用的闭路阀门，应逐个做强度和严密性试验。强度和严密性试验压力应为阀门厂规定压力。试验可在阀件试压检查台上进行。

壳体压力试验和密封性试验应以洁净水为介质。不锈钢阀门试验时，水中的氯离子含量不得超过 25 ppm。安全阀的校验，应按《安全阀安全技术监察规程》TSG ZF001—2006 和设计文件的规定进行整定压力调整和强度试验。

整定压力调整是指安全阀在运行条件下开启的预定压力，是在阀门进口处测量的表压力。整定压力调整方法为缓慢升高安全阀的进口压力，升压到整定压力的 90% 后，升压速度不高于 0.01 MPa/s。当测到阀瓣有开启或者见到、听到试验介质的连续排出时，则进口压力被视为安全阀的整定压力。

强度试验是指在整定压力调整合格后，在进行试验的进口压力下，测量通过阀瓣和法兰密封面间的泄漏率。

7.2.2.1 强度试验

阀件做水压强度试验时，重点检查阀门壳体和阀门芯杆填料有否漏水。对于止回阀，压力应从进口一端引入，出口一端堵塞；试验闸阀、截止阀时，闸板或阀瓣应打开，压力从通路一端引入，另一端堵塞。试验带旁通的阀件，旁通阀也应打开。阀门的强度试验压力应为阀门在 20 ℃时最大允许工作压力的 1.5 倍，密封试验压力应为阀门在 20 ℃时最大允许工作压力的 1.1 倍，试验持续时间不得少于 5 min。无特殊规定时，试验介质温度应为 5～40 ℃，当低于 5 ℃时，应采取升温措施。试验时用手压泵充水加压，排气后压力升至试验压力，停压 5 min，不渗不漏为合格。

7.2.2.2　严密性试验

严密性试验是在强度试验合格的基础上将阀门关闭一端充压检查是否泄漏。承压时间是 5 min,对于水用和蒸汽用阀件,应以水作介质进行严密性试验;轻质石油产品(汽油、煤油)用的阀件,用煤油作介质进行严密性试验。

试验闸阀时,将闸板关闭,介质从通路一端引入,在另一端检查其严密性。在压力逐渐除去后,从通路的另一端引入介质,重复进行上述试验。试验截止阀时,阀杆处于水平位置,将阀瓣关闭,介质从阀体上箭头指示的方向供给,在另一端检查其严密性。试验直通旋塞时,应将旋塞调整到全关位置,压力从一端通路引入,从另一端通路进行检查,然后将塞子旋转 180 ℃重复进行试验。三通旋塞在试验时,应将塞子轮流调整到关闭位置,从塞子关闭的一端通路进行检查。

止回阀在试验时,压力从介质出口通路的一端引入。从另一端通路进行检查。

节流阀不做严密性试验。阀体和阀盖的连接部分及填料部分的严密性试验,应在关闭件开启,通路封闭的情况下进行。

第三节　管件加工与制作

各种管材由于制造、装卸、运输或堆放不当,会出现裂纹、夹渣、重皮、弯曲、破裂、凹陷等缺陷,不仅影响使用和外观,也给加工和安装带来困难,因此在加工安装前,必须逐根进行检查。

7.3.1　钢管件的切割

在管道安装中,为了得到所需要的管子长度,常常需要对管子进行切断加工,切断方法有多种,应根据管道材质、管径大小和现场条件,采用适当的切割方法。切割方法有手工切割、机械切割、气割等多种方法。机械切割又分为锯割、刀割、磨削、锯床切割、等离子切割等。

7.3.1.1　切割的一般要求

(1) 公称直径 $DN \leqslant 50$ mm 的中、低压钢管一般采用机械法切割;$DN > 50$ mm 的中、低压碳钢管常采用气割法切割;镀锌钢管必须用机械法切割。

(2) 高压钢管或合金钢管一般宜采用机械法切割,当采用氧—乙炔焰切割时,必须将切割表面的热影响区排除,其厚度一般小于 0.5 mm。

(3) 有色金属管和不锈钢管应采用机械或等离子切割,当用砂轮切割不锈钢管时,应选用专用砂轮片。

(4) 铸铁管常采用钢锯、钢錾子和爆破法切割。

(5) 塑料管采用锯割,排水陶土管、混凝土管一般采用钢錾子切割。

（6）切口质量要求包括两方面。

① 切口表面应平整，不得有裂纹、重皮、毛刺、凸凹、缩口、熔渣、氧化铁、铁屑等。

② 切口平面倾斜误差为管子直径的 1‰，但不得超过 3 mm。

7.3.1.2 管子的手工切断

管子的手工切断多用于小批量、小直径管子的切断，切断方法有手工锯切法和刀割法。

（一）手工锯切法

人工锯切法比较简单易行，使用工具简单，在任何施工场地都可进行，缺点是手工操作劳动强度大，切割速度慢。手工锯切适用于切断各种直径不超过 100 mm 的金属管、塑料管等，将划好切断线的管子固定在管虎钳上，管径小于 40 mm 时，采用细齿锯条，由于齿细，锯起来有力，但切断速度慢；管径为 50～200 mm 的管子，最好采用粗齿锯条，虽然费力，但切断速度快。在切割过程中要适当地向锯口滴水或机油，以进行冷却和润滑，并要保持锯条垂直于管子轴线，锯口要一锯到底，不能把剩余的小部分折断。

（二）刀割法

刀割法所用工具为割管器，刀割法常用于切断 $DN \leqslant 100$ mm 除铸铁管、铅管外的各种金属管，割管时先把管子固定在管虎钳上，然后将管子套到割管器的两个滚轮和滚刀之间，拧动手把使滚轮夹紧管子，然后转动螺杆，使滚刀的刀刃对准管子切断线滚刀即沿管壁切入，直到切断管子。

7.3.1.3 管子的机械切断

管子的机械切断用于大批量、大直径管子的切断，效率高、劳动强度低、质量稳定，切断方法有四种。

（一）磨切

磨切是利用高速旋转的砂轮将管子切断，根据选用砂轮品种的不同，可切断金属管、合金管、陶瓷管等，切割时先将管子划好线，然后右手握手柄，左手开电源开关，待轮速正常后，右手下压，对正切割线，使砂轮接近管皮开始切削，当管子快切断时，应减小压力，直至切断为止。

（二）锯床切断

锯床切断主要角于切断要求较高、管段较短、数量较大的钢管和不锈钢管，常用的 G72 型锯床最大锯管直径为 250 mm。切削式截管是以刀具和管子的相对运动来截管。

（三）气割

气割就是氧气－乙炔焰切割，它利用氧气－乙炔焰的高温熔化作用对碳素钢管进行切割，不宜用于合金钢管、不锈钢管、铜管、铝管和需套丝钢管的切割。其优点是省力、速度快；缺点是切口不够整齐、有氧化铁熔渣。

金属管切割割嘴及氧气压力大小的选定与割件厚度有关；无论管子转动或固定，割嘴应保持垂直于管子表面，待割透后将割嘴逐渐前倾，倾斜到与割点的切线呈 70°～80 °角；气割固定管时，一般从管子下部开始；割嘴与割件表面的距离应根据热火焰的长度和割件厚度确定，一般以焰心末端距离割件 3～5 mm 为宜；管子被割断后，应用锉刀、扁铲或手动砂轮清除切口处的氧化铁渣。气割结束时，应立即关闭切割氧气阀、乙炔阀和预热氧气阀。

（四）等离子切割

等离子切割的原理是利用离子枪中的钨钍棒电极与被割体间形成的高电位差，从离子枪喷出的氮气被电离产生等离子体，形成等离子弧，温度高达 15 000～33 000 ℃，能量比电弧更集中。现有的高熔点金属和非金属材料，在等离子弧的高温下都能被熔化。凡是用氧气—乙炔焰和电弧所不能切割或难切割的不锈钢、铜、铝、铸铁、钨、钼，甚至陶瓷、混凝土和耐火材料等非金属材料，均可进行等离子切割。用等离子弧切割的管子和管件，切割后应用扁铲、砂轮将切口上含的 Cr_2O_2 和 SiO_2 等熔瘤、过热层和热影响区（一般 2～3 mm）除去。

等离子切割的效率高、热影响区小、变形小、切口不氧化、质量高。

7.3.2　管子的弯曲

弯管的分类如下：

7.3.2.1　按制作方法分类（图 7-1）

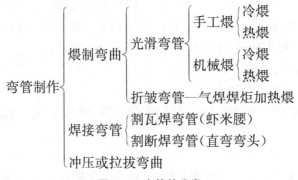

图 7-1　弯管的分类

7.3.2.2　按弯管形状分类

弯管形状可以分为任意形状，工程上经常遇到的弯管形状有：不同弯转角度的弯头、U 形弯、来回弯、弧形弯。弯管的最小曲率半径，应符合表 7-1 的规定。

表 7-1　弯管的最小曲率半径

管子类别	弯管制作方法	最小曲率半径	
中、低压钢管	热　煨	3.5 DW	
	冷　弯	4.0 DW	
	压　制	1.0 DW	
	热推弯	1.5 DW	
	焊　制	DN≤250	1.0 DW
		DN＞250	1.5 DW
高压钢管	冷热弯	5.0 DW	
	压　制	1.5 DW	
有色金属管	冷热弯	3.5 DW	

注：DN 为公称直径，DW 为管道外径。

7.3.3 管子的冷弯或热煨条件

(1) 管子加热时,升温应缓慢、均匀,确保热透,防止过烧和渗碳。铜、铝管热煨时,应用木柴、木炭或电炉加热,不宜用氧—乙炔焰或焦炭加热。

(2) 不锈钢管宜冷弯,铝锰合金管不得冷弯,其他材料的管子可冷弯或热弯,常用管子的热煨温度和热处理条件,一般按表 7-2 的规定。

表 7-2 常用管子热煨温度及热处理条件

材质	钢 号	热煨温度区间(℃)	热处理条件		
			热处理温度(℃)	恒温时间(min)	冷却方式
碳素钢	10、20	1 050～750	不处理		
合金钢	15 Mn	1 050～900			
	16 Mn	1 050～800	920～900 正火	每毫米壁厚 2 min	自然冷却
不锈钢	1Cr18Ni9Ti	1 200～900	1 100～1 050	每毫米壁厚 0.8 min	水急冷
有色金属	铜	600～500	不处理		
	铜合金	700～600			

(3) 弯制有缝管时,其纵向焊缝应置于图 7-2 的阴影区域内。

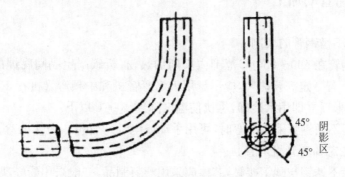

图 7-2 纵向焊缝布置区域

(4) 管子弯制后的质量应符合下述要求:无裂纹、分层、过烧等缺陷;壁厚减薄率,高压管不得超过 10%,中、低压管不得超过 15%,且不小于设计计算壁厚;椭圆率高压管为 5%、中低压管为 8%、铜铝管为 9%;高压管弯曲角度偏差值不得超过±1.5 mm/m,最大不得超过±5 mm,中、低压管不得超过±3 mm/m,其总偏差最大不得超过±10 mm/m。

7.3.4 冷弯弯管的加工

冷弯是在管子不加热情况下对管子弯曲的方法,其优点是:不需加热措施、人工操作时不存在被烫伤的危险、便于操作;缺点是:只适用于煨制管径小、管壁薄的管子,在弯管的过程中管子要受力和变形,因内侧变压、外侧受拉,故内侧管壁变厚、外侧管壁变薄、内侧长度变短、外侧长度变长,而管子中心线的壁厚和长度不变。另外还使弯头断面变形,由原来的圆形变成椭圆形。

7.3.4.1 冷弯弯管的注意事项与要求

(1)手动弯管器可以弯制公称直径不超过 25 mm 的管子,冷弯弯管机一般用来弯制公称直径不大于 250 mm 的弯管,当弯制大直径、壁厚管件时,宜采用中频弯管机。

(2)采用冷弯弯管设备时,弯头的弯曲半径不应小于公称直径的 4 倍。

(3)金属管道具有一定弹性,在冷弯过程中,当施加在管子上的外力撤除后,弯头会弹回一个角度,弹回角度的大小与管子的材质、厚度、弯曲半径有关,在控制弯曲角度时应该考虑增加这一弹回的角度。

对一般碳素钢管,冷弯后不需作任何热处理。

7.3.4.2 冷弯弯管的机具

手动弯管器有固定式手动弯管器,是由大轮、小轮和推架等部件构成。操作时先将被弯管子的起弯点对准大轮的“O”点及推架的中心线,用压力将管子固定牢,推转推架进行弯管,直到弯管的角度为止。还有种便携式手动弯管器,这种手动弯管器适宜弯制小管径管子。

弯管机包括有手动液压弯管机,能够弯制公称直径在 100 mm 以内的管子;导轮弯管机,又分为固定导轮弯管机和转动导轮弯管机两种;扇形轮弯管机和自动液压多功能弯管机。

7.3.5 热煨弯管的加工

7.3.5.1 不锈钢管的煨制

(1)不锈钢管在 500~850 ℃范围内长期加热,有析碳产生晶间腐蚀的倾向,因此应尽量采用冷弯。若一定需要热弯,应尽量用火焰弯管机和中频弯管机在 1 100~1 200 ℃条件下煨制,成形后立即用水冷却,尽快使温度降到 400 ℃以下。

(2)小口径不锈钢管采用冷弯时,可用手动或电动弯管机。为保证弯管质量,应在管内灌砂或采用加芯棒弯管机弯管。

(3)为避免不锈钢与碳钢接触,芯棒应采用塑料制品,一般采用酚醛塑料芯棒。

(4)由于条件限制,需要用焦炭加热不锈钢管时,为避免炭火和不锈钢接触产生渗碳现象,不锈钢的加热部分应套钢管,再进行加热。

7.3.5.2 铜与铜合金管的煨弯

(1)铜管可冷煨,也可热煨。热煨时为防止管子被充填的砂粒压出凹凸不平和产生划痕,砂子应用 80~120 孔/cm² 的筛子过筛,并且烘干后才能充填管内。灌砂时用木槌敲击,加热使用木炭,弯时要使用胎具。

(2)黄铜管加热温度控制在 400~450 ℃,加热好的黄铜管遇水骤冷会发生裂纹,因此在弯制过程中不允许浇水。

(3)紫铜管加热温度控制在 540 ℃左右,紫铜管的性质不同于黄铜管,加好热后应先浇水使其淬火,降低硬度。同时,浇水可使紫铜管在高温下形成的氧化皮脱落,表面光洁,然后在冷态下用模具煨制成形。

（4）对于管径较小、管壁较薄的铜管，可采用灌铅法烧管：将铅熔化灌入管内，待铅凝固后，用胎具烧制成形。

第四节　管道的酸洗与钝化

管道的酸洗和钝化处理，是化学清洗技术中的一种应用，它是采用以酸为主的清洗剂对覆盖于管道表面的氧化皮、铁锈、焊渣、多余涂层等，通过化学反应使其溶解、剥离；再使用钝化，就是在钢材表面和焊接处镀上一层氧化铬膜，形成防腐保护膜，从而提高不锈钢的耐腐蚀性能。钝化处理前的酸洗能除去所有的污染物，并且能选择性地除去金属表面较小的抗腐蚀区域。钝化也是一种除污有效途径。例如，金属表面和焊缝处沉积的铁粒子就可通过这种方式除掉（这些铁粒子往往是由于切割、成型、器械摩擦或者金属刷等的作用所形成的）。

水电站管道的酸洗和钝化，因其清洗速度快、占地小、效果好，易于操作控制，目前在工地被广泛使用。由于管件体积较小，优先考虑通过浸入浴液中进行处理。工地一般用防酸水泥在封闭空间搭建酸洗钝化池或者容器外包，钝化物不能含有任何的盐酸，甚至是任何的氯化物。温度太低时酸洗钝化物均可能失效，因此酸洗钝化处理应当在足够高的室温下进行（＞10 ℃）。处理过程中所用到的水（如浴液、稀释液、清洗液等）应当进行处理以保证低的氯化物含量（理论最大氯化物含量为 25 mg/L）。

7.4.1　碳钢管道酸洗钝化作业流程（图7-3）

7.4.2　碳钢管酸洗钝化作业方法

（1）拆除待酸洗钝化管道系统上的设备、仪表、阀门、软管等并妥善保管，系统断开部位用钢管和假法兰短连，开口用盲板、管帽封闭；系统高点和死点部位增设必要的放空阀和排污阀；酸洗钝化介质循环装置安装完毕，确保管路系统符合分区或分段作业的要求。

（2）回路采用 0.5 MPa 压缩空气或 1.0 MPa 水压检查法兰静密封点有无泄漏，注水预清洗回路中残存的机械杂质等污物，同时检查回路的通畅性。预清洗期间从头至尾间歇敲击振动管道，促使沉积物或附着物的剥离速度加快，最终以末端管口出水清亮、无杂质为合格。

（3）按回路容积计算盐酸用量，稀释并分批次在清洗水循环状态下注入储槽，测量每批次回流口溶液 pH 值，待其稳定后继续添加酸液，直至浓酸液全部注入系统。要达到较好酸洗效果还需采取以下措施：

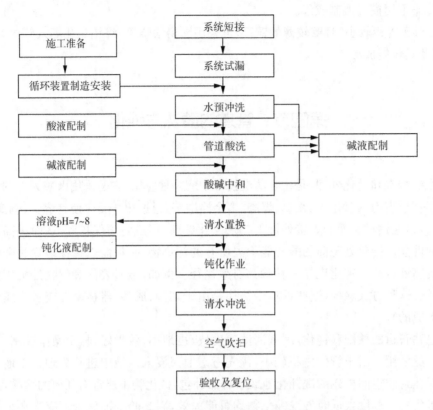

图 7-3　碳钢管酸洗钝化流程

① 酸洗过程敲击管道,加快沉积物或附着物的剥离。

② 间断调整进出口阀门开启量,制造介质紊流状态。

③ 酸洗过程启闭离心泵,调整介质瞬时流量和流速。

④ 定时放空排污,保证酸洗液与管壁充分接触。

管道连续酸洗时间要少于 6 h,回流口 200 目滤网无显著颗粒物为合格。

(4) 预先溶解的碱液分批次注入储液槽(pH 值检查方法同上),直至回路溶液 pH 值显微碱性,注意酸洗过程实时监控各点管壁温度,中和液应低于 50 ℃。酸液中和后,继续向系统内注入清水稀释、置换中和液,直至回流口溶液趋于透明,无浑浊物为止,注意作业过程不能让管路内进入空气。

(5) 通过注水方式稀释回路液体,且 pH=7~8 为宜。将配制好的钝化液缓慢倒入储液槽(亚硝酸钠溶液快速注入易产生褐色有害气体),钝化液常温连续循环 3 h 以上,回流口溶液中无显著浑浊物和絮状物为合格。钝化作业期间要定时放空、排污,确保钝化液充分接触管壁,化学反应充分。

(6) 预钝化膜合格后,采用清水置换、冲洗管内钝化液,直至系统回路出口的水质清亮无杂质为合格,排水后的管道采用压缩空气吹干积水。

(7) 酸洗钝化合格的管道内壁应无二次浮锈、点蚀、过洗、焊渣或其他杂质等问题,管内壁点滴硫酸铜($CuSO_4$),配液由蓝色变为红色的时间不小于 5 s 为合格,同一检测面上各点变色时间接近或相同为合格。管壁钝化质量滴液检查后,用砂纸除去检验点的红色痕迹,再用钝化液擦拭检验部位。

7.4.3 不锈钢酸洗钝化处理

7.4.3.1 预清洗与除油脂

为了保证有效的酸洗和钝化,必须除掉金属表面所有的有机污物,例如油脂和其他杂物。有机污物会阻止酸洗钝化作用,并且有潜在的导致点腐蚀的危险。预清洗物喷洒在金属表面进行清洗与除油,完毕后必须使用高压水枪清洗掉以提高后处理的质量。

7.4.3.2 浴液中的酸洗钝化

预清洗与除油后的处理如下:

(1) 将每块产品浸入如下的溶液中(表7-3)。

表7-3 单块产品浸入的溶液

硝酸 36 ℃ Be	100 L
65%氢氟酸	20 L
氟化钠	20 kg
水	900 L

(2) 处理液为 60 ℃时浸泡 10 min 即可,溶液为室温时需浸泡 2 h。

(3) 浸泡完毕后用水快速清洗至洗出液的 pH 值等于清洗用水的 pH 值。

(4) 每块产品应当重新浸入如表7-4 中的另一种溶液中去。

表7-4 单每块产品浸入的另一种溶液

硝酸 36 ℃ Be	250 L
水	750 L

(5) 产品被浸泡的时间:溶液温度为 50 ℃时浸泡 15 min,室温下浸泡 2 h。

(6) 浸泡完毕后用水快速清洗至洗出液的 pH 值等于清洗用水的 pH 值。

7.4.3.3 应用酸洗钝化膏剂处理

当某些小区域如焊缝和热敏感处应当使用酸洗钝化膏剂来进行处理。当使用浸浴或者喷镀不方便时,也可以考虑应用这种方法。酸洗钝化膏剂尤其适用于修补后的局部处理,或者是设备部件的维修。

(一) 应用酸洗膏剂酸洗

用于不锈钢的酸洗膏剂是掺有黏合剂的硝酸和氢氟酸的混合物。使用耐酸的刷子将膏剂涂抹到焊缝处,并用不锈钢丝刷刷均匀。在膏剂变干前使用高压水枪冲洗干净。

(二) 应用膏剂钝化

用于不锈钢的钝化膏剂是掺有黏合剂的硝酸和氢氟酸的混合物。使用耐酸的刷子将钝化膏剂均匀地涂抹到酸化后的地方。等待此膏剂涂抹 3~4 h 后,应用尼龙刷轻轻涂刷。膏剂边变干前使用高压水枪冲洗,然后干燥金属表面。

7.4.3.4　一次性喷镀处理

喷镀用的酸洗液和胶体主要由掺有黏合剂和表面活性剂的硝酸（20％～25％）和氢氟酸（约5％）组成，从而配成具有合适浓度和触变性能的溶液。喷镀用的钝化液和胶体的组成与酸洗喷镀液的组成相似，但是不含有氢氟酸。

（一）酸洗

经过仔细的预清洗与除油之后，应用耐酸设备在干燥的金属表面喷镀一层均匀的酸洗剂。

在供应商的指导下使酸洗剂作用一段时间。如有需要，在有重色的焊缝处和热敏感区，用不锈钢刷仔细擦拭，刷除任何色渍。使用高压水枪仔细冲洗并检查无任何的残余物残留在金属表面。

（二）钝化

酸化并立即清洗后应用耐酸设备在干燥的金属表面喷镀一层均匀的钝化剂。在供应商的指导下使酸洗剂作用一段时间。如有需要，在有重色的焊缝处和热敏感区，用不锈钢刷仔细擦拭，刷除任何色渍。使用高压水枪仔细冲洗并检查无任何的残余物残留在金属表面，并完全干燥处理过的金属表面。

7.4.4　酸洗和钝化的质量控制

（1）管道安装过程的内部清洁质量对酸洗作业效率影响较大，严格做好施工过程管内的沙土或异物清除，及时封堵管道临时开口，采用氩弧焊进行根焊，不使用腐蚀较严重的管材，酸洗前完成管道动火、电焊作业等环节的管理工作，可有效提高酸洗钝化效率和工作质量。

（2）酸洗钝化回路划分应优先选择管径相近的管段进行串联，回路管道的总长度不宜大于300 m，不仅能够简化作业回路，也便于过程的巡查。管道预清洗、酸洗过程要多用木槌或橡胶锤从头至尾敲打振动管道，重点为焊口、法兰、变径、弯头及三通等部位，可加快沉积物流动和附着物剥离的速度。系统高点和死角尽可能设有放空阀、排污阀，并在作业过程间歇排污、排气。

（3）高浓度的酸（碱）液稀释后分批注入系统循环，并实时检测系统溶液的pH值，避免局部溶液浓度过高腐蚀管壁，同一系统连续酸洗的时间不超过6 h。内壁锈垢物较多的管道，可适当增加酸洗次数或采取调整进出口阀门开启量或启闭泵的措施，创造紊流条件或提高流速，以提高管道酸洗质量。

（4）酸洗钝化介质循环装置的设计应满足系统介质流动、循环、过滤及回收的要求，选择化工耐酸/碱离心泵，流量为40～60 m³/h，扬程为100 m。系统回流口分期设置不锈钢网隔离沉淀物，滤网结构应能够保证系统在循环运转状态下随时更换、清洁。

（5）碳钢管道若后期有油清洗的要求，则法兰、管件内壁的漆膜在安装前必须清除，因为漆膜在酸洗钝化工序中不能被有效清除，但在管道油运过程极易剥离，碎片杂质将影响管道油运质量的评价。

（6）预先拆除的仪表、阀门及重要部件采用手工方式清洗，待管道酸洗钝化合格后及时复位,否则采用塑料管封、多层塑料布或金属盲板的材料临时封闭敞口,避免管道二次污染。

(7)碳钢管道内壁的四氧化三铁膜有短期"抑制制蚀"的能力,金属长期在大气环境下还将发生锈蚀反应,因此,管道酸洗钝化作业的时机应选择在系统油运或机组投用前,否则管道系统宜采取充氮措施延长保护周期。

(8)施工单位作业前向业主、监理及厂家递交专项方案。方案应明确化学液体(含废液)种类、数量、有害性、处置办法(废液氧化曝气、pH 值调和、絮凝沉淀等措施)及安全作业措施。专项方案获得批准并由业主明确排放点后才能正式作业,严禁化学制剂及废液直排。

第五节 钢制焊接管件的制作

7.5.1 焊接管件的一般要求

(1)焊接管件只适用于压力 $PN \leqslant 2.5$ MPa,温度 $t \leqslant 300$ ℃的介质管道。

(2)焊接管件应满足焊接质量检验的有关规定。

(3)焊接弯管主要尺寸偏差应符合规定。周长偏差:当管径 $DN > 1\,000$ mm 时,不超过 ± 6 mm;管径 $DN < 1\,000$ mm,不超过 ± 4 mm;端面与中心线的垂直偏差(图 7-4)不大于管外径的 1%,且不大于 3 mm;

(4)同心异径管两端中心线应重合,其偏心值(a1-a2)/2(图 7-5)不大于大端外径的 1%,且不大于 5 mm,偏心异径管过渡区应圆滑。

(5)焊制三通的支管,垂直偏差不应大于其高度的 1%,且不大于 3 mm。

(6)公称直径 $DN \geqslant 400$ mm 的焊制管件,应在其内侧的焊缝根部进行封底焊。

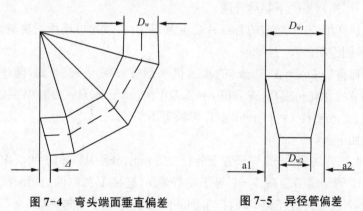

图 7-4 弯头端面垂直偏差   图 7-5 异径管偏差

7.5.2 焊接管件的下料展开图

7.5.2.1 焊接弯头

焊接弯头多用于大尺寸排水管道、特殊材质管道和国际工程中难以采购的项目,是由两个端节和若干个中间节的管段所组成。中间节两端带有斜截面,端节一端带有斜截面,长度是中间节的一半。焊接弯头的标准节数和各节的中心角见表7-5。

表 7-5 焊接弯头的标准节数和各节中心角

弯头角度	节数	中间节		端节	
		节数	中心角	节数	中心角
90°	4	2	30°	2	15°
60°	3	1	30°	2	15°
45°	3	1	22°30′	2	11°15′
30°	2	0	—	2	15°

焊接弯头的弯曲半径一般为 $1.5DW$,最小为 $1.0DW$,端节的背高和腹高分别为中间节的背高和腹高的 $1/2$,并按下式计算

$$A = (2R + D_w)\mathrm{tg}\frac{\alpha}{2(n+1)}$$

$$B = (2R + D_w)\mathrm{tg}\frac{\alpha}{2(n+1)}$$

式中:A——中间节的背高(mm);

$\qquad B$——中间节的腹高(mm);

$\qquad R$——弯曲半径(mm);

$\qquad \alpha$——弯曲角度(°);

$\qquad n$——中间节的节数。

7.5.2.2 焊接弯头的下料展开图

首先做下料样板,有了端节的背高 $A/2$ 和腹高 $B/2$,就可以用作图法制作焊接弯头的下料样板,现举例说明。

[例]用公称直径 $DN=150$ mm 的技术供水钢管,$DW=165$ mm,制作 90℃ 焊接弯头。首先求端节的背高和腹高,查表得 $n=2$,$DW=165$ mm,$R=1.5DW=248$ mm,由上述公式,$A/2=89$ mm,$B/2=44$ mm,制作样板见图7-6。

大致步骤如下:

(1) 在纸上画直线段 7—7 等于管子外径 165 mm,分别从 1 和 7 两点作直线 7—7 的垂线,截取 1—1′ 等于端节腹高、7—7′ 等于端节背高,连接 1′ 和 7′ 两点得斜线 1′—7′。

(2) 以 1—7 之长为直径画半圆,把半圆的圆弧上各等分点向直径 1—7 作垂线,与直径 1—7 分别相交于 2 至 6 各点,并延长使其与斜线 1—7′ 相交于 2′ 至 6′ 各点。

(3) 左右边画 1—7 的延长线,截取 1—1 等于管子外圆周长($\pi DW=518$ mm),把

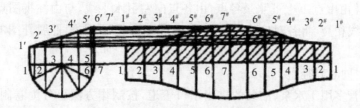

图 7-6 焊接弯头下料样板图

1—1 分成 12 等份,各等分点依次为 1、2、3、4、5、6、7、6、5、4、3、2、1,由各等分点作 1—1 的垂线,在这些垂线上分别截取 1—1″等于 1—1′,2—2″等于 2—2′,…,7—7″等于 7—7′。

(4) 用曲线板连接 1″、2″…7″…1″,得曲线 1″—1″,图中带斜线部分即为端节的展开图。

(5) 在 1—1 直线段下面画出上半部的对称图,就是中间节的展开图。

7.5.2.3 焊接三通

三通,在电站中多用于检修水系统和渗漏水系统的公用部分,特别是在每台机组间隔段需要旁通的设计部位,同时也可用在特殊材质管道和国际工程中难以采购的项目。现以异径斜交三通这种一般情况为例说明下斜方法,异径直交和等径斜交为其特例。主管外径为 DW、支管外径为 dW,支管内径 d,壁厚为 δ,样板展开图见图 7-7。

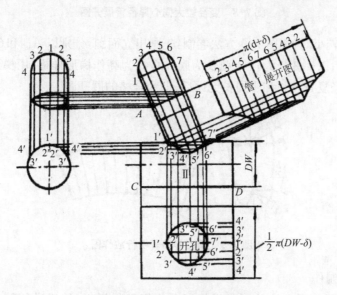

图 7-7 异径斜交三通展开图

步骤如下:

(1) 按已知尺寸画出主视图和侧视图,求出结合线。

(2) 画支管展开图,在 AB 延长线上截取 1—1 等于断面圆周展开长度 $\pi(d+\delta)$ 的,并分成 12 等份,由各点引对 1—1 的垂直线,与由结合线各点所引的与 AB 平行的直线相交,将各对应交点连成曲线,即为支管 I 的展开图。

(3) 画主管 II 开孔展开图,在由点 D 引的下垂线上截取支管 III 断面半圆周长度 π

$(DW-\delta)/2$，并由中点 $1'$ 上下照录各点，由各点向左引水平线，与由注视图点 C 和结合线各点所引下垂线相交，将各对应交点连面曲线及直线，即为主管Ⅲ展开图的 1/2 和切孔实线。

7.5.2.4 同心异径管

同心异径管多用于水泵、油泵的进出水口管道，按制作方法可分为卷制、抽制和捻制三种方法。

（1）当变径较大时，用图 7-8 方法卷制：根据所给尺寸画出异径管的立面图；延长斜边 ab 和 cd，相交于 O 点；分别以 Oa 和 Ob 为半径画圆弧，截取 aE 和 bF 使其分为大头和小头的圆周长，即为展开图。

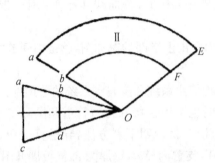

图 7-8 变径较大同心异径管展开图

（2）当变径较小时，用图 7-9 方法卷制：先画出立面图，分别以 AB 和 CD 为直径画半圆并分成 6 等份；以 a 弦长为顶、b 弦长为底、AC 长为高作梯形样板；用梯形为小样板，12 份拼齐连成后，经复查总长和圆周长无误后，即为合格的展开图。

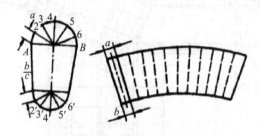

图 7-9 同心异径管梯行放样图

（3）弯管的制作

制作前先按展开图在油毡纸或样板纸上作好下料样板，然后进行下料、组对、焊接。其制作方法和要求如下：

① 公称直径小于 400 mm 的焊制弯头，可用无缝钢管或有缝钢管制作。

② 下料时先在管子上沿轴线划两条直线，使这两条直线间弧距等于管子外圆周长的一半，然后将下料样板围在管子外面，使下料样板上的背高线和腹高线分别与管子上的两条直线重合。

③ 沿下料样板在管子上画出切割线。

④ 将下料样板翻转 180°，画出另一段的切割线，两段之间应留足割口的宽度。用氧

一乙炔焰切割时,根据管壁的薄厚留出 3～5 mm 的割口,用锯割或其他方式切割,应留出相应切口宽度。

⑤ 用油毡纸做下料样板时,计算管子直径应是管子外径加上油毡纸的厚度。

⑥ 当用钢板卷制弯管时,制作下料样板所做成的管子直径应是管子内径加钢板厚度。

⑦ 焊接弯管各段在焊接前要开坡口,弯管外侧的坡口角度应小些,内侧坡口角度应大些。

⑧ 焊接弯管在组对时,应将各管节的中心线对准,定位焊先焊两侧两点,将角度调整正确后再焊几处。90°管定位焊时,应将角度放大 1°～2°,以便焊接收缩后得到准确的弯曲角度。

⑨ 全部组对定位焊完毕、角度符合要求后,才可进行其余焊接。

（四）三通的制作

各种焊接三通在制作前,先做出样板,然后用样板在管道上画线切割。在管道上开孔时位置要准确,切口的边缘距管端不得小于 100 mm。在确定位置画出十字中心线,样板上的中心线应与所画十字中心线对齐,再按样板画线切割。为了提高三通强度,最好按支管的内径开孔。圆三通开孔可用切割好的支管直接扣在主管上画出三通孔的切割线,然后由此线向里减去管壁厚度,即为三通孔的切割线。

组对三通时,应按规定铲出坡口,间隙为 2～3 mm,搭接焊缝应使管壁紧靠,其间隙不得大于 1.5 mm,然后进行组对、焊接,其方法同前。

（五）异径管的制作

采用钢板卷管时,先做出样板,然后将样板平铺在钢板上画线、下料,并按要求加工坡口,除去毛刺和氧化铁皮,用滚板机或压力机卷圆,再用 1/4 圆的弧形样板检查内圆的弧度。经修整达到要求后施焊。无机械卷圆时,也可手工卷制,制作时先在切割好的钢板上切线条,用铁锤敲打弯制,锤击力量要适当,以免产生过度变形,随时用 1/4 圆弧样板检查。如发现扭曲不对口时,可用工具校正。

第六节　管道的连接

7.6.1　管道的螺纹连接

螺纹连接,亦称丝扣连接,是管道连接的基本方法之一,通过内外管螺纹把管道和管道、管道和阀件、管道和设备连接在一起。

7.6.1.1　适用范围

（1）低压流体输送用焊接钢管（GB3092—82）,特别是低压流体输送用镀锌焊接钢管（GB3091—82）,为了保证工艺要求,必须采用螺纹连接,镀锌焊接钢管采用螺纹连接,可防止破坏镀锌层。

（2）螺纹连接除适用于焊接钢管的连接之外，还适用于硬质聚氯乙烯管、铜及铜合金管等管道的连接，除硬质聚氯乙烯管的适用温度为−15℃～60℃之外，其余管子的适用温度为100℃以下。

7.6.2 管螺纹的规格及连接形式

7.6.2.1 管螺纹分圆柱管螺纹和圆锥管螺纹两种，圆柱管螺纹和圆锥管螺纹的牙型代号分别为 G 和 ZG。牙形角均为 55°，圆柱管螺纹和圆锥管螺纹每英寸（25.4 mm）的牙数、螺距、螺纹高度等也相同。圆锥管螺纹的锥度为 1/16。螺纹尺寸及公差参数见表 7-6。

这两种管螺纹的螺线方向均分左旋螺纹和右旋螺纹，一般介质均选用右旋，只有易燃易爆特殊介质选用左旋。

表 7-6 圆柱管螺纹尺寸

公称通径 DN		每英寸 (25.4 mm) 牙数 n	螺距 P	螺纹高度 h	基本直径 大径 d	大径公差 外螺纹 Td2
						下偏差（−）
mm	in				mm	
6	1/8	28	0.907	0.581	9.728	0.214
8	1/4	19	1.337	0.856	13.157	0.250
10	3/8	19	1.337	0.856	16.662	0.250
15	1/2	14	1.814	1.162	20.995	0.284
20	3/4	14	1.814	1.162	26.441	0.284
25	1	11	2.309	1.479	33.249	0.360
32	11/4	11	2.309	1.479	41.910	0.360
40	11/2	11	2.309	1.479	47.803	0.360
50	2	11	2.309	1.479	59.614	0.360
65	21/2	11	2.309	1.479	75.184	0.434
80	3	11	2.309	1.479	87.884	0.434
90	31/2	11	2.309	1.479	100.330	0.434
100	4	11	2.309	1.479	113.030	0.434
125	5	11	2.309	1.479	138.430	0.434
150	6	11	2.309	1.479	163.830	0.434

7.6.2.2 由于管螺纹有两种类型，所以管螺纹的连接常用三种套入形式：

（1）圆柱形内螺纹套入圆锥形外螺纹。

（2）圆锥形内螺纹套入圆锥形外螺纹。

（3）圆锥形内螺纹套入圆柱形外螺纹。

一般是管件设备加工成圆柱形内螺纹、管子加工成圆锥形外螺纹，这种方法施工方便，密封性能也好；但可锻铸铁管件大都采用圆锥形内螺纹，它与管子圆锥形外螺纹连接效果更好。为保证管螺纹连接的严密性和可靠性，管螺纹的加工长度应满足表 7-7 要求。

表7-7 管螺纹的加工长度

公称直径 (mm)	短螺纹		长螺纹		连接阀门的 螺纹长度(mm)
	长度(mm)	螺纹数(牙)	长度(mm)	螺纹数(牙)	
15	14	8	50	28	12
20	16	9	55	30	12.5
25	18	8	60	26	15
32	20	9	65	28	17
40	22	10	70	30	19
50	24	11	75	33	21
65	27	12	85	37	23.5
80	30	13	100	44	26

7.6.2.3 加工方法

管螺纹的加工(也称套丝)有手工套丝和机械套丝两种。

手工套丝工具是绞板(带丝),有轻便式和普通式两种。轻便式绞板用于管径较小而普通绞板操作不便的场合。管螺纹的加工长度随管径大小而异,见表7-8。

表7-8 管螺纹加工最小长度 单位:mm

公称直径 DN	15	20	25	32	40	50	70	80
连接阀件的管螺纹	12	13.5	15	17	19	21	23.5	26
连接阀件的管螺纹	14	16	18	20	22	24	27	30

机械套丝设备种类繁多,适用于专业及大批量管螺纹加工。

7.6.2.4 管螺纹的连接方式

(1) 短丝连接:属于固定性连接,常用于管子与设备或管子与管件的连接。

(2) 长丝连接:长丝是管道的活连接部件,代替活接头,常用于与散热器的连接。

(3) 话接头连接:由三个单件组成,即公口、母口和套母,常用于需要检修拆卸的地方。

7.6.2.5 管螺纹连接的填料

管螺纹无论用何种方式连接,均需在外螺纹和内螺纹之间加填料。常用的填料有麻丝、铅油、石棉绳、聚四氟乙烯密封带等,填料的选用是根据管道所输送介质的温度和特性确定。

7.6.2.6 管螺纹连接用工具

管螺纹连接安装时,常使用管钳和链钳。管钳是安装人员随身携带的工具,根据管径不同选用不同规格管钳;链钳用于安装场所狭窄而管钳又无法工作的地方,链钳的适用管径范围较大。

7.6.3 管道螺纹连接的注意事项

(1) 在管端螺纹上加上填料,用手拧入2~3扣后再用管钳一次拧紧,不得倒回反复拧,对铸铁阀门或管件不得用力过猛,以免拧裂。

（2）填料不能填得太多,如挤入管腔会堵塞管路。应及时清除挤在螺纹外面的填料。

（3）各种填料只能用一次,螺纹拆卸、重新安装时,应更换填料。

（4）一氧化铅与甘油混合调合后,需要在 10 min 左右用完,否则会硬化,不能再用。

（5）在选用管钳或链钳时,应与管子直径相对应,不得在管钳手柄上套上长管当手柄加大力臂。

（6）组装长丝时应采用下述步骤:

① 在安装长丝前先将锁紧螺母拧到长丝根部。

② 将长丝拧入设备螺纹接口里,然后往回倒扣,使管子另一端的短丝拧入管箍中。

③ 管箍的螺纹拧好后,在长丝缠麻丝抹铅油或加上其他填料,然后拧紧、锁紧螺母。

7.6.4　管道的法兰连接

法兰连接是管道工程中常用的连接方法之一,其优点是结合强度高、结合面严密性好、易于加工、便于拆卸,广泛应用于带有法兰的阀件与管道的连接、需要经常检修的管道和高温高压管道的连接,法兰连接适用于明设和易于拆装的沟设或井设管道上,不宜用于埋地管道上,以免腐蚀螺栓,拆卸困难。

7.6.4.1　法兰的选用

（1）应根据介质的性质（如腐蚀性、易燃易爆性、毒性和渗透性等）、温度和压力参数选用,首先应选用国家标准法兰,其次是部标法兰,极特殊情况采用自行设计的非标准法兰。

（2）在管道工程中需根据介质的最大工作压力、最高温度、所选用的法兰材料换算为公称压力,再选用标准法兰。

（3）根据公称压力、工作温度和介质性质选出所需法兰类型、标准号及材料牌号,然后根据公称压力和公称直径确定法兰的结构尺寸、螺栓数目和尺寸。

（4）选择与设备或阀件相连接的法兰时,应根据设备或阀件的公称压力来选择。当采用凹凸法兰连接时,一般设备或阀件上的法兰制成凹面或槽面,配制的法兰为凸面。

（5）对于气体管道上的法兰,当公称压力小于 0.25 MPa 时,一般应按 0.25 MPa 等级选用。

（6）对于液体管道上的法兰,当公称压力小于 0.6 MPa 时,一般应按 0.6 MPa 等级选用。

（7）真空管道上的法兰,一般按公称压力不小于 1.0 MPa 的等级选用凹凸式法兰。

7.6.4.2　垫片的选用

（1）法兰垫片的材料应根据管道输送介质的特性、温度及工作压力进行选择。

（2）橡胶石棉板垫片用于水管和压缩空气管法兰时,应涂以黄油和石墨粉的拌合物,用于蒸汽管道法兰时,应涂以机油和石墨粉的拌合物。

（3）金属石棉缠绕式垫片有多道密封作用,弹性好,可供公称压力 1.6~4.0 MPa 管道法兰上使用,且很适宜在压力温度有较大波动的管道法兰上使用。

（4）公称压力 $PN \geqslant 6.4$ MPa 的法兰应采用金属垫片,常用的金属垫片截面有齿形、椭圆形和八角形等,金属垫片的材质应与管材一致。

(5)金属齿形垫片因每个齿都起密封作用,是一种多道密封垫片,密封性能好,适用于公称压力 $PN \geqslant 6.4$ MPa 的凹凸法兰,也可用于光滑面法兰;椭圆和八角形的金属垫片适用于公称压力 $PN \geqslant 6.4$ MPa 的梯形槽式法兰。

7.6.4.3 法兰的连接与安装

连接与安装步骤:

(1)焊接法兰时要使管子和法兰端面垂直,管口端面倾斜尺寸或垂直偏差不超过 ±1.5 mm,组装前应进行检查,检查时需从相隔 90 ℃的两个方向进行,点焊后再复查校正。另外,管子插入法兰应使其端部与法兰密封面的距离符合法兰标准的要求,无误后再进行焊接。

(2)焊完后如焊缝高度高出密封面时,应将高出部分锉平。

(3)为便于装拆法兰、紧固螺栓,法兰平面距支架和墙面的距离不应小于 200 mm。

(4)工作温度高于 100 ℃的管道,螺栓应涂一层石墨粉和机油的调合物,以便日后拆卸。

(5)拧紧螺栓应按一定顺序进行,一般每个螺栓分四次拧紧,由于螺栓数量一般为偶数,前三次应对称成十字交叉拧动,最后一次按相邻顺序拧动。第一次拧紧程度达 50%,第二次拧紧程度达 60%～70%,第三次拧紧程度达 70%～80%,最后按顺序拧紧程度达 100%。

(6)法兰连接好后应进行试压,如发现渗漏,应更换垫片,直至合格。

(7)当法兰连接的管道需要临时封堵时,需采用法兰盖封堵,法兰盖的型式、结构、尺寸和材质应和所配用的法兰一致,只不过法兰盖中间无安装管子的法兰孔。

7.6.5 管道的焊接连接

焊接连接是管道工程最主要的、最为广泛应用的连接方式。

7.6.5.1 焊接工艺的类别及应用

(1)焊接工艺有手工电弧焊、手工氩弧焊、埋弧自动焊、气焊、钎焊等多种焊接方法。

(2)各种有缝钢管、无缝钢管、铜管、铝管和塑料管等管子都可采用焊接连接方式。

(3)镀锌钢管不能采用焊接连接方式,只能用螺纹连接,以免镀锌层被破坏。

(4)外径 $DW \leqslant 57$ mm、壁厚 $\delta \leqslant 3.5$ mm 的铜管、铝管的连接,可采用电焊、气焊、钎焊等焊接连接方式。

7.6.5.2 焊接连接的优缺点

优点:

(1)接头强度大,牢固耐久。

(2)接头严密性好,不易渗漏。

(3)不需要接头配件,造价相对较低。

(4)安全可靠、维护费用低。

缺点：

（1）接口固定，如需要拆卸管道，必须把管子切断，再重新焊接。

（2）焊接工艺要求严格，尤其是高压管道，易燃易爆气体、有毒气体、压力容器管道的焊接焊工应按《现场设备、工业管道焊接工程施工及验收规范》（GBJ 236—82）接受培训考试，并取得焊工操作资格。

7.6.6 钢塑管的连接

钢塑管的内衬层（UPVC）与钢管之间应连接牢固且具有优良的密封措施。钢塑管的钢管和 UPVC 衬层间不应有脱落现象。内衬层应具有优良的防腐能力，其表面不允许有气泡、裂纹、脱皮、凹陷、色泽不均等。钢塑管的剪切强度、抗弯曲、抗压扁等性能应符合相关的要求，并有相关部门的检验合格报告。

钢塑管的外层镀锌钢管应能承受一定的外力，且内外表面不应对使用有害的伤痕或裂纹等缺陷。钢塑管管件应为整体注塑产品。在搬运及安装钢塑管时，应注意防止碰撞、冲击。不得与化学品同放，防止出现软化和侵蚀现象，并应防尘，远离火源。因钢塑管的内衬层是 UPVC 材料，以及考虑到钢塑管的连接方式（要求端口平直），因此在进行切割下料时，应采用电动锯切割，并且在切割的过程中随时用冷却液进行冷却，切割时要保证断口与管中心的垂直度。

钢塑管管件内部有橡胶密封圈，因此要求钢塑管端面要有一定的平整度，在钢塑管切割完毕后，用刮刀或绞刀修整内缘，去除内壁凸纹、刺及棱角，为了保证管内衬塑层的密封，在管端塑层应倒角。管端螺纹应加工至标准规定长度。在进行连接时，在管端和管件螺纹根部均匀涂上一圈专用密封胶。在管端和管件螺纹根部均匀涂上一圈专用密封胶。

为了保证钢塑管的连接密封性，钢塑管管螺纹的加工要有一定的精度，因此对于钢塑管的工程规格、内外径以及壁厚等均有一定的要求。

钢塑管要求衬塑层平滑，与外层主体的同轴度高，管件与钢管的配合尺寸得当，在加工丝扣后无须大的修整即可安装使用。

7.6.7 卡箍连接工艺

管道沟槽式卡箍连接工艺是近年来管道安装推广的一种新工艺，在贯流式电站中多用于消防系统和供水系统，和传统的焊接等工艺相比，具有施工快速简易、接口安全可靠、隔振、占用空间小、不易腐蚀、维护改造方便等优点。管道沟槽的加工采用专用管道滚槽机进行加工，由于采用卡箍连接的管道的密封主要靠卡箍的夹紧力使卡箍内的密封胶圈被动压制紧贴在管道的外表及末端表面，防止外漏。因此，固定卡箍的沟槽的加工质量对于管道密封性能的好坏有直接的关系。在加工沟槽时应注意沟槽的深度应符合设计要求且不得超标。

加工沟槽的管道在外径、管道不圆整度、管外径等方面都有严格的要求，因此对需要进行沟槽加工的管道应进行严格的检验、检测，不符合要求的管道不准使用，管道沟槽的加工应按照以下的加工工艺流程进行(图7-10)。

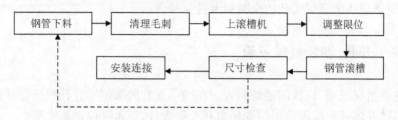

图7-10 管道沟槽式卡箍连接的工艺流程

7.6.7.1 安装前的准备

主要机具:开孔机、滚槽机、钢管切割机、滚槽机尾架、扳手、游标卡尺、水平仪、木榔头、安装脚手架、润滑剂等。

根据图纸管道位置安装好管道的支架、吊架。清除管内污垢和杂物,校直管子。对镀锌钢管进行外观检查,管子内外镀锌应均匀,无锈蚀,无飞刺。

7.6.7.2 管子滚槽

(1)用切管机将钢管按所需长度切割,切口应平整。切口处若有毛刺,应用砂轮机打磨。

(2)将需加工沟槽的钢管架设在滚槽机和滚槽机尾架上。

(3)用水平仪调整滚槽机尾架,使滚槽机和钢管处于水平位置。

(4)将钢管端面与滚槽机下滚轮挡板端面贴紧,即钢管与滚槽机下滚轮接挡板端面成90°。

(5)启动滚槽机电机,徐徐压下千斤顶,使上压轮均匀滚压钢管至预定的沟槽深度为止,停机。

(6)用游标卡尺、深度尺检查沟槽的深度和宽度等尺寸,确认符合标准要求。

(7)千斤顶卸荷,取出钢管。

7.6.7.3 卡箍管道安装

(1)安装应遵循先装大口径、总管、立管,后装小口径、支管的原则。安装过程中应按连接顺序连续安装,以免出现段与段之间连接困难和影响管路整体性能。

(2)管道接头两端应设支撑点,以保证接口牢固。

(3)准备好符合要求的沟槽管段、配件和附件。钢管端面不得有毛刺。

(4)检查橡胶密封圈是否损伤,将其套上一根钢管的端部。

(5)将另一根钢管靠近已套上橡胶密封圈的钢管端部,两端间应按标准要求留有一定间隙。

(6)将橡胶密封圈套上另一根钢管端部,使橡胶密封圈位于接口中间部位,并在其周边涂抹润滑剂(洗洁精或肥皂水)。润滑剂涂抹应均匀。

(7)检查两端管道中轴线,应使其尽量保持一致。

(8)在接口位置橡胶密封圈外侧将金属卡箍上、下接头凸边卡进沟槽内。

(9)压紧上、下接头的耳部,并用木榔头楔紧接头凸缘处,将上、下接头靠紧。

(10)在接头螺孔位置穿上螺栓,并均匀轮换拧紧螺母,以防止橡胶密封圈起皱。收紧力矩应适中,严禁用大扳手上紧小螺栓,以免收紧力过大,螺栓受损伤。

(11)检查确认卡箍接头凸边全圆周卡进沟槽内。

7.6.8　管子开孔、安装机械三通

(1)安装机械三通、机械四通的钢管应在接出支管的部位用开孔机进行开孔。

(2)用链条将开孔机固定于钢管预定开孔位置处,用水平仪调整水平。

(3)启动电机使钻头转动。

(4)转动开孔机的手轮使钻头缓慢向下,并适量添加开孔钻头的润滑剂(以保护钻头),完成钻头在钢管上开孔。

(5)清理钻落金属块和开孔部位残渣。若孔洞有毛刺,需用砂轮机打磨光滑。

(6)将机械三通、接头置于钢管孔洞上下,使机械三通、橡胶密封圈与孔洞间隙均匀,并紧固螺栓到位。

7.6.9　卡箍式柔性管接头连接

7.6.9.1　卡箍式柔性管接头构造

由2个端管、2个管卡、1个密封橡胶圈、4个螺栓、4个螺母组成,端管与要连接的钢制管道焊接,管卡分上下两半,形状完全相同,呈对称设置,安装时先把密封圈放在具有一定间隙的端管上,然后用两个管卡把密封圈包在里面,并用4个螺栓卡住。

7.6.9.2　卡箍式柔性管工作原理

开始安装时,密封圈本身有一定的弹力,可紧贴在管卡上,一旦通过压力介质,压力介质压紧密封圈,产生自密封作用;而且压力越大,密封压力越大。此外,这种管接头具有一定的柔性,可以代替明设管道的热胀冷缩补偿器,并允许在接头处有一定的偏转角度,因此非常适宜于明设管道的连接。管道与端管的焊接方式,一般为对接,也可采用承插连接,根据温差变化的大小,有两种柔性管接头:一种是肩型管接头,适用于温差变化较小的情况;一种是环型管接头,适用于温差变化较大的情况,端管上设置有止推突缘,管卡上设置有止推凹槽,以便对伸缩和偏转进行定位,不同直径、不同工作压力的管接头在产品说明书中都给出了允许的伸缩和偏转角度,根据安装时的气温确定安装时端管的间隙量。

7.6.10　卡箍式柔性管安装

7.6.10.1　端管焊接

管接头与端管的焊接工作量较大,为保证焊接质量、加快施工进度,一般采取"端管集中焊接、现场组装"的施工方法。焊接时应注意以下几点。

(1)焊接前应检查有无影响密封效果的撞痕裂纹等,如有需处理后方可进行焊接。

(2)用气焊把端管坡口上的油漆烤掉,再用钢丝刷清除干净,直至发亮。

(3)对焊前应检查钢管轴线与端管面是否垂直,合格后将端管与管子对正,准备

焊接。

（4）为防止端管密封面不受焊渣液飞溅而粘着,焊接时应对密封面采取保护措施。

（5）端管焊缝尺寸和焊接质量应符合有关焊接技术规定,并进行相应的质量检查。

（6）严寒季节焊接时,应对钢管端部及端管进行预热。

7.6.10.2 密封圈安装

安装前,先将焊好的端管密封面上的铁锈清除干净,并在密封圈内侧涂一层干油或黄油,然后把密封圈套在已焊接好的端管一侧,使待接的钢管靠拢,对正中心,同轴平直,调整好两管的间隙,最后将密封圈移至两端管的密封面上。

7.6.10.3 管卡安装

管卡安装时应注意下列事项。

（1）管子安装前应注意密封,即是否在两端管中间位置,且保持密封圈沿圆周在同一平面上。

（2）安装管卡时,螺母分三次逐步拧紧,以免密封圈在管卡两端面上卡死变形而引起泄漏。

（3）为防止螺栓生锈,在拧螺母时应预先涂点黄油或不易干捆的油脂,以便检修时拆卸。

第七节 常用材料管道的连接

7.7.1 碳素钢管道的安装

7.7.1.1 碳素钢简介

碳素钢是指含碳量在 0.05%～0.7% 范围内的钢。含碳量低于 0.3% 的钢为低碳钢,含碳量在 0.3%～0.6% 的钢为中碳钢,含碳量高于 0.6% 的钢为高碳钢。用作管道材料的主要是低碳钢。

碳素钢中除了铁和碳两种元素外,还含有硅、锰、硫、磷等元素。根据钢中含硫量及含磷量的不同,又可分为普通碳素钢和优质碳素钢。优质碳素钢含硫量应在 0.04% 以下,含磷量应在 0.04% 以下。用来制造中、低压管道的主要有普通碳素钢和优质碳素钢。

7.7.1.2 碳素钢管道输送的介质

由于碳素钢管道制造较为方便,且规格品种多,价格低廉,同时又具有较好的物理性能和机械性能,易于焊接和加工,所以碳素钢管道被广泛用于石油、化工、机械、冶金、食品等各种工业部门。

由于碳素钢管道能承受较高的压力和温度,所以可以输送蒸汽、压缩空气、惰性气体、煤气、天燃气、氢气、氧气、乙炔、氨、水和油类等介质,经喷涂耐腐蚀涂料或作耐腐蚀材料衬里后还可输送有腐蚀性的介质,例如衬铅和衬橡胶管道能输送酸、碱介质。

7.7.1.3　碳素钢管道安装的一般规定

（一）管子的检查和清洗

各种管材和阀件应具备检验合格证；外观检查不得有砂眼、裂纹、重皮、夹层、严重锈蚀等缺陷。对于洁净性要求较高的管道安装前应进行清洗；对于忌油管道安装前应进行脱脂处理。

（二）管材的下料切断

1. 管道下料尺寸应是现场测量的实际尺寸。切断的方法有手工切割、氧-乙炔焰切割和机械切割。公称直径小于或等于 50 mm 的管子用手工或割刀切割，公称直径大于 50 mm 的管子可用氧-乙炔焰切割或机械切割。

2. 管子切口表面应平整，不得有裂纹、重皮；毛刺、凸凹、缩口、熔渣、氧化铁、铁屑等应予以清除；切口表面倾斜偏差为管子直径的 1%，但不得超过 3 mm。

（三）管道的安装

1. 管道安装应横平竖直，符合质量检验评定标准要求。管道的坐标、标高、坡度、坡向应符合设计要求。

2. 水平管道变径时宜采用偏心异径管（大小头），输送蒸汽和气体介质的管道应采用管底平，输送液体介质的管道应采用管顶平，以利于泄水和放空气。立管变径宜采用同心大小头。

3. 管道中的活接头或法兰，宜安装在阀门后面（对介质流向而言），这样便于检修时拆卸。

4. 水平管道上的阀门，手轮应向上安装，只有在特殊情况下，不能向上安装时，才允许向侧面安装。升降式止回阀、减压阀、调节阀必须安装在水平管路上。

5. 管道的对接焊缝或法兰接头，应离开支架 200 mm（个别对接焊缝允许离开支架边缘 50 mm），最好能放在两支架间距的 1/5 处。

（四）管道的螺纹连接

1. 连接管道的螺纹有圆锥形管螺纹和圆柱形管螺纹。圆柱形管螺纹的螺距，每英寸扣数、螺尾工件长度和工件高度及齿形角都与圆锥管螺纹相等，直径与圆锥形管螺纹基面直径相等。

2. 管螺纹的连接有圆柱形内螺纹、套入圆柱形外螺纹和圆柱形内螺纹、套入圆锥形内螺纹及圆锥形内螺纹、套入圆锥形纷螺纹三种方式。其中后两种连接方式连接紧密，是常用的连接方式。

（五）管道的焊接连接

焊接连接是管道的主要连接形式。碳素钢管道一般采用电焊和气焊。一般当公称直径小于或等于 50 mm 时采用气焊，公称直径大于 50 mm 时采用电焊。电焊的特点是电弧温度高，穿透能比气焊大，接口易焊透，适用于厚焊件。在同样条件下，电焊强度高于气焊，且加热面积小，焊件变形小。

气焊的特点是不但可以进行焊接，而且可以进行切割、开孔、加热等，便于施工过程中的焊接和对管子进行加热。气焊可用弯曲焊条，对于狭窄处的接口，便于焊接操作。在同样条件下，电焊成本低，气焊成本高。具体选用时，应根据管道施工的工作条件、焊件的结构特征、焊缝所处的空间位置以及焊接设备和材料来选择。

管道对接焊时,要求管子端面平齐,对口的错口偏差应不超过管壁厚 20%,且不超过 2 mm。对于管壁较厚的管子对接时,管端应按规范要求开"V"形坡口,并按要求留出对口间隙(当管壁厚小于 5 mm 时,对口间隙留 1.5～2.5 mm;当管壁厚大于 5 mm 时,对口间隙留 2～3 mm)。

(六)管道的法兰连接

1. 碳素钢管道最常用法兰连接形式为平焊法兰连接,当要求严密性强的管道采用凸凹法兰连接。

2. 法兰间应用垫片。垫片的材料种类应根据介质的性质、工作压力、工作温度选用。

3. 拧紧法兰螺栓时应对称、均匀地进行,并应注意尽量减少法兰的使用数量,避免由于法兰使用过多,降低管道的弹性和增加泄漏的可能。

(七)各类管道在安装中相碰时,应按下列原则相让

1. 小管让大管,支管让主管。

2. 有压力管道让无压力管道。

3. 低压管道让高压管道。

4. 常温管道让高温管道与低温管道。

5. 辅助管道让物料管道,一般物料管道让易结晶、易沉淀管道。

7.7.2 不锈钢管的安装

7.7.2.1 不锈钢的特性

不锈钢是在钢中添加一定数量的铬、镍和其他金属元素,除使金属内部发生变化外,还在钢的表面形成一层致密的氧化膜,可以防止金属进一步被腐蚀。这种具有一定的耐腐蚀性能的钢材称为不锈钢,有时也称耐酸钢。在不锈钢中,铬是最有效的合金元素。铬的含量必须高于 11.7% 才能保证钢的耐腐蚀性能。实际使用的不锈钢,平均含铬量为 13% 的称铬不锈钢。铬不锈钢只能抵抗大气及弱酸的腐蚀。为了使钢材能抵抗无机酸、有机酸和盐类的化学作用,除在钢中添加铬元素外,还需添加相当数量的镍(8%～25%)和其他元素,称铬镍不锈钢,有时又称奥氏体不锈钢。这种不锈钢材被加热到高温并急速冷却(淬火)时,并不硬化,反而具有较低的硬度和较高的可塑性。奥氏体不锈钢没有磁性,它的线胀系数比碳素钢大,其值为碳素钢的 1.5 倍。

7.7.2.2 不锈钢管道和管件

我国生产的不锈钢管大多数是用奥氏体不锈钢制成,分为无缝钢管和有缝卷制电焊钢管两种。出厂时按 GB 1220—75 的规定在管子末端涂色,以便现场识别。不锈钢管件大部分在现场制作,国家尚无标准件。为了保护不锈钢管外表面的氧化膜,运输时应用木板隔垫,敲打不锈钢管时应用不锈钢或硬度低于不锈钢的铝及其合金制成的榔头,防止破坏氧化膜而引起点腐蚀。

7.7.2.3　不锈钢管的加工工艺

（一）不锈钢管的切断

不锈钢管的切断采用锯割（用锋钢锯条）、砂轮磨割、碳弧气刨、等离子切割等方法进行。不锈钢管不允许用氧-乙炔焰切割。因为用氧-乙炔焰切割过程中形成一种难熔的氧化铬，其熔点高于管材的熔点，很难切断。

（二）不锈钢管道的坡口

不锈钢管道的坡口应用电动坡口机、手动坡口器等机械进行加工。不锈钢管道具有韧性大，高温机械性能高，切削黏性强和加工硬化趋势强等不利因素，切削时速度一般只能采用碳素钢的 40%～60%，切削刀具应用高速钢或硬质合金钢制作。

（三）不锈钢管道的弯曲

小公称直径的不锈钢管通常用手动弯管器或电动弯管机进行弯曲。为了减小弯管的椭圆度，应装芯棒或灌砂。公称直径较大的不锈钢管应灌砂加热后再弯曲。灌砂时应用紫铜榔头或木榔头敲打。为了防止增碳现象可将不锈钢管放在碳素钢套管中加热至 1 050～1 150 ℃进行弯曲，弯曲结束时，管子的温度不得低于 900 ℃。为了消除弯管时产生的应力，并增加弯管的塑性，弯曲结束后应将整个弯头再加热到 1 100 ℃，用水冷却进行淬火处理。

不锈钢管的虾壳弯头制作方法与碳素钢相同。

（四）不锈钢管的异径管和三通

不锈钢异径管不允许割制。公称直径小的异径管可用无缝不锈钢管加热后在压模中压制而成，公称直径大的异径管可用相同材质的不锈钢板放样、下料、卷制而成。不锈钢管的三通应在主管上开孔，把支管焊在主管开孔上。开孔时，应先在管上画出孔洞的大小，并敲好中心孔，然后用钻床钻孔，钻孔速度比碳素钢低 50%，同时必须使用冷却液。

（五）不锈钢管管口的翻边

不锈钢管管口翻边时，应根据管子直径的大小，用三套模具及压力机压制而成。第一次先压成 30°，第二次压成 60°，第三次压成 90°，并压平。

7.7.2.4　不锈钢管道安装的技术要求

（一）不锈钢管道的安装应尽量扩大预制量，力求做到整体安装。安装时应注意以下几点。

1. 安装前应对管子、阀件进行认真清洗、检查，以免由于牌号或化学成分与设计不符造成返工。如设计有特殊要求，需按要求处理。

2. 不锈钢管一般不宜直接与碳素钢管件焊接，当设计要求焊接时，必须采用异种钢焊条或不锈钢焊条。

3. 不锈钢管与碳钢制品接触处应衬垫不含氯离子橡胶、塑料、红柏纸或在钢法兰接触面涂以绝缘漆。因为不锈钢管直接与碳钢支架接触或当采用活套法兰连接时，碳钢制品腐蚀后铁锈与不锈钢管表面长期接触，会发生分子扩散，使不锈钢管道受到腐蚀。

4. 不锈钢管道应尽量减少法兰个数。为了安全，法兰不得设在主要出入口及门的上方，工作压力较大的管道在法兰连接处应设置防护罩。由于不锈钢管道输送的介质多数是腐蚀性的，泄漏后能对人造成伤害。

（二）不锈钢管的焊接要求基本与碳素钢管相同。所不同的有以下几点。

1. 焊工使用的锤子和刷子最好是不锈钢制造的，这样可以防止不锈钢发生晶间腐蚀。

2. 焊接前应使用不锈钢刷及丙酮或酒精、香蕉水对管子对口端头的坡口面及内外壁30 mm 以内的脏物、油渍仔细清除。清除后 2 h 内施焊，以免再次沾污。坡口面上的毛刺应用锉刀或砂纸清除干净，这样才能使焊条与管道焊接后结合紧密牢固。

3. 焊前应在距焊口 4～5 mm 外，涂一道宽 40～50 mm 的石灰浆保护层，待石灰浆自然干燥后再施焊，这样可防止焊接过程中飞溅物落在管材上。也可以用石棉橡胶板或其他防飞溅物进行遮盖。

4. 焊接时，不允许在焊口外的基本金属上引弧和熄弧。停火或更换焊条时，应在弧坑前方约 20～25 mm 处引弧，然后再将电弧返回弧坑，同时注意焊接应在盖住上一段焊缝 10～15 mm 处开始。

5. 不锈钢焊缝上不允许打号，可用涂色等予以标记。

6. 不锈钢管的焊接方法有手工电弧焊、氩弧焊及氧－乙炔焰焊接方法。氩弧焊时，氩气层流能保护电弧及熔池不受空气氧化，同时电弧局部熔化焊件和焊条，然后凝固成坚实的接头，焊接质量高，因此，氩弧焊在不锈钢管焊接中被广泛采用。

7. 氩弧焊时，氩气的纯度要求达到 99.9％以上。若水份过多，会使焊缝变黑，出现气孔电弧不稳并飞溅；若含氧氮过多时，会发生爆破声，使焊缝形成恶化。

8. 不锈钢管同一焊缝返修不能超过两次。

7.7.3 铜及铜合金管道的安装

7.7.3.1 铜及铜合金的特性

铜是一种紫红色的有色金属，一般惯称紫铜。铜具有良好的导电性、导热性和延展性；由于铜具有良好的导热性能，不易使局部加热，因而铜的可焊性较差；铜的耐腐性能较好，在没有氧化剂存在时，铜在水中及非氧化性酸中是稳定的，当介质中有氧化剂存在时，在大多数情况下会加速铜的腐蚀，有苛性碱及中性盐类的溶液中，铜相当稳定。在大气中铜有一定的稳定性。

根据不同用途，在铜中加入一些其他元素，可制得铜合金，以提高铜的强度、硬度、易切削性和耐腐蚀性。常用的铜合金有黄铜、白铜、青铜。黄铜是铜和锌的合金。工业上常用的牌号有 H62、H68、HPb59-1（铅黄铜）。黄铜有优良的铸造性和较好的流动性。铸造组织紧密，在大气条件下腐蚀非常缓慢，因此被广泛应用于造船工业及其他工业部门的管道。白铜是在铜中加入适量的镍。白铜被广泛应用于冷凝器及换热器的制作。青铜是铜和锡的合金。青铜具有很好的铸造性、抗腐蚀性及塑性，用途很广。

7.7.3.2 铜及铜合金管道加工和安装技术要求

1. 安装前应仔细核对管材的牌号，并进行外观检查。

（1）纵向划痕深度不大于 0.03 mm。

（2）横向的凸出高度或凹入深度不大于 0.35 mm。

（3）疤块、碰伤或凹坑，其深度不超过 0.03 mm，面积不超过管子表面积的 0.5%。

2. 铜及铜合金管道调直用橡皮锤或木榔头轻轻敲击，逐段调直。当调直时用金属平台时，需用木板铺垫，防止铜管在调直过程中划伤管表面。

3. 铜管的切断可采用钢锯、砂轮切割机，紫铜亦可用等离子弧切割；坡口用锉刀。不允许用气割切断和坡口。

4. 铜及铜合金管道的弯曲有冷弯和热弯两种。最好采用冷弯，弯管机及操作方法与不锈钢管冷弯相同。当受到设备条件限制时才采用热弯（由于热弯时管内砂子难以清除）。

（1）黄铜管热弯方法：管内填入干细砂，用木槌打实，在木炭上加热至 400～500 ℃，取出在胎具上煨制，不允许用冷水浇，因黄铜浸水速冷会产生裂纹。加热时火要均匀，温度和加热时间要适当，才能保证弯管质量。

（2）紫铜管热弯方法：先退火，冷却后再弯曲。其方法是管内灌入干细砂，用木槌打实，画出煨制长度，将煨制长度管段加热到 540 ℃，立即取出，先用冷水浇，使它骤冷，这样可使紫铜管在高温下所产生的氧化皮松脱。冷却后再进行弯曲。管径在 100 mm 以上者采用压制弯头或焊接弯头。

（3）铜管过墙及楼板时应加钢套管，套管间添加绝缘物。铜管的支架间距可按同规格碳素钢管架间距的 4/5 取用。

（4）铜管的连接方式有三种：螺纹连接、焊接连接及法兰连接。常用的法兰是采用铜管卷边松套钢法兰、平焊铜法兰、平焊铜环松套钢法兰、凸凹对焊铜法兰。法兰垫片采用石棉橡胶板或铜垫板。

第八章

辅助机械设备安装

第一节 油系统安装方案及技术措施

水电站的用油一般为润滑油和绝缘油两种，其中润滑油的种类很多，有透平油、空气压缩机油、机械油和润滑脂肪等，本节以贯流式机组为例，重点介绍透平油。它的作用式轴承润滑、散热以及对设备进行控制时传递能量（导叶开关系统、桨叶叶轮操作系统）。压力油可以供调速器用来操作机组开关、停机，只作用于导叶接力器和桨叶受油器。

通常情况下，水电站用油是由油系统和油处理系统组成。其中油系统包括：储油罐、油泵、滤油机、管道、阀门、漏油泵、油压装置及系统配置的控制箱、控制元件及操作盘柜等，实现给用油设备的给油、排油、添油及净化处理等工作。油处理设备的职能则是把油过滤后储存到油罐当中。此外，油管道部分分为进油和出油两种管道，进油管和压力油管以红色为标识颜色，排油管和漏油管则以黄色为标识色。

8.1.1 油系统安装流程图（图 8-1）

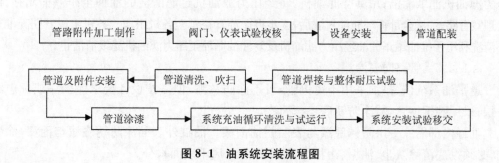

图 8-1 油系统安装流程图

225

8.1.2 主要施工方法及技术措施

8.1.2.1 设备清点与分解清洗检查

设备安装使用前,先进行开箱清点与分解检查(如设备制造厂有特殊要求则不分解),核对油泵、压力滤油机、透平油过滤机、烘箱的型号、规格,主要零部件、密封件以及垫片的品种和规格是否与设计相符合,各部件连接是否紧固,油泵腔、滤油机腔内是否清洁、无损伤、锈蚀等缺陷。

分解检查清洗时,对出厂时已装配调整完善的部分和透平油过滤机不得随意拆卸。有疑问时需得到供应商的认可批准,在制造商现场指导下制定处理方案。

清洗油泵与压力滤油机时,清洗液用汽油或透平油。

8.1.2.2 管路附件检验与校核

管路附件,如截止阀、压力表、油位计、油管呼吸器、法兰、管接头等,安装前,先核对型号、规格,再清洗干净。对阀门还需作阀门壳体强度耐压试验与阀芯严密性止漏试验,仪表需校核其灵敏度与精度并重新整定。

管路附件经清洗干净后,抹合格透平油并封堵,阀门关闭并封堵,作好记录与标志,单独存放,严禁非清洗与非试验阀门进入油系统安装环节。

8.1.2.3 管道配制

根据施工详图,现场配制机组供、排油总管至各机组段的三通支管与接口阀门及油处理供、排支管;管路配制时,各阀门安装位置必须满足设计要求,管路法兰分段合理、整体美观。管路配制工艺技术要求与措施同气系统"管路及其附件安装"。

不锈钢管采用清洗剂进行清洗;碳钢钢管的清扫用酸洗法清扫。酸洗池与中和池布置在后方制造车间,酸池和中和池的浓度按制造商的要求或有关标准调制。为保证酸洗和中和的速度及避免中和后的迅速返锈,酸洗和清扫时要加温至 60℃ 以上,并用循环泵连续冲洗。

8.1.2.4 管路循环冲洗

清洗油罐,将透平油注入其中任一运行油罐;自备压力滤油机,利用油处理室供排油干管与支管将油路连通,使运行油罐的油经压力滤油机抽至另一运行油罐,循环反复,至压力滤油机滤纸清洁;用真空滤油机,将经压力滤油机过滤清洁的油抽至净油桶储存;油处理室管路、油罐全部循环充油过滤后,逐步将循环管路延至各机组段。各机组段管路充油循环清洗利用手推油罐车注油经压力滤油机反复注油循环至压力滤油机滤纸清洁止。

8.1.2.5 管路防腐涂漆

透平油系统供、排油采用不锈钢管,可不涂防锈漆,但需按设计要求涂面漆或标志漆一层;采用碳钢钢管,需涂防锈底漆与面漆。

油罐内部需涂一层防锈底漆与表层耐油面漆。油缸外表面涂防锈底漆与面漆,涂装前,必须彻底清除灰尘、油垢、污物等,用干燥空气风干表面水分。

第二节　压缩空气系统安装方案及技术措施

压缩空气系统主要作用是向压力油罐内充气补气,在常规油压装置油罐内有1/3的压力油和2/3的压缩空气,使两者在一定压力内平衡互补,为调速系统操作提供压力动力。同时利用压缩机带动,用于机组停机制动以及空气围带的补气,兼顾检修的风动工具使用及油管设备清扫,北方区域也有使用压缩空气在闸门和拦污栅轨道进行吹风防冻措施,但目前偏少。

设备主要构成:高低压空气压缩机、储气罐、管路阀门、控制屏、电磁阀、压力表等。其中,空气压缩机、储气罐、控制屏多布置在厂房下层的房间里,首先把储气罐就位固定后,然后排列管件进行安装,储气罐和管路连接安装完毕后,要进行打压试验,再进行空压机的安装与调试。其中,压缩空气管道为白色,空压机是根据储油罐的容积、额定压力、电接点压力表整定值等进行调试,按照先升压后稳压,能启动再调压,先手动后自动的顺序进行调试,以保证这个气系统的安装和操作无误。

8.2.1　压缩空气安装流程图(图8-2)

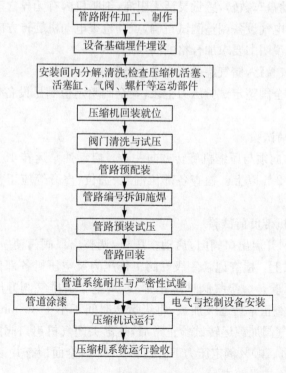

图8-2　压缩空气安装流程图

8.2.2　主要施工方法及技术措施

8.2.2.1　分解检查

目前大部分压缩机是整体到货,在工地不允许分解,如果压缩机需要分解检查时,应注意清洗干净主机和附属设备的防锈油封。清洗后应除尽清洗剂和水分并涂一层润滑油,应注意检查设备、零部件是否有缺陷,工作腔内是否有杂物和异物,按厂家要求进行回装,并添加合格润滑剂。

8.2.2.2　安装调整

压缩机的安装水平偏差不大于 0.2/1 000,调整主轴或气缸顶平面水平度使之满足要求,加固基础,安装调整时用楔铁调平,用水准仪监测,加固时焊接应可靠接地,防止电弧烧损气阀等。

8.2.3　压缩空气系统试运行程序

空压机启动试运转原则上严格按厂家使用说明书规定程序进行,在试运转过程中校核调整安全阀与减压阀工作压力,使安全阀动作压力符合设计要求,减压阀减压正确。具体按下述程序操作。

8.2.3.1　中压空压机试运转启动前的检查

(1) 启动前,手动盘车数转,感觉灵活无阻滞,细听机内有无异常声响。

(2) 量测仪表和电气设备调整测试正确,点动检查电动机旋转方向与压缩机一致。

(3) 按厂家使用说明书要求加合格的润滑剂。

(4) 复检进、排气管路,储气罐是否干净无杂物。

(5) 复查各级安全阀整定试验压力记录,安全阀整定值满足设备使用说明书要求,动作灵敏、可靠。

8.2.3.2　空负荷试验

点动电机旋转方向须与压缩机旋转方向一致。启动油泵运转 15 min。打开各级吸、排气阀,空压机空转 2 h 以上。检查各部位温度、油位、声音等应正常,润滑系统运转正常,各紧固件无松动。

8.2.3.3　压缩机带负荷试验

(1) 从一级开始,开启出口阀门,启动空压机,调整出口阀门便一级缸升压至其工作压力,运转 30 min 以上。检查记录一级气阀工作压力及空压机各部位运行温度变化,无异常时可继续下步试验。一级气阀试运正常后,调整二级排气阀升压至额定压力,运转 30 min 以上,全面检查正常后逐级加载,每级运转时间不小于 30 min。空压机带额定负荷运行;空压机各级气阀加载运转试验正常后,逐渐关闭气机出口阀门,使之出口气压控制在 25%、50%、75%、100%额定压力下各运转 1~2 h,全面检查并记录气机各部位运转是否正常,各参数是否满足要求。

(2) 空压机超负荷运行。空压机带额定负荷运行正常后,缓慢关闭出口阀门,使各级气压超额定值,校验并整定各级安全阀动作压力,空压机超负荷试验运行时间不宜过长,以检验整定安全阀灵敏动作为目的。

8.2.3.4 低压气机试运转启动前的检查

(1)启动前,手动盘车数转,感觉灵活无阻滞,细听机内有无异常声响。

(2)测量仪表和电气设备调整测试正确,点动检查电动机旋转方向与压缩机一致。

(3)按厂家使用说明书要求加合格的润滑剂。

(4)复检进、排气管路,储气罐是否干净无杂物。

(5)复查各级安全阀整定试验压力记录,安全阀整定值满足设备使用说明书要求,动作灵敏、可靠。

8.2.3.5 空压机启动、空载运行试验

打开气机出口阀门,使气机空载。点动电机、其旋转方向须与压缩机旋转方向一致。启动空压机并运转3~5 min,无异常现象后连续运转2 h,检查各部位运行温度、油压等无异常。

8.2.3.6 空压机带负荷试验

首先启动空压机带一级气阀运行30 min,经检验气机各部无异常现象后,逐级将压力逐步升高至额定压力,其每级额定气压运行不低于30 min。

气机带额定负荷运行;气机经各级升压试验合格后,启动气机,关闭旁通阀门,控制气机带额定气压运行2 h以上,并每隔30 min记录一次各部位润滑油压力、温度和各部位的供油情况,各级吸、排气压力与温度,各轴承的温度,电机电流、电压等运行参数。

气机经额定负载试验合格后还必须校验安全阀动作压力。安全阀动作必须准确、灵敏。

气机经试运行完毕后,全面更换润滑油与清洗润滑系统。

第三节 供、排水系统安装方案及技术措施

8.3.1 排水系统简介

在水电站生产过程中,需要排除各种各样的水。排水系统相对比较简单,但却非常重要,有的电站曾发生过水淹厂房及人身伤亡事故,应引起设计、施工和运行人员重视,目前我国在水电站排水设计中,特殊增加了水淹厂房报警装置。排水系统由厂房渗漏排水和机组检修排水两部分组成。根据排水系统的任务、特点和排水方式划分,厂内渗漏排水通常包括:厂内水工建筑物的渗水;主轴密封漏水、定子冷却水排水、贯流式机组在导水机构增加密封排水、轴流式水轮机的顶盖与主轴密封漏水、伸缩节漏水及各供排水阀门、管件渗漏水;气水分离器及贮气罐的排水等。有些电站将水冷式空压机和水冷式变压器的冷却水也排至厂内集水井。

渗漏排水的特点是排水量小,高程较低,不能靠自流排至下游。因此,一般电站都设

有集水井,将上述渗漏水集中起来,然后用水泵抽出。

检修排水包括:尾水管内的积水;进出水道内的积水(高于尾水位的大量积水应先自流排走)、上下游闸门的漏水、机组检修时的流道排水等。检修排水的特点是排水量大,高程很低,需用水泵在较短时间内排除。

总之,无论渗漏排水、检修排水以及冷却器等生产用水的排水,只要能靠自压排至下游的,应尽量采用自流排水方式,这样既可靠又经济。否则可将其先排至高程较低的集水井(或集水廊道,图8-3),再用水泵抽出。

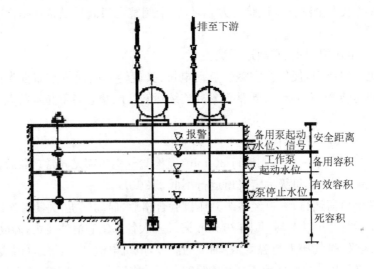

图 8-3　集水井容积示意图

排水系统或因设计不合理,或因运行操作失误,容易造成水淹厂房的事故,威胁电站的安全。因此,对于排水系统图要进行认真仔细地研究,以达到技术上可靠,经济上合理的要求。检修排水和渗漏排水,由于其内容和工作性质不同,对大、中型水电站,原则上应分成两个独立的系统。这样可以避免由于误操作或排水系统的某些缺陷而带来危险,同时检修排水量大,水泵容量也大,而渗漏排水量小,水泵容量也小,要选择对两方面都合适的水泵困难很大,加之检修排水与渗漏排水在操作方式与自动化程度上的要求也有很大差别,故对大、中型电站,这两个系统以分开设置为好。对机组检修排水量较小的小型水电站,为了减少设备,节约投资,也可考虑两个系统合用设备,但必须有防止尾水倒灌厂内的措施。

当排水设备及排水方式确定以后,应根据厂房布置情况及排水部位相对位置绘制水系统单线图。通常将检修排水与渗漏排水两个系统绘在同一张图上,标明管径、阀门及水泵型号,施工前需要清晰理解草图结构,特别是各个止回阀的位置和泵出口水流方向,以及各异径管的布置等。

8.3.2　供水系统简介

8.3.2.1　自流供水

贯流式水电站,为了保证各冷却器的冷却循环,当水温、水质符合要求时,一般采用自流供水,带走冷却器温度,水压由水电站的自然水头来保证。这种方式简单可靠,操作方便,易于维护。早期的灯泡贯流式水电站多使用自流供水作为冷却水源,但很多电站地处南方,冷却效果不够明显,均进行了技术改造和处理,单一自流供水方式越来越不被采纳。

8.3.2.2 水泵供水与混合供水

当电站水头过低时,自流供水水压难以满足冷却或者技术供水量要求时,一般都采用水泵供水。水泵供水有单元供水与集中供水两种。单元供水即每台机组各有一台(组)工作水泵,每台机组或两台机组共用一台备用水泵。这种方式虽然所用水泵可能多些,但运行灵活,可靠性较高,便于自动控制。集中供水是几台机组或全厂共用一组水泵。这种方式水泵台数少,便于维护管理,但自动控制复杂,且在运行机组台数改变时会引起供水水压波动。

当电站最低水头不能满足自流供水水压要求,在计算经济指标和成本时,可考虑自流和水泵混合供水方式。在确定供水方式时,除水头条件外,还应考虑水质和水温等因素的影响。特别是当水中含沙量较大需进行水处理时,则应根据水处理的方法和要求来选择相应的供水方式。

8.3.3 水系统管件、管架制作及安装

管道及管路附件配置包括管路的弯制、大直径的三通、弯头、大小头的制作及管路附件、管路基础埋件的制作加工以及某些需按设计图纸要求在现场加工的部件。凡是有定型产品的管件按设计提出的型号、规格进行采购,如 MN 管架系统。

根据图纸要求进行管件及少量管架制作。制作前按设计要求选择合格的材料,其材质、规格、质量符合设计文件的规定。管架及支撑材料将严格按照设计要求采用 MN 系统的安装方式。安装时,调整好相应位置后加固牢靠。

8.3.3.1 管路安装一般技术要求

管路安装技术要求管道及管件到货时都要检查制造厂的质量证明书,其材质、规格、型号符合设计文件的规定,并按国家现行标准进行外观检查。管道安装时的关键环节是安装前先进行清扫,对于管道内污物、泥浆和一切杂物进行彻底清洗,确保所有管道内部无任何杂物;当管道采用焊接连接时,管道的焊接位置、管子的坡口形式和尺寸、管道对接焊口的组对等符合规范要求。

8.3.3.2 埋管安装

埋管主要有技术供水系统和厂内排水系统管路等。埋管按设计图纸要求位置埋设,其出口位置偏差、管口伸出混凝土面距离以及管子距混凝土墙面距离符合规范要求,且不小于法兰、阀门的安装尺寸。排水管需有同流向一致的坡度,坡度大小根据设计确定。

埋设管路安装的注意事项是:埋设供水管在混凝土浇筑前按要求进行压力试验,确保焊缝无渗漏及其他异常现象。所有埋管混凝土浇筑前由监理人组织有关单位人员检查埋管的数量、安装位置和畅通性,验收签字后方可浇筑混凝土。在混凝土浇筑期间,管口用钢板点焊封堵,直至与其他管道或阀门连接时才可拆除。

8.3.3.3 明管安装

按管道设计布置图要求,确定管道支架或吊架位置,如预先已埋设支架固定钢板可在预埋钢板上焊接支架,否则须在混凝土墙或楼板上用膨胀螺栓安装支架或吊架。支吊架安装合格后,用人工或手拉葫芦等方法,将预先制作的管节按正确顺序吊放在管架上,进行组装连接。

穿墙、楼板、梁等的管道,在混凝土浇筑时预先按图纸要求位置埋设套管,套管直径符合设计要求。埋设的穿墙或梁套管两端与混凝土平齐,穿楼板的套管下端与楼板平齐,上端高出楼板最终完工面约 25 mm,穿伸缩缝的套管按设计图纸要求作过缝处理。套管安装后将它点焊在钢筋上固定,以免浇筑混凝土时产生位移。

管道安装工作暂时不施工时,管口及时用木塞或钢板等物可靠封堵;连续施工时检查内部是否干净。管道装配位置符合规范要求,检查明管安装平面位置小于 ±5 mm 且全长小于 10 mm。技术供水明管安装完成后,按设计要求的方法作严密性耐压试验,试验合格后填写试验报告报监理人验收。

8.3.3.4 阀门试验及安装

检查阀门的出厂合格证,检查填料、压盖螺栓及型号符合设计要求。将阀门内、外清扫干净。阀门安装前做严密性耐压试验,试验合格后方可进行安装。

根据介质流向确定阀门的安装方向,然后将阀门处在关闭位置,以法兰或螺纹连接的方式将阀门装配在管道上。安全阀安装时一定要垂直,投入运行时及时按要求调校开启和回座压力,在工作压力下不得有泄漏,调校合格后作铅封。

各种阀门安装后位置正确,阀杆手柄的朝向要便于操作、转动灵活;电动阀门安装后,用手操作其动作灵活,传动装置无卡阻现象。

8.3.3.5 管路涂漆

管路全部安装完成经监理人验收后,根据规范要求进行防锈和标识涂漆。裸露的辅助设备及管道等(除了不锈钢外)均需涂防锈材料。

8.3.4 设备安装和试验

根据图纸要求的位置,安装本系统各种类型的水泵、自动滤水器、压力变送器、示流信号器、水位测控器、液位测量显示器等。排水系统水泵安装前,清洗和检查数量、结合面情况。安装顺序及要求按水泵制造厂产品使用说明书要求进行;深井水泵安装满足厂家技术规定。

水泵安装前检查其基础的尺寸、位置及标高,符合设计图纸要求。水泵开箱后检查出厂合格证书,安装使用说明书;按出厂技术文件清点水泵零部件,无缺件、损坏和锈蚀现象,管口封闭良好;对水泵底板尺寸进行检查并核对是否与混凝土基础预留孔相符,出现问题在安装前妥善处理。

利用安装地点的预埋吊点,并用手拉葫芦或千斤顶将水泵吊放在基础垫板上,利用楔子板或垫片调整设备的高程,同时进行中心、水平调整。上述尺寸合格后浇筑水泵地脚螺栓基础混凝土,待混凝土强度达到要求后拧紧地脚螺栓固定水泵,并重新检查水泵的水平度。深井泵安装后,用钢板尺检查泵轴提升量符合设计要求。

进行电动机与泵连接时,以泵轴线为基准,连接后用人力盘车转动灵活,法兰面平行,间隙均匀。两轴线倾斜及偏心、联轴器之间端面间隙均符合出厂说明书或安装规范要求。

水泵安装完成后,按制造厂和规范要求在系统正式投入联合调试前,作单独调试工作,以便顺利地进行联合调试。首先检查电动机转向与水泵的转向一致,固定部件连接牢固,各润滑部位已注油,各指示仪、安全保护装置、电控装置均准确可靠。

深井泵启动前,先打开电磁阀向水泵供润滑水 1 min 后方可启动水泵,水泵运转 5 min 后才能切断润滑水。检查各转动部件运转正常,无不良振动和噪音;管道连接牢固无渗漏;各仪表装置指示正确;轴承温度不高于设计值。连续运行 2 h 以上,水泵压力、流量符合设计要求,电动机电流不超过额定值,水泵调试为合格。水泵调试期间,调整集水井各水泵的水位计及信号器。水泵调试合格后认真填写试运转记录并报监理人验收签字。

第四节 通风空调系统安装

8.4.1 风机的安装

8.4.1.1

(1) 离心风机安装程序

设备开箱检查→浇基础砼→风机就位→地脚螺栓预留孔灌注混凝土→电气接线→风管安装→保护网安装→单机试运转。

(2) 轴流风机安装程序

设备开箱检查→机座就位固定→电气接线→风口安装→单机试运转。

8.4.1.2 风机安装一般技术要求

(1) 叶轮转子与机壳的组装位置应正确;叶轮进风口插入风机机壳进风口或密封圈的深度符合设备技术文件的规定,或为叶轮外径值的 1/100。

(2) 现场组装的轴流风机叶片安装角度一致,达到在同一水平内运转,叶轮与筒体之间的间隙应均匀,水平度允许偏差不超过 1/1 000。

(3) 安装隔振器的地面应平整,各组隔振器承受荷载的压缩量应均匀,高度误差应小于 2 mm。

(4) 安装风机的隔振钢支、吊架,其结构形式和外形尺寸应符合设计或设备技术文件的规定;焊接应牢固,焊缝应饱满、均匀。

8.4.2　柜式空调机安装

（1）各功能段的组装，符合设计规定的顺序和要求；各功能段之间的连接应严密，整体应平直。

（2）机组与供回水管的连接应正确，机组下部冷凝水排放管的水封高度应符合设计要求。

（3）机组应清扫干净，箱体内应无杂物和积尘；空气过滤器（网）和空气热交换器应清洁、完好。

8.4.3　防火阀安装

防火阀的安装人员在安装防火阀前，需经过专业的岗位培训，熟知产品性能、特点。易熔件应装设在风管的迎风侧，每批防火阀的易熔件经熔断测试，其熔断温度符合防火要求。防火阀安装时，应设置单独的支、吊架，并安装连接牢固，不能依靠管道作为支撑，以防发生火灾时风管产生变形而导致防火阀失效。有阻断防火要求的隔墙，风管与孔洞的缝隙用水泥砂浆封堵严密，以符合防火要求。

8.4.4　风管安装

8.4.4.1　风管及部件安装程序（图8-4）

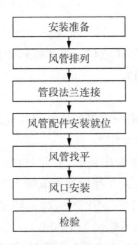

图 8-4　风管及部件安装程序图

8.4.4.2　风管安装

（1）将到货的风管按图分类，在风管安装处设有吊点，用麻绳按图将风管吊起架在吊架上，风管与风管间靠法兰用到货配置的螺栓连接，安装过程中注意风管间别互相碰撞。

（2）风管的连接应平直，不扭曲。明装风管水平安装，水平度的允许偏差为 3/1 000 mm，总偏差不应大于 20 mm；风管连接两法兰端面应平行、严密，法兰螺栓两侧应加镀锌垫圈；

应适当增加支、吊架与水平风管的接触面积;风管垂直安装,支架间距不应大于3 m。

8.4.4.3 风管清扫

风管安装完成后,先对各风管分段进行检查,清除风管里面的杂物,确认风管里没有对风机等设备有影响的杂物后再开动风机对风管进行除尘清扫,认可风管已彻底清扫后才能进行下一步工序风管风口安装。

8.4.4.4 风机及空调的启动试验

风机及空调安装完后进行二次配线,在所有配线确认正确及其绝缘值满足规范要求后才能通电试验。检查风机及空调运行声音、启动电流应无异常,风机的风向是否正确,各回路运行指示是否正确。

第五节　机组振动、摆度监测系统安装

8.5.1　传感器安装

测量支架振动的趋近式传感器根据机组的结构和现场的实际情况,采用正装或反装的永久性固定支架,支架牢固地固定在欲测部位上,传感器安装在测量支架端部。同样,安装时,也应先将安装底板螺栓把合或焊接在对应的方位上的支架或基础上,并保证传感器支承调整座的前端部与测量板保持间隙在25～40 mm,以便于传感器的安装调整。

为保证测量的准确性,安装传感器轴承调整座时还应保证传感器探头与测量板平面垂直。同时,还应保证测量水平振动时,测量板处于垂直位置,测量垂直振动时,测量板处于水平位置。

8.5.2　键相(轴相位)传感器安装

测量键相(轴相位)的传感器安装在$+X$方向,探头安装位置高于同方位的摆度测量传感器。其传感器同样采用专门设计的支承调整座直接安装在轴承座,传感器探头的感应端正对于测量点的表面。安装方法与摆度传感器安装方法相同,但需注意,传感器支承调整座的前端部与测量点保持间隙在10～20 mm,以便于传感器的安装调整。

8.5.3　传感器的接线

趋近式传感器的出线为三芯线,黄色线为信号输出线,白色线为信号和电源的公共线,红色线为电源输入线(-24 V)。接线时,应保证上下对应各段芯线对应。

键相信号(轴相位)传感器的出线为三芯线,棕色线为电源输入线($+24$ V),黑色线为信号输出线,蓝色线为公共地。

8.5.4　传感器的调试

趋近式传感器安装好后,先将振摆装置通电,其面板灯亮,显示供电正常,这时就可以对传感器进行调整调零工作,传感器调整工作可从任意一个传感器开始。在 5 芯专用航空插头处,将电源线、信号线、公共线分别引出,万用表电源线与公共线之间的电压,应在 -24 V 左右。信号线与公共线之间的电压,应在 0 V 左右,否则应检查电缆和振摆装置的接线。将传感器调整至与被测表面约 2 mm 的位置初步旋紧传感器背帽,用万用表测量传感器输出电压,应在 -10 V 左右,通过调整传感器离开大轴表面的距离,来改变输入电压值,直到输出电压约为 -10 V 为止,这时,用小扳手拧紧传感器背帽,防止松动。依此类推,就可以将其余传感器调整好。注意:传感器距离越小,电压输出的绝对值越小,传感器距离越大,电压输出的绝对值越大,传感器的电压输出范围为 $-2\sim-18$ V。

键相信号传感器安装好后,先通电测量电源输入为 $+24$VDC,这时就可以对传感器进行调整工作,键相信号传感器的动作距离为 2 mm,目视传感器尾部的指示灯,调整传感器与被测表面的距离,既要保证键相块不碰撞探头,同时也要保证键相测量块通过探头时,指示灯亮,传感器发出脉冲信号,即键相探头后部的发光二极管点亮,这时用小扳手拧紧传感器背帽,防止松动。

第六节　水力机械设备检查试验项目

8.6.1　隐蔽工程

全部隐蔽工程在混凝土开浇前进行检查,并由监理人代表出具合格证后方能浇筑混凝土。

8.6.2　技术供水及排水系统

（1）各类水泵启动运行试验。
（2）系统管道充水及耐压试验。
（3）各供水、排水系统的联调试验。

8.6.3　中压及低压空气系统

（1）各类空压机的启动运转试验。

（2）各类贮气罐的耐压试验。

（3）各类安全阀的调整试验。

（4）各气系统的联调试验。

8.6.4 透平油系统及绝缘油设备

（1）各类油泵、滤油机的启动运转试验。

（2）系统管路检查及充油。

（3）新汽轮机油的验收，应按 GB 2537 和中国石油化工总公司标准 SY 1230 的质量规定进行。每批提供的汽轮机油，应附有油样试验资料。

8.6.5 量测系统

（1）量测管路通水试验。

（2）水位计、流量计等自动化量测元件的调整标定试验。

8.6.6 通风及空调系统

（1）各类通风机、制冷机的启动运转试验。

（2）各通风系统的动作试验。

（3）通风空调监控系统的单项试验和联调试验。

第九章

水轮发电机组自动化

第一节　机组自动化系统的组成

机组自动化控制系统由水轮机、发电机、轴承润滑装置、高压油装置及其他配套的调速器、励磁和自动化元件等组成，并与电站其他设备配合实现机组的工况转换；当机组发生故障时能自动发出相应的报警信号（或投入备用设备），当机组发生事故时能自动事故停机，以确保机组能安全、稳定地运行。

第二节　机组开停机自动控制说明

机组自动化包括自动开机、停机、正常运行、事故停机、紧急事故停机等功能。

9.2.1　机组自动开机、停机

当机组满足开机条件处于热备用状态时，接到开机指令后，机组将辅助设备投入运行，一切正常，机组由调速器自动控制开机。

当机组正常运行时，接到停机指令后，机组自动导空，跳发电机出口断路器，投入高压油顶起，10 s 内高压油顶起正常，机组将自动调速器停机；否则退出正常停机过程，退出高压油顶起并报警。

9.2.2　一般事故停机

在发生下列情况时，机组导空解列，调速器停机阀动作，机组将事故停机并发出报警

信号。

    (1) 机组润滑油中断。

    (2) 机组冷却水中断。

    (3) 机组密封水中断。

    (4) 机组各轴承及发电机定子温度过高。

    (5) 高位油箱油位过低。

    (6) 轴承回油箱油位过低。

    (7) 机组轴电流过大。

    (8) 机组火警。

    (9) 机组振动摆度过大。

    (10) 按动事故停机按钮。

9.2.3 紧急事故停机

    在发生下列情况时,机组紧急停机阀动作,调速器紧急关机,关闭导水机构,跳发电机出口断路器和灭磁开关,同时联动一般事故停机过程,机组进行紧急事故停机。

    (1) 油压装置事故低油压。

    (2) 电气事故保护动作。

    (3) 电气转速信号器 145% 额定转速触点动作(以具体设计整定为准)。

    (4) 按动紧急事故停机按钮。

9.2.4 严重事故停机

    在发生下列情况时,卸压阀动作,重锤关机,关闭导水机构,跳发动机开关和灭磁开关,同时联动以上事故停机过程,机组进行严重事故停机。

    (1) 机组转速上升到 115% 额定转速,调速器主配压阀拒动,经延时 1 秒后紧急停机(以具体设计整定为准)。

    (2) 机组停机过程,弯曲连杆弯曲。

    (3) 机械过速保护装置 150% 额定转速触点动作(以具体设计整定为准)。

    (4) 按动严重事故停机按钮。

第三节　机组保护系统自动控制说明

    为保证机组正常、稳定运行,自动化系统还具有如下功能。

9.3.1 机组设有下列故障报警信号

（1）机组各轴承轴瓦温度、空冷却器进出风、冷却水温度、润滑油温度过高报警。

（2）各轴承的润滑油出口管路中油流量过低报警。

（3）机组各油箱油位过高、过低报警。

（4）油压装置油压过高、过低报警。

（5）各油箱油积水报警。

（6）制动闸复归不到位报警。

（7）弯曲连杆弯曲报警。

（8）机组 105％额定转速超速、95％额定转速低速报警。

（9）冷却水、密封水中断报警。

（10）机组制动气压低报警。

（11）轴电流过大报警。

（12）滤油器堵塞报警。

（13）各处电接点压力表动作报警。

9.3.2 测温系统

测温系统由铂热电阻、数字温度显控仪、温度巡检仪（或直接进入计算机监控系统）组成，数字温度显控仪和温度巡检仪装于测温制动柜上。水导轴瓦、发导轴瓦、润滑油箱、高位油箱各一个测温信号，正推力瓦、反推力瓦、空冷器冷风各有 2 个测温信号引入数字温度显控仪，可现地显示各个测量点的温度和报警温度设定值。其他测温信号通过巡检仪（或直接）引入计算机监控系统。

水导轴瓦、发导轴瓦、正推力瓦、反推力瓦、定子铁芯、定子线圈、空冷器热风、空冷器冷风、轴承润滑供油管路、轴承油箱、高位油箱均设有多个测温点，每个测温点分上限和上上限，当温度超过上限设定值时能发出报警信号，当温度超过上上限设定值时能发出事故停机信号。

冷却水总管、空冷器冷风、润滑油路均设有多个测温点，每个测温点分上限和上上限，当温度超过上限和上上限设定值时能发出不同等级报警信号。

测温电阻元件的引出接线方式为三线制。

9.3.3 水轮机主轴密封

为防止水轮机轴承进水，采用清洁水进行密封润滑。机组主轴密封润滑供水总管路上设有流量开关，可实时监视密封润滑水流量是否满足机组运行要求。

主轴密封润滑水管路上安装有一个电磁阀。当机组接到开机指令时，立即投入主轴密封润滑水电磁阀，机组停机复归后退出密封主用润滑水电磁阀。

在机组调速器开机前检查密封水流量,当达到正常运行流量可启动机组;在机组正常运行时,若密封润滑水流量连续 10 s(或规定值)小于正常运行流量,动作事故停机回路事故停机;在机组停机完成时,复归主轴密封水电磁阀。

机组检修密封供气系统设有空气电磁阀,反映空气围带是否充气的检修密封供气电接电压力表。机组停机和检修时,利用电手动操作空气电磁阀,使空气围带充气进行封水。检修密封电接点压力表的常闭接点参与机组开机控制,当接点断开时表示空气围带充气,机组不能正常开机。

9.3.4 机组冷却水系统

机组冷却系统采用水循环冷却方式,设有两套水泵组、润滑油冷却器、空冷器冷却器、润滑油冷器冷却水总出水管示流信号器、空气冷却器冷却水总出水管流量开关、水泵组总出水口流量开关和电接点压力表及压力变送器。

经水泵组打入的冷却水经过 4 只空气冷却器和 2 只油冷器冷却器,将热量传给冷却水后排至下游尾水。

从冷却水的作用和冷却方式来看,对冷却水系统的控制要求主要是保证冷却水的连续供应,不能长时间低于设计流量。通过检测油冷器冷却水流量开关和空气冷却水流量开关的流量,以及检测水泵组出口压力,来控制水泵组主备用是否投入的控制。

当机组接到开机指令时,立即投入主用水泵。机组正常运行期间,如果冷却水低于正常流量,则报警并投入备用水泵;当冷却水长时间低于正常流量,则机组一般事故停机。在机组停机状态,冷却水流量中断只报警提示,不控制任何设备。如果在投入主用水泵后,出口水压很低,应当启动备用水泵,并及时检修维护。主备用水泵应轮换控制,提高水泵电机的寿命。

9.3.5 冷却风机的自动控制

机组运行时投入冷却风机,机组停机完成时退出冷却风机。四路冷却风机对称分两路控制。

9.3.6 轴承润滑油系统

轴承润滑油系统包括高位油箱油位控制、轴承油泵控制、润滑油流量控制等。

9.3.6.1 高位油箱油位及轴承油泵的控制

轴承润滑油系统设有高位油箱,以保证进入轴承的润滑油油压稳定,供油流量充沛恒定,因此高位油箱油位的控制,对机组润滑系统正常工作,防止水导瓦、发导瓦、正反推力瓦温度过高,保证机组安全正常运行起到极其关键的作用。高位油箱的油位控制,主要根据机组不同运行状态,以及检测到的高位油箱油位,对两台轴承油泵的启动停止自动控制,实现开机、停机状态下的高位油箱油位不同控制方式,保证机组开机状态润滑油供油量正常;机组停机热备用时自动补充因渗漏而损失的润滑油,保证高位油箱维持油位正常,满足机组开机的要求,减少开机等待时间,提高机组开机成功率。另外,对轴承油泵启动停止自动控制的优化,能避免轴承油泵的频繁启停,延长轴承油泵寿命,减少机组事故的概率。

首先,在高位油箱设有四对油位报警接点,分别是油位上限、油位正常、油位下限、油位过低。在油位上限位置停主、备用轴承油泵;在油位正常位置以上停备用轴承油泵,在油位正常位置以下且机组运行时投入主用轴承油泵;在油位下限位置投入备用轴承油泵;在油位过低位置机组事故停机。

其次,高位油箱设有溢流管道,溢流面高于油位下限位置,略低于油位正常位置。

另外在油泵出口还设有油压报警接点,用于判断主用轴承油泵是否正常工作,若主用轴承油泵投入而油压过低说明主用轴承油泵有故障,须及时投入备用轴承油泵,保证机组润滑油供应正常。

满足上面几方面要求后,就能设计出比较合理的高位油箱油位及轴承油泵的控制方式。在机组正常运行时,不间断运行主用轴承油泵供油,使高位油箱油位控制在溢流面与正常油位之间;若主用轴承油泵故障,启动备用轴承油泵不间断运行,使高位油箱油位控制在溢流面与正常油位之间;若油泵均正常,而由于其他"特殊"故障,高位油箱油位低于油位下限,启动备用轴承油泵,并保持两台轴承油泵同时工作,直至油位达到正常油位才停备用轴承油泵,而主用轴承油泵继续运行。在机组停机时,高位油箱油位低于油位下限,启动备用轴承油泵,直至油位达到正常油位才停备用轴承油泵,使高位油箱油位控制在油位下限与正常油位之间。

两台轴承油泵采用轮换控制,使两台轴承油泵能均衡工作。停机状态最多只有一台轴承油泵(备用泵)工作。

当机组接到开机指令时,立即投入轴承润滑油主用油泵,机组运行期间一直保持油泵投入运行状态,机组停机复归后退出主用油泵。

在机组正常运行时,当轴承润滑油出口的流量低于报警流量时,经过适当延时投入备用油泵。另外在油泵出口还设有油压报警接点,用于判断主用轴承油泵是否正常工作,若主用轴承油泵投入而油压过低说明主用轴承油泵有故障,须及时投入备用轴承油泵,保证机组润滑油供应正常。机组停机完成后复归备用油泵。

当润滑油箱油位过低时,主备用油泵都退出运行状态,以保证机组事故停机高压油顶起的需要。

需要特别说明是两台轴承油泵在每一轮油泵运行完毕后,均要自动切换主备用状态,使两台轴承油泵能均衡工作。机组运行时,备用轴承油泵起动后,立即切换主备用状态,可保证在"特殊"故障情况下,备用轴承油泵由两台油泵轮流充当,延长其启、停间隔;机组停机复归时,切换两台轴承油泵的主备用状态,保证机组正常运行(备用泵未启动过)完毕后,下一轮能换一台轴承油泵工作;机组停机状态,备用轴承油泵启停一次,才切换两台轴承油泵的主备用状态,停机状态最多只有一台轴承油泵(备用泵)工作。

9.3.6.2 润滑油流量监控

贯流机组由于其特殊结构,必须有一循环系统为水导轴承、发导轴承、正反推力轴承提供足够润滑油,并保证热交换正常进行。要确保热交换正常,润滑油流量的正确监控至关重要。

润滑油流量信号器一般安装在各个轴承的出口处,不会造成无润滑油开机。润滑油流量信号参与机组开机回路和机组事故停机回路,以及事故报警回路。当机组有开机令自保持球阀打开,该流量信号达到开机流量,在其他开机条件满足时立即调速器开机,不延时判断,调速器开机前,该信号只指示,不报警、不动作事故停机回路。调速器开机后直至机组停机复归前,当该流量信号低于开机流量,立即报警并且动作事故停机回路关机,在润滑油完全中断前及时事故停机。在停机状态自保持球阀关闭,该流量信号只指示,不报警、不动作事故停机回路。

9.3.6.3　润滑油开机流量的控制

由于机组开机准备时,润滑油流量正常,当机组开始转动时,润滑油出口流量瞬间的波动较大,使流量信号输出瞬间小于停机流量,而机组在 50%额定转速以上运行时,润滑油流量稳定。因此,应当在 LCU 控制中对润滑油流量信号作特殊处理,当机组开始转动至 80%额定转速的过程中润滑油流量连续 10 s 小于开机流量才发事故停机令,而机组其他运行状态润滑油流量瞬间小于停机流量,立即发停机令,既能保证机组正常开机,又确保机组安全运行。

9.3.7　操作油系统

为保证调速系统以及各个电磁配压阀正常工作,油压装置油压过高报警,油压达下限 1 启动主用油泵,油压达下限 2 启动备用油泵,油压正常停主备用油泵,油压达事故低油压紧急停机,油压达最低允许进行严重事故紧急停机,低油压高油位应能自动补气。

9.3.8　高压油顶起控制装置

高压油顶起系统,主要是确保在机组启动和停机过程的低转速区,机组轴瓦能建立油膜而保护轴瓦。

现以灯泡贯流式机组为例,灯泡贯流式机组额定转速低,转动惯量小,机组启动和停机过程短,转速变化快;高压油顶起油泵离机组轴承较远,高压油顶起建压有一定的延时。为充分发挥高压油顶起系统的作用,提高机组运行可靠性,在机组开机准备时投入高压油顶起,并检测高压油顶起是否正常,作为调速器开机的必要条件,至 90%额定转速停高压油顶起。机组停机时分两种情况,正常停机时在断路器跳开后立即投入高压油顶起,10 s内高压油顶起正常,动作调速器停机,直至机组完全停止转动并延时 3 min 后退出高压油顶起,否则退出正常停机过程,退出高压油顶起,确保无高压油顶起不正常停机,提高机组安全系数;事故停机时不论任何情况立即(非 90%额定转速)投入高压油顶起,保持至机组完全停止转动并延时 3 min 后退出高压油顶起。机组停机时高压油顶起的即时投入,可以克服贯流机组从 90%至低转速区时间很短而引起的不安全因素,特别对润滑油中断引起的事故停机大有好处,尽可能降低对发导轴承、水导轴承的伤损。

9.3.9 重锤关闭系统

为保护机组,防止机组出现飞逸现象,在导叶操作管路上设置了重锤卸压阀组,与导叶重锤共同组成重锤关闭系统。当机组过速115%额定转速又遇调速器拒动;油压装置油压达最低许用油压;当机组150%额定转速以上机械过速时启动,具体参数以设计整定值为准。停机过程遇弯曲连杆弯曲,发出发电机出口断路器信号,卸压阀组动作,使接力器开腔与集油箱接通,导叶在重锤与水力矩的共同作用下关闭。

9.3.10 机组制动系统

机组接到开机令时,制动腔电磁阀的退出线圈得电,制动腔电磁阀的投入线圈同时失电,制动器制动腔接大气;复归腔电磁阀的投入线圈得电,复归腔电磁阀的退出线圈同时失电,制动器复归腔接压力气源,制动器在复归腔制动气的作用下复归,保证机组开机运行过程制动器在复归位置。

机组停机时,当导叶关至全关,转速降至30%额定转速时,机械制动投入,机组制动腔电磁阀的投入线圈得电,制动腔电磁阀的退出线圈同时失电,制动器制动腔接压力气源;复归腔电磁阀的退出线圈得电,复归腔电磁阀的投入线圈同时失电,制动器复归腔接大气,制动器在制动腔压力气源的作用下制动,机组制动停止转动。

机组停机完成后,根据贯流机的特点,为防止机组在停机状态蠕动,继续保持机组制动器制动腔接压力气源。一直到机组下次开机,才复归制动器。

测温制动柜中制动气源、制动腔电接点压力表常开接点,送入计算机监控系统,反映机组风闸制动的控制状态。

机组制动器设有反映风闸投入与复归是否到位的行程开关,所有风闸全部复归到位,才允许机组调速器开机。

制动柜中制动气源、制动腔电接点压力表常开接点与制动器投入复归行程开关的组合判断,可准确反映每个制动器工作是否正常。

9.3.11 加热器、除湿器自动控制

为防止机组轴承润滑油温度过低,在轴承回油箱、高位油箱设有加热器。机组运行时退出加热器。机组停机时投入加热器时,温度过低加热、温度过高停止加热。上述控制也可手动进行。

为保证机组发电机能在干燥的环境下运行,灯泡头设有除湿器和加热器。在机组停机时,除湿器投入。当机组开机时,除湿器退出。在机组停机时,加热器投入,温度过低加热,温度过高停止加热。当机组开机时,加热器退出。上述控制也可手动进行。

第四节　机组继电保护系统

9.4.1　继电保护基本概念

电力系统是电能生产、变换、输送、分配和使用的各种电气设备按照一定的技术与经济要求有机组成的一个联合系统。一般来说，电能通过的设备（即直接与生产和输配电能有关的设备）称为电力系统的一次设备，如发电机、变压器、断路器、母线、补偿电容器、避雷器、输配电线路、电动机及其他用电设备等。对一次设备的运行状态进行监视、测量、控制保护的设备，即为电力系统的二次设备。当前电能还不能大容量地存储，生产、输送和消费是在同一时间完成的。因此，电能的生产量应每时每刻与电能的消费量保持平衡，并满足质量要求。由于年内夏、冬季的负荷较春、秋季的大，一星期内工作日的负荷较休息日的大，一天内的负荷也有高峰与低谷之分，电力系统中的某些设备，随时都会因绝缘材料的老化、制造中的缺陷、自然灾害等原因出现故障而退出运行。为满足时刻变化的负荷用电需求和电力设备安全运行的要求，电力系统的运行状态随时都在变化。

电力系统运行控制的目的就是通过自动的和人工的控制，使电力系统尽快摆脱不正常状态和故障状态，能够长时间地在正常状态下稳定运行。

电力系统的所有一次设备在运行过程中由于外力、绝缘老化、过电压、误操作、设计制造缺陷等会发生如短路、断线等故障。最常见同时也是最危险的故障就是发生各种类型的短路。在发生短路时可能产生以下后果：通过短路点的短路电流和所燃起的电弧，使故障元件损坏；短路电流通过非故障元件，由于发热和电动力的作用，会使其损坏或缩短其使用寿命；电力系统中部分地区的电压大大降低，使大量电力用户的正常工作遭到破坏或产生废品；破坏电力系统中各发电厂之间并列运行的稳定性，引起系统振荡，甚至造成系统瓦解。

各种类型的短路包括三相短路、两相短路、两相接地短路和单相接地短路。不同类型短路发生的概率不同，不同类型短路电流的大小也不相同，一般为额定电流的几倍到几十倍。大量的现场统计数据表明，在高压电网中，单相接地短路次数占所有短路次数的85%以上。故障和不正常运行状态都可能在电力系统中引起事故。事故的发生，除了自然的因素（如遭受雷击、架空线路倒杆等）外，还可能是设备制造上的缺陷、设计和安装的错误、检修质量不高或运行维护不当而引起的。此外，由于故障切除迟缓或设备被错误地切除，也会导致故障发展成为事故甚至引起事故的扩大。为避免上述情况的发生或尽可能缩小受影响的范围，就需要继电保护和安全自动装置发挥作用。

继电保护指当电力系统中的电力元件（如发电机、变压器、输电线路等）或电力系统本身发生了故障，危及电力系统安全运行时，需要向运行值班人员及时发出警告信号，并直接向所控制的断路器发出跳闸命令以终止这些事件发展的一种自动化措施和设备。实现这种自动化措施、用于保护电力元件的成套硬件设备,一般统称为继电保护装置。用于保护电力系统的,在电网发生故障或出现异常运行时,为确保电网安全与稳定运行起到控制作用的自动装置,统称为电力系统安全自动装置(如自动重合闸,备用电源或备用设备自动投入,自动切负荷,低频或低压自动减载,电厂事故减出力或切机等)。

继电保护装置和安全自动装置均属于电气二次设备。

继电保护装置主要利用电力系统中元件发生短路或异常情况时的电气量(电流、电压、功率、频率等)的变化,构成继电保护动作原理,也有其他的物理量,如变压器油箱内故障时伴随产生的大量气体和油流速度的增大或油压强度的增高。大多数情况下,不论反映哪种物理量,继电保护装置都可分为测量部分(和定值调整部分)、逻辑部分、执行部分。

继电保护装置是保证电力元件安全运行的基本装备,任何电力元件不得在无继电保护的状态下运行:电力系统安全自动装置则用以快速恢复电力系统的完整性和稳定性,防止发生和中止已开始发生的、足以引起电力系统长期大面积停电的重大系统事故,如失去电力系统稳定、频率崩溃或电压崩溃等。

安全自动装置主要用于在电力系统事故状态下,提高电力系统稳定性,避免电力系统发生大面积停电事故,防止系统崩溃,使输电能力增强,保证向用户(包括发电厂的厂用电)不间断供电,使负荷损失尽可能减到最小,能在发生了严重的事故后使系统得以尽快恢复正常运行。常用的自动化措施有输电线路自动重合闸、备用电源自动投入、低电压切负荷、按频率自动减负荷、电气制动、振荡解列以及为维持系统的暂态稳定而配备的稳定性紧急控制系统。

电力系统继电保护及自动装置是在合理的电网结构下,保证电力系统和电力设备的安全运行。不合理的电网结构,为扩大事故提供了客观条件。性能不符合系统全局要求的继电保护装置,在某些系统事故或异常情况下,不但不能限制故障的波及范围,还会成为扩大事故的主要根源。每一次重大的电力系统崩溃事故,几乎都是由不适合系统全局要求的继电保护装置误动作所引起的,当然,也包括因此而引起的系统中其他设备不正常工作。

9.4.2 继电保护的作用

随着自动化技术的发展,电力系统在正常运行、故障期间以及故障后的恢复过程中,许多控制操作日趋自动化。这些控制操作的技术与装备大致可分为两大类:① 为保证电力系统正常运行的经济性和电能质量的自动化技术与装备,主要进行电能生产过程的连续自动调节,动作速度相对迟缓,调节稳定性高,把整个电力系统或其中的一部分作为调节对象,这就是通常理解的"电力系统自动化(控制)";② 当电网或电气设备发生故障,或出现影响安全运行的异常情况时,自动切除故障设备和消除异常情况的技术与装备,其特点是动作速度快,其性质是非调节性的,这就是通常理解的"电力系统继电保护与安全自动装置"。电力系统中的发电机、变压器、输电线路、母线以及用电设备,一旦发生故障,迅速而有选择性地切除故障设备,既能保护电气设备免遭损坏,又能提高电力系统运行的稳定性,这是保证电力系统及其设备安全运行最有效的方法之一。切除故障的时间通常要求几十毫秒到几百毫秒,实践证明,只有装设在每个电力元件上的继电保护装置,才有可能完成这个任务。电力系统继电保护泛指继电保护技术和由各种继电保护装置组成的继电保护系统,包括继电保护的原理设计、配置、整定、调试等技术,也包括由获取电量信息的电压、电流互感器二回路,经过继电保护装置到断路器跳闸线圈的整套具体设备,如果需要利用通信手段传送信息,还包括通信设备。

继电保护的基本任务如下:

(1) 当被保护的设备发生故障时,应该由该元件的继电保护装置迅速、准确地给距离故障元件最近的断路器发出跳闸指令,使故障元件及时从电力系统中断开,以最大限度地减少对电力元件本身的损坏,将事故限制在最小范围内,降低对电力系统安全供电的影响,并满足电力系统的某些特定要求(如保持电力系统的暂态稳定性等)。

(2) 反映电气设备的不正常运行状态或异常工况,并根据运行维护条件(例如有无经常值班人员等)发出信号,以便值班人员进行处理,或由装置自动地进行调整,或将那些继续运行会引起事故的电气设备予以切除。反映不正常工作情况的继电保护一般不要求保护迅速动作,而是根据对电力系统及其元件危害程度规定一定的延时,以避免不必要的动作。

(3) 继电保护装置也是电力系统的监控装置,可以及时测量系统电流、电压,从而反映系统设备运行状态。

因此,继电保护主要实现的功能是:能区分正常运行和短路故障;能区分短路点的远近。

9.4.3 继电保护的基本原理及其构成

9.4.3.1 继电保护的基本原理

要完成电力系统继电保护的基本任务,首先必须区分电力系统的正常、不正常工作和故障三种运行状态,甄别出发生故障和出现异常的元件。而要进行"区分"和"甄别",必须寻找电力元件在这三种运行状态下的可测参量(继电保护主要测电气量)的差异,提取和利用这些可测参量的差异,实现对正常、不正常工作和陈元件的快速区分。依据可测电气量的不同差异,可以构成不同原理的继电保护。目前已经发现不同运行状态下具有明显差异的电气量有:流过电力元件的相电流、序电流、功率及其方向,元件的运行相电压幅值、序电压幅值,元件的电压与电流的比值(即测量阻抗)等。发现并正确利用能够可靠区分三种运行状态的可测参量或参量的新差异,就可以形成新的继电保护原理。

正常运行时,各母线上的电压一般都在额定电压±5%~±10%变化,且靠近电源端母线上的电压略高。短路后,母线电压有不同程度的降低,离短路点越近,电压降得越低,短路点的相间或对地电压降到零。利用短路点电压幅值的降低,可以构成低电压保护。

同样,在正常运行时,线路始端的电压与电流之比反映的是该供电负荷的等值阻抗及负荷阻抗角(功率因数角),其数值一般较大,阻抗角较小。短路后,线路始端的电压与电流之比反映的是该测量点到短路点之间线路段的阻抗,其值较小,如不考虑分布电容时一般正比于该线路段的距离(长度),阻抗角为线路阻抗角,较大。测量阻抗幅值的降低和阻抗角的变大,可以构成距离(低阻抗)保护。

如果发生的不是三相对称短路,而是不对称短路,则在供电网络中会出现不对称分量,如负序或零序电流和电压等,并且其幅值较大。而在正常运行时系统对称,负序和零序分量不会出现。这些序分量构成的保护,一般都具有良好的选择性和灵敏性,获得了广泛的应用。

短路点到电源之间的所有元件中诸如以上的电气量,在正常运行与短路时都有相同规律的差异。利用这些差异构成的保护装置,短路时都有可能做出反应,但还需要甄别出哪一个是发生短路的元件。若是发生短路的元件,则保护动作跳开该元件,切除故障;若是短路点到电源之间的非故障元件,则保护可靠不动作。常用的方法是预先给定各电力元件保护的保护范围,求出保护范围末端发生短路时的电气量,考虑适当的可靠性裕度后,作为保护装置的动作整定值,短路时测得的电气量与之进行比较,做出是否为本元件短路的判别。但当故障发生在本线路末端与下级线路的首端出口处时,在本线路首端测得的电气量差别不大,为了保证本线路短路被快速切除而下级线路短路时不动作,快速动作的保护只能保护本线路的一部分。对末端部分的短路,则采用慢速的保护,当下级线路快速保护不动作时才切除本级线路。这种利用单端电气量的保护,需要上、下级保护(离电源的近、远)动作整定值和动作时间的配合,才能完成切除任意点短路的保护任务,被称为阶段式保护特性。

除反映上述各种电气量变化特征的保护外,还可以根据电力元件的特点实现反映非电量特征的保护。例如,当变压器油箱内部的绕组短路时,反应于变压器油受热分解所产生的气体,构成瓦斯保护;反应于电动机绕组温度的升高而构成的过热保护等。

9.4.3.2 继电保护装置的构成

继电保护装置由测量比较元件、逻辑判断元件和执行输出元件三部分组成,其方框图如图 9-1 所示。

相应输入量 → 测量比较元件 → 逻辑判断元件 → 执行输出元件 → 跳闸或信号

图 9-1　继电保护装置的组成方框图

(1) 测量比较元件。测量比较元件用于测量通过被保护电力元件的物理参量,并与其给定的值进行比较,根据比较的结果,给出"是""非""0"或"1"性质的组逻辑信号,从而判断保护装置是否应该启动。根据需要,继电保护装置往往有一个或多个测量比较元件。常用的测量比较元件有:被测电气量超过给定值动作的过量继电器,如过电流继电器、过电压继电器、高周波继电器等;被测电气量低于给定值动作的欠量继电器,如低电压继电器、阻抗继电器、低周波继电器等;被测电压电流之间相位角满足一定值而动作的功率方向继电器等。

(2) 逻辑判断元件。逻辑判断元件根据测量比较元件输出逻辑信号的性质、先后顺序、持续时间等,使保护装置校定的逻辑关系判定故障的类型和范围,最后确定是否应该断路器跳闸、发出信号或不动作,并将对应的指令传给执行输出部分。

(3) 执行输出元件。执行输出元件根据逻辑判断部分传来的指令,发出跳开断路器的跳闸脉冲及相应的动作信息、发出警报或不动作。

9.4.3.3 继电保护的工作回路

要完成继电保护的任务,除需要继电保护装置外,必须通过可靠的继电保护工作回路的正确工作,才能最后完成跳开故障元件的断路器、对系统或电力元件的不正常运行状态发出警报、正常运行时不动作的任务。

继电保护的工作回路一般包括:将通过一次电力设备的电流、电压线性地转变为适合继电保护等二次设备使用的电流、电压,并使一次设备与二次设备隔离的设备,如电流互感器、电压互感器及其与保护装置连接的电缆等,断路器跳闸线圈及与保护装置出口间的连接电缆,指示保护装置动作情况的信号设备,保护装置及跳闸、信号回路设备的工作电源等。以如图 9-2 所示的过电流保护为例,展示了一个简单的保护工作回路的原理接线。

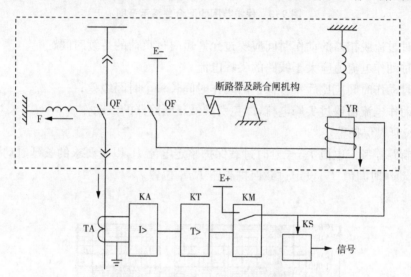

图 9-2 过电流保护工作原理接线图

9.4.3.4 电力系统继电保护的工作配合

每一套保护都有预先严格划定的保护范围(也称保护区),只有在保护范围内发生故障,该保护才动作。保护范围划分的基本原则是任一个元件的故障都能可靠地被切除并且造成的停电范围最小,或对系统正常运行的影响最小,一般借助于断路器实现保护范围的划分。如图 9-3 所示给出了一个简单电力系统部分电力元件保护的保护范围的划分,其中每个虚线框表示一个保护范围。

9.4.3.5 保护整定步骤

1. 计算相应整定值

以断路器 Masterpact MT 脱扣单元整定值为例。

(1) Masterpact MT 脱扣单元整定值通常包括三组值

长延时动作电流值(I_r)、长延时动作时间值(t_r);

短延时动作电流值(I_{sd})、短延时动作时间值(t_{sd});

瞬动动作电流值(I_i)。

(2) 进线断路器整定值确定原则

长延时动作电流需要大于线路的最大负荷电流即计算电流;

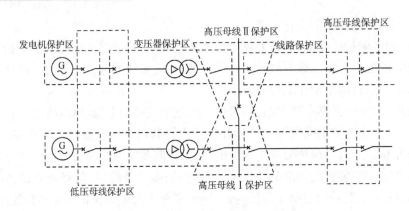

图 9-3　保护范围的配合关系示意图

长延时过流脱扣器的动作时间应躲过允许短时过负荷的持续时间；

短延时动作电流值应大于线路的尖峰电流；

短延时动作时间应比后一级保护的动作时间长一个时间级差；

瞬时动作电流值躲过尖峰电流，以免引起低压断路器的误动作。

（3）长延时保护整定

根据断路器额定电流 I_n，长延时过载保护整定电流 I_r，以及要求的长延时动作电流值 I_f，长延时动作时间值 T_f，设定过载保护旋钮 I_r, t_r 位置。

设定步骤：

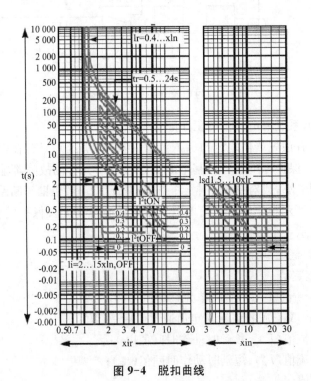

图 9-4　脱扣曲线

选择 I_r 值：根据断路器所保护设备的正常运行电流选择 I_r 值，公式为 $I_r = X \times I_n$（X 为 I_r 整定旋钮所指示的倍数，范围为 $0.4 \sim 1$）；当运行电流低于 $1.05I_r$ 值时，断路器不会启动长延时保护;当运行电流介于 $1.05I_r$ 和 $1.20I_r$ 之间时,断路器可能启动长延时保护并可能脱扣;当运行电流大于 $1.20I_r$ 后,断路器会启动长延时保护并脱扣;选择 t_r 值(具体数据以现场设计为准)。

脱扣单元的 t_r 整定旋钮是通过 6 倍过载电流对应的延时时间为设定刻度,其他倍数下的过载电流所对应的延时时间由以下步骤查询:根据 I_f/I_r 值,在横坐标上找到该值;根据整定要求的动作时间值 t_f,与 I_f/I_r 值确定的坐标点,在坐标上找到最接近的曲线(如图 9-4 中坐标线所示);沿上述曲线查到横坐标值为 6 倍时,其对应的纵坐标上动作时间即为 T_r 旋钮应整定数值。

2. 根据整定需值整定设备

第五节　常见贯流式机组自动开、停机流程

9.5.1　灯泡贯流式机组开、停机流程(图 9-5、图 9-6)

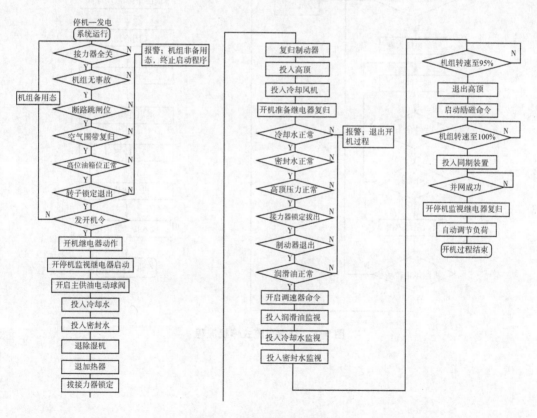

图 9-5　灯泡贯流式开机流程

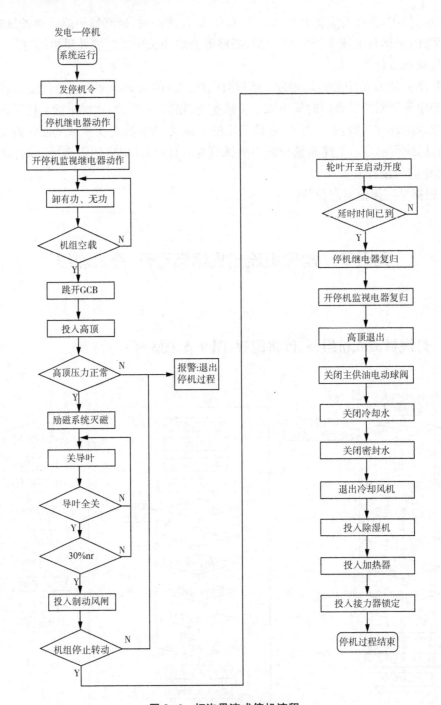

图 9-6　灯泡贯流式停机流程

9.5.2 轴伸贯流式开、停机流程(图9-7、图9-8)

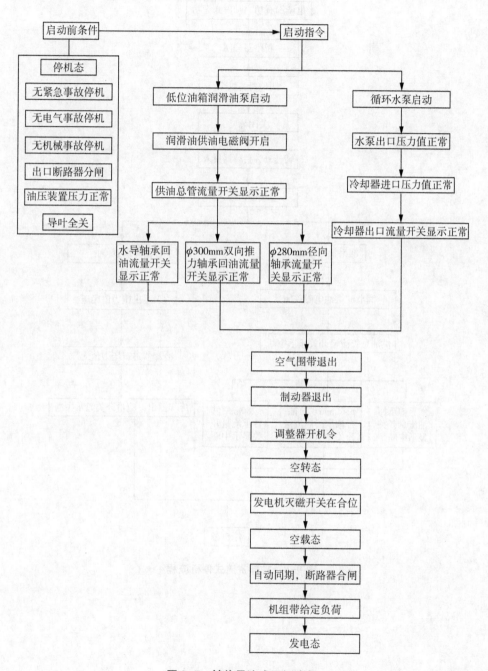

图9-7 轴伸贯流式开机流程

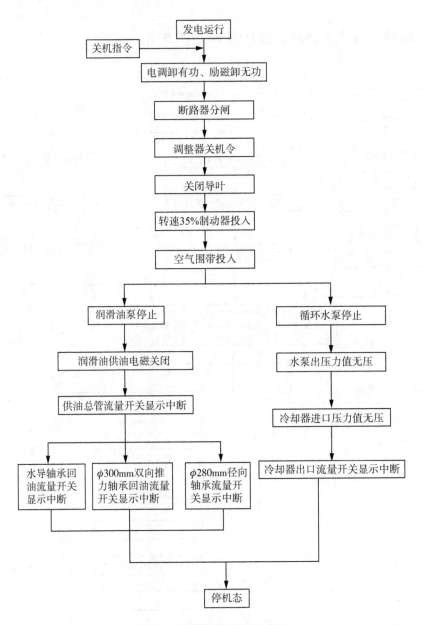

图 9-8　轴伸贯流式停机流程

第十章

机组启动试运行

第一节　机组启动试运行总则

10.1.1　试运行前的其他要求

机组及相关设备的安装应达到 GB 8564—2003 规定的要求,且施工记录完整。机组安装完工、检验合格后应进行启动试运行试验,试验合格并交接验收后方可投入电力系统并网运行。

机组的辅助设备、继电保护、自动控制、监控、测量系统以及与机组运行有关的各机械设备、电气设备、电气回路等,均应根据相应的专业标准进行试验和验收。

对机组启动试运行试验过程中出现的问题和存在的缺陷,应及时加以处理和消除,使机组交接后可长期、安全、稳定运行。

第二节　水轮发电机组启动试运行前的检查

10.2.1　流道的检查

(1) 进水口拦污栅已安装调试完成并清理干净检验合格,拦污栅测压头与测量仪表已安装完工并检验合格。

(2) 进水口闸门门槽已清理干净并检验合格。进水口闸门安装完工、检验合格并处于关闭状态,启闭机已安装合格,并具备正常工作条件。

(3)进水流道、转轮室、尾水管等过水通流系统均已安装完工,清理干净并检验合格。所有安装用的临时吊耳、吊环、支撑等均已拆除。混凝土浇注孔、灌浆孔、排气孔等已封堵。测压头已装好,测压管阀门、测量表计均已安装。所有进入孔均已封盖严密。

(4)所有机组进水流道及尾水排水阀启闭情况良好并处于关闭位置。(5)尾水闸门门槽及其周围已清理干净,尾水闸门及其启闭装置已安装完工并检验合格。在无水情况下手动操作已调试合格,启闭情况良好。尾水闸门处于关闭状态。

(6)电站上下游水位测量系统已安装调试合格,水位信号远传正确。

(7)各部位的通信及照明设施完善可靠。

10.2.2 水轮机检查

(1)水轮机转轮已安装完工并检验合格。转轮叶片与转轮室之间的间隙已检查合格,且无遗留杂物。

(2)导水机构已安装完工、检验合格、并处于关闭状态,接力器全关状态。导叶最大开度和导叶立面、端面间隙及压紧行程已检验合格,并符合设计要求。

(3)水轮机轴、发电机轴、水导轴承系统已安装完工,检验合格,轴线调整符合设计要求。

(4)前主轴密封、后主轴密封与检修密封已安装完工,检验合格,密封自流排水管路畅通。检修密封经漏气试验合格,充水前检修密封的空气围带处于充气状态。

(5)各过流部件之间(包括转轮室与外配水环、外配水环与座环外锥、转轮室、尾水管)的密封均已检验合格,无渗漏情况。所有分瓣部件的各分瓣法兰均已把合严密,符合规定要求。

(6)伸缩节间隙均匀,密封有足够的紧量。

(7)各重要部件连接处的螺栓、螺母已紧固,预紧力符合设计要求,各连接件的定位销已按规定全部点焊牢固。

(8)受油器已安装完毕,操作油管经盘车检查,其摆度合格。

(9)各测压表计、流量计、压力变送器已安装完成。

10.2.3 调速系统的检查

(1)调速系统及其设备已安装完成,并调试合格。油压装置压力、油位、各表计、自动化元件已按设计参数整定完成。压力油系统压力试验已经完成。

(2)油压装置油泵在工作压力下运行正常,无异常振动和发热,主、备用泵切换及手动、自动工作正常。回油箱油位信号器动作正常。漏油装置手动、自动调试合格。

(3)手动操作将油压装置的压力油通向调速系统管路,检查各油压管路、阀门、接头及部件等均无渗油现象。

(4)调速器电调柜已安装完成,并调试合格,电液伺服阀工作正常,各电气反馈信号准确,调速器的电气、机械、液压转换器工作正常。

（5）调速系统联动调试的手动操作,并检查调速器、接力器及导水机构联动动作的灵活可靠和全行程内动作平稳。检查导叶开度、接力器行程和调速器柜的导叶开度指示器等三者一致。开关机时间及分段关闭时间调整完毕,转桨式机组桨叶的开关时间调整完成。

（6）过速保护装置已调试完成。

（7）由调速器操作检查调速柜和受油器上的桨叶转角指示器的开度和实际开度的一致。

（8）机组测速装置已安装、调试完成。

10.2.4 发电机的检查

（1）发电机整体已全部安装完成、并检验合格。发电机内部已进行彻底清扫,定、转子及气隙内无任何杂物。

（2）正反向推力轴承及导轴承已安装、调试完成,检验合格。

（3）发电机制动闸与制动环之间的间隙合格。机械制动系统的手动、自动操作已检验、调试合格,动作正常,充水前制动闸处于制动状态。

（4）发电机转子集电环、碳刷、碳刷架已安装完成。

（5）水轮发电机所有阀门、管路、接头、电磁阀、变送器等均已检验合格,处于正常工作状态。母线、电缆、辅助线、端子箱均已检查完成。各测温电阻安装完毕,调试合格。

（6）照明系统已安装完成,检验合格。

（7）弧形罩内已清扫干净,设备的补漆工作已完成并检查合格。

10.2.5 励磁系统检查

（1）励磁变、励磁装置、励磁母线及电缆已安装完成,主回路连接可靠,绝缘良好,试验合格。

（2）励磁操作、保护及信号回路接线正确,动作可靠。

（3）灭磁开关主触头接触良好,操作灵活、可靠。

（4）励磁变通风良好,励磁功率柜风冷回路正常,并投入运行。

（5）励磁系统静态试验已完毕,开环特性符合设计要求,通道切换可靠。

（6）现地和远方操作的切换正确、可靠。

（7）各报警及事故信号正确,与机组保护联动试验动作正确,与机组 LCU 联动试验动作正确,机组 LCU 能正确反映机组励磁系统状况。

10.2.6 油、气、水系统的检查

（1）全厂透平油能满足机组供油、用油和排油的需要。

（2）轴承高位油箱、低位油箱、漏油箱上各液位信号器已调整，油位符合设计规定，触点整定值符合设计要求。各油泵电动机已做带电动作试验，油泵运转正常，主、备用切换及手动、自动控制工作正常。

（3）正反推力轴承及各导轴承润滑油温度、压力、进油量已调试合格。

（4）压力变送器工作正常，各止回阀及管路阀门均无渗油现象。

（5）全厂低压空气压缩机均已调试完成，储气罐及管路无漏气。各压力表计、安全阀工作正常。整定值符合设计要求。

（6）前、后主轴密封排水管已安装完成。

（7）各循环水泵、压力及流量检测元件已安装，调试完成，水量、水压满足设计要求。循环水池水质符合要求，液位计调试合格，水位正常。各水泵运转正常。

（8）厂内渗漏、检修排水系统已完成，排水泵手动及自动工作正常。

（9）各阀门已挂牌编号。

10.2.7　消防系统检查

（1）机组启动试验相关的主、副厂房各部位的消防系统管路和消防设施已安装完成、并检验合格，符合消防设计要求，并通过消防部门验收。

（2）消防供水水源可靠，管道畅通，水量、水压满足设计要求。

10.2.8　电气一次设备检查

（1）发电机出口母线及相关设备：发电机中性点接地变压器、发电机中性点 CT、发电机出口、机端 CT、高压电缆、共箱母线、发电机出口断路器及隔离开关、避雷器、发电机出口断路器主回路两侧 CT、励磁变压器及其 CT、发电机出口侧 PT 等设备已安装、试验完毕，检验合格，具备带电条件。

（2）主变压器已安装调试完毕，试验合格。所有阀门位置正确，铁芯及主体可靠接地。主变压器油位正常，绝缘油化验合格。变压器分接开关已置于电力系统指定运行挡位。开关站监控系统 LCU 能正确反映变压器运行状态。

（3）厂高变及 CT 安装、试验完成，10 kV 高压侧可靠连接于厂用电分支开关内，10 kV 低压侧与 35 kV 厂用电连接位置正确，手车处于退出。

（4）主变低压侧 PT 及避雷器、主变高压侧 CT 及避雷器、主变高压侧架空线安装完成。

（5）各相关工作场所的工作照明安装调整完毕检查合格，并已经投入正常运行，临时事故照明已准备好。

（6）全厂接地装置和机电设备接地已检验，接地连接良好，接地线色标及接地端子符合规范要求。总接地网接地电阻和升压站的接触电位差、跨步电位差已测试，符合规范和设计要求。

10.2.9 电气二次系统及回路检查

10.2.9.1 400 V厂用电系统

（1）厂用电母线、机组自用电等设备检验并试验合格，母线正常供电，各自投入正常工作，相关设备正常受电。

（2）在机组启动前所需其他厂用配电柜已按照设计要求安装完成，检验试验合格，相关设备正常受电。

10.2.9.2 直流电源系统检查

机旁直流馈电柜各回路绝缘合格，绝缘监视和接地检测装置工作正常，设备正常受电。

10.2.9.3 继电保护、自动装置和故障录波设备检查

（1）所有控制保护电缆接线已经过检查，接线正确。

（2）发电机、变压器继电保护和故障录波屏的安装、调试完毕。

（3）计算机监控主站与机组LCU间的双光纤环网已按过渡方案形成，调试完毕，运行良好。机组等相关设备处于监控状态，LCU已具备检测和报警功能，相关运行参数可被监视与记录。

10.2.9.4 下列电气回路已检查并通过模拟试验，验证其动作的正确性、可靠性与准确性

（1）机组自动操作与水力机械保护回路。

（2）水轮机调速系统自动操作回路。

（3）发电机励磁操作回路。

（4）发电机出口断路器、隔离开关、接地开关操作与安全闭锁回路。

（5）机组所有电气设备交直流电源回路。

（6）机组辅助设备控制回路。

（7）发电机出口、开关站相关断路器同期回路。

（8）以上回路的操作，不仅包括了手动、自动操作，还包括计算机监控系统对上述系统设备的运行状态、运行数据、事故报警点的数据采集，监视和控制的命令，以及重要数据的变化趋势等的采集和传送。

10.2.9.5 电气二次的电流回路和电压回路完成通电检查后，下列继电保护和自动化回路已进行模拟试验，保护带断路器进行传动试验，验证了动作的正确性与准确性

（1）发电机、励磁变继电保护回路。

（2）主变压器、厂高变继电保护回路。

（3）发变组故障录波回路。

（4）机组辅助设备交直流电源主备用投切、故障切换等各类工况转换控制回路。

（5）仪表测量回路。

第三节　充水试验

10.3.1　充水条件

（1）确认坝前水位已蓄至最低发电水位，周边防护警戒宣传工作已到位。

（2）确认进水口闸门、尾水闸门处于关闭状态。确认机组各进人门已在关闭状态，各台机组检修排水阀门已处于关闭状态。确认调速器、导水机构处于关闭状态，接力器正常投入。确认空气围带、制动器处于投入状态。

（3）确认全厂检修、渗漏排水系统运行正常。

（4）其他抢险、应急措施已经满足。

10.3.2　流道充水

（1）将导叶开度开至 1‰～3‰，有充水阀则使用充水阀，没有充水阀使用尾水闸门提起 5 cm 进行尾水流道充水，不得已情况下使用进水闸门及进、尾水闸门同时提升。在充水过程中随时检查水轮机导水机构、转轮室、各进人门、伸缩节、主轴密封、测压系统管路等的漏水情况，记录测压表计的读数，监视进水流道压力表读数，检查管型座、导水机构、转轮室、尾水锥管及各排水阀等各部位在充水过程中的工作状态及密封情况。

（2）观察各测压表计及仪表管接头漏水情况，并监视水力量测系统各压力表计的读数。

（3）充水过程中检查流道排气是否畅通，通过上下游排气孔、灯泡贯流机组流道盖板排气孔、竖井贯流竖井排水孔以及各部分测压管路观察充水情况和各部位压力。

（4）观察厂房内渗漏水情况，待上下游平压后，关闭导叶，提出本台机组对应的所有上下游进尾水闸门。上下游闸门处于全开状态，同时对金属结构部分进行有水调试。

第四节　机组启动和空转试验

10.4.1　启动前的准备

（1）充水试验中出现的问题已处理完毕。

（2）机组周围各层场地已清扫干净，各坑、口、孔、洞盖板已盖好，通道畅通，照明充足,指挥通信系统布置就绪,各部位运行人员已到位。

(3) 机组润滑油、循环供水等均已投入,各油泵、水泵按自动控制状态,压力、流量符合设计要求。油压装置和漏油装置油泵处于自动控制状态。

(4)机组制动系统处于手动控制状态。

(5)检修、渗漏排水系统和低压压缩空气系统处于自动控制状态。

(6)上、下游水位,各部初始温度等已做记录。

(7)调速器处于准备工作状态,并符合下列要求。

① 油压装置至调速器的主供油阀已开启,调速器柜压力油已接通,油压指示正常。

② 调速器的滤油器位于工作状态,调速器处于"手动"状态。

③ 油压装置处于自动运行状态,导叶开度限制机构处于全关位置。

(八) 与机组有关的设备应符合下列要求。

① 机组发电机出口断路器断开,接地刀闸断开,灭磁开关断开。

② 转子集电环碳刷已磨好并安装完毕,碳刷拔出。

③ 发电机出口 PT 处于工作状态。

④ 水力机械保护、电气过速保护和测温保护投入。

⑤ 现地控制单元 LCU 已处于监视状态。

⑥ 拆除所有试验用的短接线及接地线。

⑦ 大轴接地碳刷已投入。

10.4.2 首次启动试验

(1) 水轮机主轴密封排水正常,空气围带排除气压、制动器复归(确认制动闸已全部复位),转动部件锁定已退出。

(2) 手动打开调速器的导叶开度限制机构,待机组开始转动后将导叶关回,由各部观察人员检查和确认机组转动与静止部件之间有无摩擦、碰撞及其他异常情况。记录机组启动开度。

(3) 确认各部正常后再次打开导叶启动机组。当机组转速升至接近 50%额定转速时可暂停升速,观察各部无异常后继续升速,使机组在额定转速下运行。

(4) 当机组转速升至 95%额定转速时校验电气转速装置相应的触点。当机组转速达到额定值时校验机组各部转速表指示是否正确。记录当时水头下机组额定转速下的导叶开度。

(5) 在机组升速过程中派专人严密监视推力瓦和各导轴瓦的温度,不应有急剧升高或下降现象。机组达到额定转速后,在半小时内每隔 5 min 记录瓦温,之后可适当延长时间间隔,并绘制推力瓦和各导轴瓦的温升曲线。机组空转 4 h 后,检查瓦温是否稳定。

(6) 机组启动运行过程中,应密切监视各部运转情况,如发现金属摩擦或碰撞、推力瓦和导轴瓦温度突然升高、机组摆度过大等不正常现象应立即停机。

(7) 监视水轮机主轴密封及各部水温、水压。

(8) 记录全部水力量测系统表计读数和机组监测装置的表计读数。

（9）测量并记录机组水轮机导轴承、发电机轴承等部位的运行摆度（双振幅），不应超过导轴承的总间隙。

（10）测量并记录机组各部位振动，其值应符合要求。

（11）测量发电机一次残压及相序。

10.4.3　停机过程及停机后检查

（1）手动操作开度限制机构进行手动停机，当机组转速降至额定转速的 35% 时手动投入制动器，机组停机后制动器则处于投入状态。

（2）停机过程中应检查下列各项。

① 监视各轴承温度，检查转速装置录制转速和时间关系曲线的动作情况。

② 停机后投入检修密封和制动器。

③ 各部位螺栓、螺母、销钉、锁片及键是否松动或脱落。

④ 检查转动部分的焊缝是否有开裂现象。

⑤ 检查保护罩是否有松动。

⑥ 检查制动器的摩擦情况及动作的灵活性。

⑦ 在相应水头下，调整开度限制机构及相应的空载开度触点。

第五节　调速器空载试验

10.5.1　手动开机

机组在额定转速下稳定运行后。调整电气柜的相关参数。将手/自动切换电磁阀切换为自动位置，并在调速器电气柜上也作同样的切换，此时调速器处于自动运行工况，检查调速器是否正常工作。调整 PID 参数，使其能在额定转速下自动调节，稳定运行。

10.5.2　调速器空载扰动试验

调速器各通道的扰动试验满足下列要求。

（1）调速器自动运行稳定时，加入扰动量分别为 ±1%、±2%、±4%、±8% 的阶跃信号，调速器电气装置应能可靠地进行自动调节，调节过程正常，最终能够稳定在额定转速下正常运转。否则调整 PID 参数，通过扰动试验来选取一组最优运行的参数。

（2）转速最大超调量不应超过扰动量的 30%。

（3）超调次数不超过 2 次。

（4）从扰动开始到不超过机组转速摆动规定值为止的调节时间应符合设计规定。

(5) 进行机组空载下的通道切换试验,各通道切换应平稳。

(6) 进行调速器自动模式下的开度调节试验,检查调节稳定性。

(7) 进行调速器自动模式下的频率调节,检查调节稳定性。

10.5.3 调速器故障模拟试验

进行调速器故障模拟试验,应能按设计要求动作,在大故障模拟试验时,切除停机出口,以免不必要的停机。

10.5.4 记录相应参数

记录油压装置油泵向压力油罐送油的时间及工作周期。在调速器自动运行时记录导叶接力器摆动值及摆动周期。

10.5.5 油泵电源切换试验

进行油泵电源切换试验,手自动双向切换应灵活可靠。

第六节 机组过速试验及检查

10.6.1 试验前应具备的条件

(1) 在过速试验前,保证各相关部位联系畅通,以使各种数据在同一时刻被测定与记录。

(2) 临时拆除电气过速保护停机回路,监视其动作时的转速。

(3) 安装好各部位的测量表计。

(4) 记录各部位相关的原始值。

10.6.2 试验内容

手动开机,待机组运转正常后,手动逐渐打开导叶,机组升速至115%,记录115%时转速继电器实际动作值;机组转速继续升速到155%额定转速以上时,记录电气过速155%转速继电器实际动作值;机械过速保护装置在电气过速保护动作之后且应在机组转速达到160%之前立即动作停机。如果升速至160%额定转速时,机械过速装置仍未动作,亦应立即停机。需校正机械过速装置,重新进行该试验。超过170%转速后,所有试验参数需要厂家和监理确认,留电站运行部门备案。

10.6.3　试验注意事项

试验过程中记录机组各部的摆度、振动最大值,若机组过速保护未动作停机,则按手动停机方式,转速降至 35%转速后投机械制动(具体转速降到临界值,以具体设计整定为准)。

过速试验过程中专人监视并记录各部位推力瓦和导轴瓦温度,监视转轮室的振动情况;测量、记录机组运行中的振动、摆度值,此值不应超过设计规定值;监视水轮机主轴密封的工作情况以及漏水量;监听转动部分与固定部分是否有摩擦现象。

10.6.4　过速试验后检查

过速试验停机后,投入制动器,全面检查各转动部分,并按首次停机后的检查项目逐项检查。

第七节　机组自动开停机试验

10.7.1　自动开机需具备的条件

(1)各单元系统的现地调试工作已完成,验收合格。

(2)计算机与各单元系统对点完成,通信正常。

(3)在无水阶段由计算机操作的全厂模拟已完成。

(4)LCU 交直流电源正常,处于自动工作状态。

(5)水力机械保护回路均已投入。

(6)制动器实际位置与自动回路信号相符,制动系统已切换至自动运行状态。

(7)循环供水回路各阀门、设备已切换至自动运行状态。

(8)润滑油系统已切换至自动运行状态。

(9)励磁系统灭磁开关断开。

(10)齿盘测速装置及残压测频装置工作正常。

(11)调速器处于自动位置,功率给定处于"空载"位置,频率给定置于额定频率,调速器参数在空载最佳位置。

(12)空气围带切换至自动运行状态。

10.7.2　机组 LCU 自动开机

（1）启动机组 LCU 空转开机。

（2）按照机组自动开机流程，检查各自动化元件动作情况和信号反馈。

（3）检查调速器工作情况。

（4）记录自发出开机令至机组开始转动所需的时间。

（5）记录自发出开机令至机组达到额定转速的时间。

（6）检查测速装置的转速触点动作是否正确。

10.7.3　机组 LCU 自动停机

（1）由机组 LCU 发停机指令，机组自动停机。

（2）监视制动器系统在机组转速降至 35％额定转速时应能正常投入，否则应立即采用手动控制方式启动。

（3）检查测速装置及转速接点的动作情况，记录自发出停机令到机械制动投入的时间，记录机械制动投入到机组全停的时间。

（4）检查机组停机过程中各停机流程与设计顺序应一致，各自动化元件动作应可靠。

（5）分别在现地、机旁、中控室等部位，检查紧急事故停机按钮动作的可靠性。

（6）模拟机组各种机械事故及故障信号，进行事故停机流程试验。检查事故和故障信号响应正确，检查事故停机信号的动作流程正确可靠。

（7）其他各种开停机及电气保护停机试验将结合后续的各项电气试验进行。

第八节　负荷试验

10.8.1　需完成的试验

依此先后完成发电机升流试验，发电机升压试验及定子单相接地试验，水轮发电机组带主变压器升流试验，主变、厂用变、开关柜升压试验，水轮发电机空载下励磁调节器的调整和试验，外部电力系统对主变压器冲击试验以及水轮发电机组并列试验（准同期、真同期试验后）。

10.8.2　水轮发电机组带负荷试验

（1）各水轮发电机组带、甩负荷试验相互穿插进行。

(2) 机组初带负荷后,检查机组及相关机电设备各部位运行情况,无异常后准备进行甩负荷试验。

(3) 机组正式带负荷试验,有功负荷应逐级增加,观察并记录机组各部位运转情况和各仪表指示。观察和测量机组在各种负荷工况下的振动范围及其量值,测量尾水管压力脉动值。

(4) 机组带 5%～10%负荷时,检查发电机保护装置是否满足设计要求。

(5) 进行机组带负荷下调速器系统试验。在频率和功率控制方式下,检查相互切换过程的稳定性,同时检查调速器系统的协联关系是否正确。

(6) 进行机组快速增减负荷试验。根据现场情况使机组突变负荷,其变化量不应大于额定负荷的 25%,并自动记录机组转速、尾水管压力、接力器行程和功率变化等的过渡过程。负荷增加过程中,应注意观察监视机组振动情况,记录相应负荷与机组水头等参数,如在当时水头下机组有明显振动,应快速越过。

(7) 进行水轮发电机组带负荷下励磁调节器试验。

① 在发电机有功功率分别为 0.50% 和 100% 额定值下,按设计要求调整发电机无功功率从零到额定值,调节应平稳、无跳动。

② 测定并计算水轮发电机端电压调差率,调差特性应有较好的线性并符合设计要求。

③ 测定并计算水轮发电机调压静差率,其值应符合设计要求。当无设计规定时,不应大于 0.2%～1%。

④ 对于励磁调节器,进行各种限制器及保护的试验和整定。

⑤ 调整机组有功负荷与无功负荷时,应先分别在现地调速器与励磁装置上进行,再通过计算机监控系统控制调节。

10.8.3　水轮发电机组甩负荷试验

1. 机组甩负荷试验应在额定负荷的 25%、50%、75% 和 100% 下分别进行,按表 10-1 的格式记录有关数值,同时应录制过渡过程的各种参数变化曲线及过程曲线,记录各部瓦温的变化情况。机组甩 25% 额定负荷时,记录接力器不动时间。

2. 在额定功率因数条件下,水轮发电机组突甩负荷时,检查自动励磁调节器的稳定性和超调量。当发电机突甩额定有功负荷时,发电机电压超调量不应大于额定电压的 15%,振荡次数不超过 3 次,调节时间不大于 5 s。

3. 水轮发电机组甩负荷时,检查水轮机调速系统的动态调节性能,校核进水口水压上升率、机组转速上升率等,均应符合设计规定。

4. 机组甩负荷后调速器的动态品质应达到如下要求。

① 甩 100% 额定负荷后,在转速变化过程中超过稳态转速 3% 以上的波峰不应超过 2 次。

② 机组甩 100% 额定负荷后,从接力器第一次向开启方向移动起到机组转速相对摆动值不超过 ±0.5% 为止所经历的总时间不应大于 40 s。(与调速器厂家协调)

③ 机组甩 25% 额定负荷后,通常情况接力器不动时间 ≤0.2 s。

④ 检查调速系统的协联关系的正确性。

表 10-1 水轮发电机组甩负荷试验记录表

机组负荷 kW			甩前	甩时	甩后	甩前	甩时	甩后	甩前	甩时	甩后	甩前	甩时	甩后
记录时间			甩前	甩时	甩后	甩前	甩时	甩后	甩前	甩时	甩后	甩前	甩时	甩后
机组转速(r/min)														
机组调节过程中最低转速(r/min)														
导叶开度(%)														
导叶关闭时间(s)														
接力器活塞往返次数														
调速器调速时间														
尾水管实际压力														
双向推力承处运行摆度		mm												
φ280 径向轴承运行摆度														
水导轴承处运行摆度														
转轮室振动	水平													
	垂直													
转速上升率(%)														
进水口水压上升率(%)														
调速器永态转差系数	指示值(%)													
	实际值(%)													
转轮叶片关闭时间(s)														
转轮叶片角度(°)														
上游水位： 下游水位： 年 月 日														

注：

1. 转速上升率＝$\dfrac{\text{甩负荷时最高转速－甩负荷前稳定转速}}{\text{甩负荷前稳定转速}} \times 100\%$；

2. 进水口压力水压上升率＝$\dfrac{\text{甩负荷时尾水管最高水压－甩负荷前尾水管水压}}{\text{甩负荷前尾水管水压}} \times 100\%$；

3. 永态转差系数实际值＝$\dfrac{\text{甩负荷后稳定转速－甩负荷前稳定转速}}{\text{甩负荷前稳定转速}} \times 100\%$。

10.8.4 调速器低油压关机试验

10.8.4.1 事故低油压关机试验前的准备

（1）检查机组事故低油压停机回路动作的正确性。

（2）调速器油压装置切手动控制位置，并将压力油罐的压力及油位调至正常值。

（3）设专人监视压力油罐油压及油位的变化，并准备进行有关操作。

10.8.4.2　事故低油压关机操作程序

（1）机组启动并网后，带上当时水头下最大负荷，并将油压装置切手动控制位置。

（2）在压力油罐上，缓慢打开放油阀，人为将油压降至低油压关机值。然后关闭放油阀，停止放油，启动低油压关机信号作用于事故紧急关机。

（3）急停机流程启动，立即手动启动油泵向压力油罐供油，使其恢复到正常油位。

（4）如机组已卸荷至空载，机组尚未解列，应立即按紧急事故停机按钮进行停机。

（5）待试验完毕后，将油压装置切至自动控制位置。

第九节　水轮发电机组 72 h 带负荷连续试运行

10.9.1　72 h 试运行

机组自动准同期并网后，与商业运营方确认好 72 h 运行条件和运行措施，开始进行 72 h 试运行。

10.9.2　试运行阶段需检查项目

全面记录运行所有有关参数，72 h 连续试运行后，停机进行机电设备的全面检查。除需对机组、辅助设备、电气设备进行检查，检查机组过流部分及水工建筑物和排水系统工作后的情况。

10.9.3　消除并处理 72 h 试运行中所发现的所有缺陷

个别项目也有 30 天可靠试运行要求，视具体合同要求运行。

第十一章

贯流式水轮机的检修

第一节 一般检修规定

11.1.1 水电站检修的一般规定

为了保证水轮发电机在运行中安全可靠地发电,使机组长期高质量的运转,就必须使机组处于良好的工作状态,坚持该修必修、修必修好的原则,严格按照规章制度办事,做到有目的、有计划地进行检修工作。只有高水平、高质量的检修工作才能确保水轮发电机组的安全运行。除预埋件外,水轮发电机组的所有部件均需要进行检查和检修。水轮发电机组检修一般分为两大类:临时性检修和计划性检修两类。

11.1.1.1 临时性检修

临时性检修主要是将出现故障的部件、零件、机构在现场第一时间进行检修,使它们能够正常的工作,并且完善控制系统及设备运行的可靠性和安全性,从而通过现场检修避免因设备故障、损伤造成机组停机,除了日常维护工作外,主要面对突发性、应急性的工作。

11.1.1.2 计划性检修

水轮发电机的计划性检修工作分为小修、大修和扩大性大修,目前一般化为 A、B、C 三个等级。在计划性检修前通常要上报电网停机时间和检修工期,明确检修内容、故障处理方案以及检修部件初始工作状态记录等工作。

11.1.2 汽蚀检修

对水轮机过流件,如管型座、尾水管、转轮、灯泡头、支撑、基础等部件进行汽蚀检修,局部处理。

11.1.3 检修处理

（1）对水轮机发电机组的转动部分进行检查、清扫。

（2）如机组的转动部分磨损超标后，应进行相应的处理。

（3）对有密封要求的部位，进行密封更换。

（4）对有润滑要求的进行加注润滑油脂。

11.1.4 相关试验

按有关规程和制造厂的规定，对检修的部件进行相关的动作、密封、耐压及电气试验。

11.1.5 油漆

机组的外露部分，机组灯泡头内发电机舱、管型座内的水轮机舱、管路均应按要求进行局部修复补漆。涂漆前应对机组及有关辅助设备进行全面清理。涂漆应均匀、无起泡、无皱纹现象。

11.1.6 清理

对机组的冷却系统的油冷却器、空冷器、油箱和轴承等重要部件进行清扫。清扫完成后，应办理相应的验收手续。

第二节　检修一般工艺要求

（1）在检修前必须确认所检修设备已系统脱开，四源断开（电源、风源、水源、油源）。

（2）在拆卸检修设备前做好或找到回装标记。

（3）对具有调节功能螺杆、顶杆，限位块等应做好相应位置标记。

（4）在拆卸较重的零部件时，做好防止人员坠落和设备脱落的措施。

（5）在拆卸复杂的设备时，应记录拆卸顺序，回装应按先拆后装、后拆先装的原则进行。

（6）在拆卸配合比较紧的零件时，不能用手锤、大锤直接冲击，或者相隔后，再用手锤、大锤打击。

（7）对拆卸下来的比较重要的零件如活塞、端盖、螺杆等应放在毛毡上，对特殊面，如棱角、止口、接触面等应用白布或毛毡包好。

（8）在部件拆卸、分解过程中，应随时进行检查，对各配合尺寸应进行测量并做好记录,对零件的磨损和损坏情况应做好记录后再处理,对重要部件的处理,应经申请得到同意后方可处理。

(9) 在拆卸过程中因时间不够或其他事情干扰面中断工作,以及拆卸完毕后应对可能掉进异物的管口、活塞进出口等用白布,石棉板丝堵封堵。

(10) 处理活塞、衬套、阀盖的锈斑,毛刺时应用 320# 金相砂纸、天然油石等,只能沿圆周方向修磨,严禁轴向修磨以免损伤棱角、止口。

(11) 在刮法兰密封垫和处理结合面时,刮刀应沿周向刮削,严禁径向刮削,法兰止口封面上不得留有径向沟痕。

(12) 对重要零件的清扫顺序是先用白布进行粗抹后用干净的汽油进行清扫,再用面团黏净。在有条件时用低压风进行吹扫,严禁使用破布和棉纱。

(13) 严禁在法兰的止口边和定位边轧石棉垫。

(14) "O"型圈的黏结,应根据图纸或槽宽、槽深,选择合适的"O"型条,量好尺寸后,沿"O"型条的斜截面粘油,严禁使用过期或变型的"O"型条。

(15) 对于密封件,更换时应确保规格、材料相同,严禁使用过期或变质的密封材料。

(16) 组装活塞、针塞及滑套时应涂上合格的透平油。活塞、针塞及滑套在相应的衬套内先靠自重应能灵活落入或推拉轻松,并在任意方向相同。

(17) 回装法兰、端盖、管接头时,应检查封堵物是否拆除,密封垫并是否装好止口是否到位,螺丝应先对称紧后均匀紧,最后用适当力臂加固,需加铜垫片时,铜垫片一定要退火后才能使用。

(18) 系统在装配前,接头、管路及通道必须清洗干净,不允许有任何污物的存在。

(19) 起重机按要求做好负载试验。

(20) 使用前必须检查桥式起重机、钢丝绳、专用工具等。

(21) 起吊转子、定子、主轴、灯泡头大件时必须遵循有关起重规程。

(22) 做好其他安全措施。

(23) 用白布清洗油槽、油腔;用面团黏洗油槽、油腔。

(24) 用无水乙醇清洗瓦面,检查瓦面磨损情况,不符合要求的要进行必要的修刮。

(25) 检查密封面是否有毛刺、锈缸等损坏现象,如有则进行处理。

(26) 修磨:用研磨油石、金相砂纸及白稠磨去毛刺,锈斑。

(27) 更换所有的密封件。

(28) 尽可能地保留机组需要检修部分的运行数据,方便检修后作比对。

(29) 对拆卸下来的销钉、螺栓及其他部件必须做好编号,方便后期安装。

第三节　主轴密封检查处理方案

(1) 空气围带退出,拆除相关水管及大轴保护罩。

(2) 拆除水箱螺丝,吊出水箱。

（3）拆除密封座、工作环及空气围带座，拆除空气围带。

（4）对空气围带座进行调整，安装新的空气围带，并进行漏气检查。

（5）按顺序回装工作环、密封座、水箱等。

（6）安装管路等并恢复。

第四节　水轮机转轮检修方案

检修技术措施：

（1）转轮拆卸前的准备工作。

① 流道排空，轮毂及转轮接力器排油。

② 拆卸重锤，将控制环往上游侧方向推，拆除转轮室上半部分并吊至安装间放置。

③ 受油器解体。

④ 拆除主轴密封。

⑤ 在转轮室内搭设拆卸转轮用工作平台。

（2）拆除泄水锥，在拆卸连接螺栓前应先将填充料去除，在泄水锥上方焊接吊点用于其吊装。

（3）将操作油管与桨叶接力器上盖脱开，往下游侧方向拖出操作油管。

（4）桨叶拆卸。

① 拆卸桨叶密封压环。

② 桨叶拆除。拆除桨叶螺栓时，应用专用工具将螺栓旋出，按此要求将所有桨叶联接螺栓拆出后将桨叶吊至安装间放置。

（5）拔出转轮与大轴连接销钉。

（6）按图纸要求在轮毂上安装吊装工具，利用厂房桥机吊住轮毂后拆卸转轮与大轴法兰连接螺栓。应用专用工具松出螺母后旋出螺栓。

（7）松出所有联接螺栓后，往下游侧方向移动桥机，至转轮止口与大轴法兰脱开后将其吊至安装间水平放置。

（8）拆出转轮锥。

（9）拆卸接力器连接拐臂。松出销轴卡板螺栓后拆卸销轴，松出拐臂。拐臂应做好记号，回装时按记号对应连接安装。

（10）利用厂房桥机将轮毂翻身，垂直放置，底部用枕木垫放水平。

（11）拆出活塞缸上盖。

（12）按图纸设计相关要求将活塞背帽拆卸，松出锥销及螺栓，利用手摇泵打压至最终锁紧设计压力，松出螺帽，吊出活塞后再吊出活塞缸。

（13）检查活塞环及各部位铜瓦的磨损，对磨损部件进行更换。

（14）回装。

① 回装前检查清洗所有部件及螺栓、销钉等。

② 用油石打磨活塞杆表面,打磨光滑后清理转轮内部杂物。

③ 将接力器连杆连接,连接时应与拆卸时所做记号一一对应。

④ 在活塞杆键槽上安装键及螺栓。

⑤ 安装活塞缸,将连杆与活塞缸连接,并安装销轴。

⑥ 安装接力器活塞。先将活塞环在活塞槽上试配,其配合间隙应符合设计要求;装活塞环于环槽内,上两活塞环接口应错开 90°以上,且使两活塞环弧形接口朝上相对;吊装活塞,在活塞、接力器缸滑动面涂以合格的透平油后装入活塞,并要严防杂物落入缸内。

⑦ 安装活塞背帽。先人工锁紧螺帽;安装液压拉伸器,利用手摇泵打压至初始设计压力,紧固螺母;卸压,15 min 后重新打压至最终锁紧设计压力,进一步紧固螺帽;现场在活塞螺帽上铰孔,安装锥销及螺栓,螺栓应涂螺纹锁定胶。

⑧ 安装活塞缸端盖。

⑨ 接力器打压试验。在开、关腔分别打压至 9.9 MPa,保压 30 min,活塞缸与活塞端盖处应无渗油现象;无机械变形;铜套处允许有少量的渗油。

⑩ 活塞环渗漏试验。为检查活塞环的密封性,分别在开、关腔进行试验,在开和关腔分别打压至 6 MPa,解开一端油管,测量其漏油量应小于 10 L/min,在 3 MPa 压力下重复此项试验,漏油量同样应小于 10 L/min。

⑪ 接力器功能试验。在接力器上安装百分表,从关腔进行打压,记录接力器动作时的压力,允许最小动作压力为 0.3 MPa。

⑫ 将转轮水平放置,安装螺栓和转轮锥。

⑬ 吊起转轮,利用手拉葫芦调整转轮的水平。

⑭ 将转轮吊至流道,旋转主轴来对正销钉位置。

⑮ 对称用四个联接销钉将转轮均匀地拉入配合止口,直到两者的组合面相接触。再对称装入四个联接螺栓。均匀拧紧联接螺栓,直至桥机吊钩松开后组合面不出现间隙,用 0.02 mm 塞尺检查。

⑯ 桥吊松钩,拆掉转轮安装吊具。装入其他联接螺栓,用加热装置将螺栓加热至设计温度,测量螺栓伸长值应在设计允许范围内,紧固螺帽。

⑰ 安装操作油管。

⑱ 按标记对应安装桨叶,安装桨叶螺栓时应用加热装置将螺栓加热至设计温度,螺栓伸长值达到设计值时,用专用工具将螺栓拧紧,装入两道桨叶密封,安装时两道密封 V 型口应相向布置;安装密封压环。

⑲ 安装泄水锥。

⑳ 所有螺栓孔均用填充料封堵。

第五节　转轮室汽蚀处理安全技术措施

11.5.1　转轮室汽蚀处理安全技术措施

11.5.1.1　准备工作

搭设检修平台,铺设平台的木板厚度不小于 4 cm。接好照明及通风设备。在转轮上进行电弧气刨、电焊前,接好转轮与固定部分的接地线。

11.5.1.2　汽蚀测量

检查主要汽蚀区域,测量每块汽蚀区域的面积、形状、位置、深度。

11.5.1.3　汽蚀处理

用电弧气刨刨去因汽蚀而损坏的金属,刨割范围比汽蚀区域稍扩大 20～30 mm,深度以露出母材基体金属 95% 左右,最浅处亦打磨 3 mm 以上。用砂轮机将刨除汽蚀区域位置的表面渗碳层磨掉。

堆焊选用 E506 或 E507 牌号焊条,焊条使用前要注意烘干和焊接过程的保温。焊接时应随时检查堆焊层是否偏高或偏低,对所有处理焊层的外观和内部质量进行 100% 的检查。不应出现气孔、夹渣等缺陷。

用砂轮机按转轮室的弧度对焊层进行打磨,保证不影响转轮叶片的工作。

11.5.1.4　检查

汽蚀处理后,用刷子清理转轮的焊渣和灰尘,并经验收合格。

11.5.1.5　防腐

对处理后的转轮室进行防腐刷漆。

11.5.2　伸缩节检查处理方案

(1)拆除伸缩节压环螺栓并退出压环,抽出原橡胶密封条。

(2)用清洗剂清洗密封槽,更换橡胶密封条。

(3)装配伸缩节压环并用螺栓或顶丝压紧。

(4)检查伸缩节圆度及变形量,同时做好校形和除锈。

第六节 导水机构处理

11.6.1 导水机构拆卸

11.6.1.1 施工准备

(1) 流道排水完成。

(2) 检查项目检测完成。

(3) 转轮室拆除。

(4) 主轴密封及相关管路已拆除。

(5) 水轮发电机组转动部分已拆除。

(6) 测量水管已拆除。

(7) 导叶接力器已拆除。

(8) 重锤已拆除。

(9) 导水机构上电气接线及元件已拆除。

(10) 内外导环加固。

11.6.1.2 安装吊装工具

(1) 安装吊具。

(2) 主钩挂 2 个葫芦(视吊物重量选用合适的葫芦),作为备用调整导水机构与座环松卸螺栓后的垂直度。

(3) 拆卸

① 先松内导环与座环法兰把合螺栓。

② 间隔松卸一半外导环与座环法兰把合螺栓,所剩把合螺栓如米点形均分8个方向。

③ 在外环底部支撑一个千斤顶,同时在导水机构外环与座环联接法兰面间设置一个百分表进行相互间位置变化监测。

④ 调整吊具受力,受力为导水机构起吊总重量的 80%,并进行监测。

⑤ 外环底部支撑的千斤顶受力,百分表测量的位移为 0.05 mm。

⑥ 为避免松导水机构与座环把合螺栓后,导水机构在空中剧烈晃动对施工人员及设备造成伤害,提前在座环内部准备导水机构向下游缓冲措施,挂设手拉葫芦受力,待螺栓松完后,缓慢松动葫芦拉链,待手拉葫芦不受力后予以拆除。

⑦ 同时在座环内安排施工人员,观测导水机构所剩螺栓松卸时与座环法兰面的位置变化。

⑧ 松卸导水机构外环所剩螺栓,从顶部开始对称松卸。

⑨ 松卸所剩螺栓时,随时根据与座环法兰面的位置变化,调整吊具及外环底部支撑的千斤顶受力,以利螺栓拆卸。

⑩ 螺栓拆完后,吊导水机构到安装间。

⑪ 安装翻身工具。

⑫ 导水机构翻身。

⑬ 导水机构支撑加固。

⑭ 吊具松钩卸力。

11.6.2 导水机构解体

11.6.2.1 导水环吊装工具的拆卸

11.6.2.2 导水机构加固调平

（1）拆除吊具和内外导环支撑。

（2）准备调整内外导环用等高块和楔子板，等高块的布置方。

（3）调整内外导水环的楔子板，保证足够的距离，满足设计要求；导叶轴承的连接螺栓使导叶处于全关位置。

11.6.2.3 导叶的固定

11.6.2.4 拆除导叶拐臂

11.6.2.5 控制环相对外导水环的拆卸

11.6.2.6 内导叶轴的拆卸

11.6.2.7 外导水环和导叶与内导水环的解体

11.6.2.8 去除内导水环准备等高块

11.6.2.9 拆除导叶

11.6.2.10 导叶套筒拆卸

11.6.2.11 内导环解体

11.6.2.12 导环解体

导水机构组装按以上程序倒序进行。

11.6.3 导水机构回装

安装程序见图 11-1。

11.6.3.1 导水机构组装

将外配水环进行清扫检查。

在导水机构组装场地布置 8 个外配水环组装支墩，支墩高度按能满足导叶顺利插入而不与内配水环相碰来确定；将内配水环运到安装场后，清扫、检查各组合法兰面及螺孔、密封等；各加工面涂润滑脂予以保护，而后将内配水环大口朝下吊放在组装位置中心处；将清扫、检查合格的外配水环一半大口朝下吊放于支墩上，用支墩上的楔形板调整水平至 0.10 mm 以内；用桥机吊装另一半外配水环，用链式葫芦调整水平后与支墩上的一半配水环组合，组合前组合面按设计要求涂密封胶，打入定位销钉，对称、分次拧紧组合面螺栓至设计值。组合后调整法兰面水平，检查组合缝间隙、错牙等各项指标，应符合设计要求；检查调速环滚珠槽，组合处不得有错牙；组合后其间隙 0.05 mm 塞尺检查不能通过，上下游

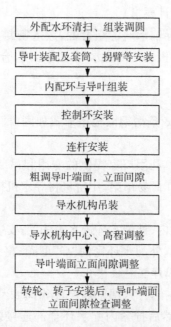

外配水环清扫、组装调圆

导叶装配及套筒、拐臂等安装

内配环与导叶组装

控制环安装

连杆安装

粗调导叶端面，立面间隙

导水机构吊装

导水机构中心、高程调整

导叶端面立面间隙调整

转轮、转子安装后，导叶端面
立面间隙检查调整

图 11-1 导水机构回装流程图

法兰面应无错位现象。

清扫外轴套和外配水环上的轴套孔，检查各配合尺寸、密封渗漏排水孔等符合设计要求后，按制造厂编号装配外轴套，轴套与轴套孔的配合面应涂一薄层白铅油，密封槽装入"O"型密封圈；装配锥形活动导叶，采用链条葫芦的两吊点起吊方式插装导叶，在叶轴颈处涂二硫化钼润滑脂在导叶端部和外配水环间垫入稍厚于设计端面间隙长约 100～150 mm 的金属垫片，用链式葫芦将导叶向外配水环拉靠；安装密封环、球轴承、压环、拐臂和导叶端盖等，然后松掉临时链式葫芦，使导叶处于悬臂状态。

用桥机吊起内配水环，通过千斤顶、支墩和楔形板等调整内、外配水环之同心，销轴孔与导叶轴承孔对准，内、外配水环法兰面轴向距离应符合设计要求，将内配水环临时固定；取掉导叶与外配水环间的垫片，用桥机小钩或千斤顶等调整导叶小端，装上导叶销轴；各密封槽装"O"型密封圈，其配合面涂一薄层白铅油。

初步调整导叶端面间隙，使其符合设计要求。

在外配水环出水边法兰顶上组合分瓣调速环（也可在其他位置组合），组合螺栓按设计值拧紧。

将调速环吊起调平后套入外配水环；用调平顶丝将调速环调平对正滚珠槽，并用塞尺检查、调整其与外配水环间隙，使其符合设计要求。

装入钢球，调整其与外配水环滚道间隙，用润滑脂将钢球固定，装上压环并均匀拧紧其与调速环的组合螺栓和推力螺栓后，去掉调平顶丝检查调速环是否灵活；按设计要求向滚珠槽内注油。

初步调整导叶端面间隙合格后，将各导叶及控制环转至全关位置，临时固定。按设计要求安装连杆和安全连杆（或剪断，采用调整偏心销或调整连接螺母的方法初步调整导叶立面间隙、连杆长度,并符合设计要求)。

清扫、检查内配水环与水导轴承座的组合面,放入密封条后吊装水导轴承座,按厂家设计要求调整水导轴承座扇形板及与内配水环之同心度,合格后拧紧组合螺栓,检查组合面间隙应符合规范要求。

11.6.3.2 导水机构吊装

内外环下游法兰面用 4~8 条槽钢以辐条形式加固,槽钢两头与法兰面用螺栓把合。焊接临时挡块将控制环止动。

导水机构整体组装完毕后,利用厂家提供的专用起吊装置。如果厂家没有提供专用起吊装置,可以利用地锚或制作简易吊梁,用桥机将导水机构一点着地(或空中)翻身 90°,垂直吊入机坑与管型座连接。

清扫管型座下游侧法兰及内、外配水环进水边法兰;安装导水机构吊装及翻身专用工具;在导水机构翻身后,安装内、外配水环密封"O"型圈;将导水机构吊入机坑,用链式葫芦调整内、外配水环法兰与管型座法兰面平行。

先将内配水环与管型座连接,拧入部分螺栓,挂钢琴线调整内配水环上游镗口及水导轴承座中心与机组中心同心,然后拧紧内配水环全部连接螺栓,法兰间隙应满足规范要求;连接面如有密封水压试验要求,则进行密封水压试验,应无渗漏。

根据导叶端面间隙,利用桥机及千斤顶来调整外配水环,合格后,拧紧全部连接螺栓,连接面间隙应满足规范要求。如有密封水压试验要求,则进行密封水压试验,应无渗漏。

安装销钉并点焊。

使用链式葫芦或桥机旋转控制环,使导叶全关,测量导叶立面间隙,如不符合要求,调整连杆长度。

主轴、转轮及转子安装调整完成后,再次测量、记录导叶端面、立面间隙,间隙应符合设计要求。

待接力器安装调整好压紧行程后,再次测量导叶立面间隙。

11.6.4 导水机构检查

(1) 导叶检查应外观良好,无汽蚀,导叶上用于起吊的孔塞堵完好、点焊牢固。

(2) 导叶端面、立面间隙的检查和处理,应对照上次检修记录进行检查,间隙应符合设计要求。如测量数据无法满足以上要求时通过以下方法调整。

① 导叶端面间隙调整

通过调整轴承座上的四个顶起螺栓,但要保证衬套法兰面与导叶室上配合面平行,使导叶端面间隙满足设计值。

② 导叶立面间隙调整

(a) 用桥机将导叶关至全关位置,测量相邻两导叶立面上、中、下三点间隙,立面间隙应小于 0.05 mm,局部间隙≤0.15 mm,其总长不超过导叶高度的 25%。

(b) 间隙过大调整连杆长度,局部过大要用砂轮机、锉刀等工具修复。

(3)导水机构解体检查、组装完成后,按拆卸程序倒过来进行吊装。

第七节 水导轴承检查方案

11.7.1 检修工序

11.7.1.1 解体

(1) 拆卸轴承外围部件：管路、电器元件、轴承外罩、挡油板、甩油环。

(2) 拆卸大轴保护罩。

(3) 拆卸过速飞摆。

(4) 分八点测量轴承间隙。

(5) 拆卸转动部分，并对大轴进行加固，预防不平衡。

(6) 加固大轴和安装支架。

(7) 清洗、修磨轴瓦上游侧 800 mm 的范围。

(8) 调整大轴和轴瓦的间隙，使其间隙均匀，拆卸轴瓦固定件，使轴瓦和轴承座脱开。

(9) 上半部用吊带和葫芦吊住。

(10) 松开轴瓦连接螺栓，吊出轴瓦的上半部和下半部，并用木板垫住。

(11) 清洗、检查、修复轴瓦。

(12) 清洗、检查其他拆卸的部件，修复或更换受损的部件。

11.7.1.2 轴瓦清洗、检查及测量

(1) 清洗水导轴颈，清洗时要用专用的清洗剂，不要用硬制的木块或铁制东西刮除脏物。

(2) 粗洗后用甲苯或酒精进行全面的精细清洗，并检查水导轴颈有无轻微的锈斑、毛刺等，可用细油石、研磨膏或金相砂纸进行研磨，研磨时应朝着主轴旋转方向研磨；若存在较大的缺陷，应会同有关专家进行处理或返厂处理。

(3) 清洗完后，应用纯棉不起球的毯子包住轴颈处，严禁用带汗水的手触摸轴颈及镜板面。

(4) 对水导轴承及各配件进行彻底清洗，并检查进油孔不允许残留铁屑及任何污物，用压缩空气反复吹扫油孔及油路，注意油路是否正确，确认没任何污物后用不起球的白布封堵。

(5) 检查导轴瓦的瓦面有无裂纹、夹渣及密集气孔等缺陷，轴承合金面应无脱壳现象，尤其要仔细检查下半部轴瓦与轴承金属外壳的结合面应无脱壳现象。

(6) 用平尺检查接触点的情况，沿轴瓦长度方向每平方厘米应有 1～3 个接触点，用专用工具检查轴瓦的接触角。

11.7.1.3 水导轴承安装

水导轴承的各附件清洗好后，在安装间进行组装。首先调整大轴高度及水平，使下半

部轴瓦套入后有一千斤顶高度为限。一切准备工作完成后套入水导轴承下半部并用千斤顶及木方垫住下半部轴瓦,用千斤顶慢慢顶起下部轴瓦使其刚好贴住轴颈时为宜。用桥机吊起上半部轴瓦,并把合下半部轴瓦螺栓,调整水导轴瓦在大轴的位置达到设计位置;测量轴瓦与轴颈间隙符合设计要求,松掉千斤顶,再次测量轴瓦与轴颈间隙,并调整轴瓦与轴颈间隙,达到如下要求。

(1) 两侧间隙相等,最大偏差不大于 0.05 mm;

(2) 未松千斤顶前上部间隙与松千斤顶后下部间隙相等;

(3) 轴瓦前后间隙沿 X 轴线方向的同一位置间隙相一致。

(4) 调整合格后装上游侧挡油环及附件,下游侧用白布包好,待大轴就位后进行安装。

11.7.2　检修工艺

(1) 在拆卸时,应注意各零件的相对位置和方向做好记号,记录后分解。

(2) 在拆卸复杂的设备时,应记录拆卸顺序,回装应按先拆后装、后拆先装的原则进行。

(3) 抽瓦时应对称紧固拉杆,使用千斤顶时要同步进行。

(4) 对加工面的高点、毛刺锈蚀要用油磨石、油光锉、金相砂纸进行修磨。

(5) 对重要零件的清扫顺序是先用白布进行粗抹后用干净的煤油进行清扫,再用面团黏净。在有条件时用低压风进行吹扫,严禁使用破布和棉纱。

(6) 对于密封件,更换时应确保规格、材料相同,严禁使用过期或变质的密封材料。

(7) 在部件拆卸、分解过程中,应随时进行检查,对各配合尺寸应进行测量并做好记录,合缝间隙用 0.55 mm 塞尺检查,不能通过,允许有局部间隙;用 0.1 mm 塞尺检查,深度不应超过组合面宽度的 1/3,总长不应超过周长的 20%;组合螺栓及销钉周围不应有间隙。组合缝处的错牙一般不超过 0.10 mm。

(8) 在拆卸过程中因时间不够或其他事情干扰面中断工作,以及拆卸完毕后应对可能掉进异物的管口、进出油口等用白布或石棉板或丝堵封堵。

(9) 检查轴瓦应无脱壳现象,允许个别外脱壳间隙不超过 0.10 mm,面积不超过瓦面的 1.5%,总和不超过 5%。

(10) 检查瓦面应无密集气孔、裂纹和硬点等缺陷,个别夹渣、砂眼、硬点应剔除,并把坑孔边缘修刮成坡弧。

(11) 检查并修刮轴瓦上的油沟,使其方向、形状和尺寸符合设计要求,并清洗进油孔。

(12) 修刮瓦面应由有一定经验的工作人员进行。

(13) 分瓣面紧固前应涂密封胶,小螺栓涂止动胶。

(14) 在拆卸配合比较紧的零件时,不能用手锤、大锤直接冲击,应加垫相隔后,再用手锤、大锤打击,也可用铜棒敲击。

第八节　受油器拆装检修

11.8.1　拆卸前准备工作

（1）排尽操作油和轮毂油箱及其管路中所有的油，并确认无油。

（2）拆卸轮叶开度传感器和齿盘测速传感器。

11.8.2　受油器的拆卸和解体

（1）松开与受油器连接的管接头上的所有螺栓，并把这些管接头用干净的稠布包好。

（2）受油器是机组中的主要设备，拆除前先对图纸熟悉其结构确定拆除顺序，特别是轴瓦和有密封圈地方。

（3）拆出设备作好标志集中放置在泡头适当地方并标识好。

11.8.3　部件的清洗

（1）用白布清洗油槽、油腔，用面团黏洗油槽、油腔。

（2）用无水乙醇清洗瓦面，检查瓦面磨损情况，不符合要求的要进行必要的修刮。

（3）检查密封面是否有毛刺、锈缸等损坏现象。

（4）修磨：用研磨油石及金相砂纸、白稠磨去毛刺，锈斑。

（5）更换所有的密封件。

11.8.4　受油器安装

（1）安装受油器应满足下列条件。

① 发电机转子侧操作油管经盘车检查符合 GB 8564 和 DL/T 5113—11—2012 中的对应要求。

② 发电机转子集电环已安装就位。

（2）将受油器底座吊装就位，并测量受油器的绝缘应符合 GB 8564 的要求。

（3）装入浮动轴瓦。套装时，应防止密封圈出槽。找正并旋转浮动轴瓦，使其移至原来拆卸位置。

（4）调整受油器浮动轴瓦与底座内腔的间隙，按其左右间隙相等，上部间隙大于下部间隙，差值约为发电机侧侧轴承间隙的要求，并结合操作油管实际摆度值进行调整操作油管的摆度，对固定铜瓦结构，一般不大于 0.2 mm，对浮动铜瓦结构，一般不大于 0.3 mm。

（5）安装部件，并用锁板固定在原来拆卸的位置。

（6）安装受油器外腔，并调整水平度受油器水平偏差，在受油器座的平面上测量，不应大于 0.05 mm/m。

（7）检查绝缘在尾水管无水时测量，一般不小于 0.5 MΩ。

（8）安装受油器端盖。

（9）按图纸安装转轮接力器反馈装置。

（10）安装后应对各进、出油孔口进行封堵，防止异物进入。

（11）待油系统管路连接好后，再次检查受油器的绝缘应符合 GB 8564—88 的要求。

第十二章

发电机及辅机检修

第一节　发电机检修一般技术要求

12.1.1　发电机定子检修

（1）定子线棒每个并头套的接触电阻应不大于同长度导电电阻的120%；外表检查无明显孔洞和缝隙。

（2）定子线棒绝缘层应无裂纹和机械损伤等异常现象。

（3）线圈外表无灰尘，无油垢，无异物，绝缘无损伤，无电腐蚀现象；线圈漆层完好无严重脱落现象，相别支别编号正确。

（4）定子线圈端部绑线应紧固，无松动和断裂，绑线上的环氧树脂漆应刷透。

（5）定子汇流排接头事先搪锡，螺栓连结后用 0.05 mm 塞尺检查，塞入深度不得超过 6 mm；焊后无气孔，夹渣，表面光滑，测其直流电阻不应大于同母线的电阻值。

（6）定子槽楔应与线棒及铁芯齿槽配合紧密，靠下部铁芯 1/3 的部位应无空洞，其余部分有空洞的长度也不应超过每块槽楔长度的 1/3。

（7）定子支持环焊接后其圆度应符合图纸要求，高度差为 2 mm；支持环原有绝缘与新包绝缘连接处应削成斜坡，绝缘包扎必须紧密并经过 1.5 倍额定电压交流耐压通过。

（8）定子引线固定紧固，接头无过热及电晕现象，绝缘良好。

（9）定子线圈上、下槽口部位无电腐蚀粉尘；硅钢片无松动、断裂现象；线棒无磨损，铁芯保持清洁、干燥。

12.1.2　定子吊装到位后注意事项

（1）粗测量空气间隙并进行调整，直至定、转子空气间隙合格为止，再次检查上、下游各自的密封盘根是否在盘根槽内,对称同时把紧定子下游法兰与管型座组合螺栓。

(2)松开吊钩,测量空气间隙,调整时可适当松开定子与管型座把合螺栓,利用千斤顶进行圆度调整,最终空气间隙符合规范要求。

(3)发电机转子检修

① 转子磁极线圈无灰尘,油垢,漆层无严重脱落现象。

② 磁极线圈新安装后,在压紧状态下弹簧铁压板应与极身相平,正负误差不应超过1 mm;并要求通过4 500 V交流耐压试验。

③ 阻尼环导电面清洁,并搪有焊锡;阻尼接头铜片无断裂,无开锡,螺栓紧固,铜片应锁上。

④ 磁极主绝缘更换后单个磁极绝缘电阻应大于5 MΩ。

⑤ 转子引线固定紧固,接头无过热及电晕现象,绝缘良好。

(4)滑环检修

① 清扫检查滑环,要求清洁、无异常,滤网干净。

② 更换滑环碳刷,要求表面吻合,接触面达3/4以上,安装正确,碳刷长度达1/3以上,动作灵活。

③ 滑环表面不应有麻点或凹沟。当凹沟大于0.5 mm且运行中碳刷冒火或出现响声无法消除时,应车削或研磨滑环。

④ 只能在停机时更换碳刷,更换碳刷后,用纱布条沿转动方向擦拭滑环,直至碳刷表面滑环的轮廓线已经完全复原。

(5)喷漆工作的技术要求

喷漆工作根据检修中更换线圈与处理接头的数量,以及线圈漆层损坏的情况,确定定子或转子局部或全部喷漆;喷漆相应部位彻底清扫,绝缘表面不应有灰尘、油垢,喷漆后要求漆膜均匀,外表光亮,不可出现滴淌、流挂现象。

第二节　发电机定、转子检查清扫方案

12.2.1　定子检查方案

12.2.1.1　检修工艺流程(图12-1)

12.2.1.2　各项目检查处理

1.电机齿压板及其调整螺栓检查

在断开所有电源并在相应位置挂接地线后,用塞尺检查发电机齿压板各块的压紧情况,是否松动变形,检查调整螺栓是否松动,螺帽锁定是否可靠,如果有松动、变形并按规范要求进行修复。

质量标准:无松动变形,固定可靠。

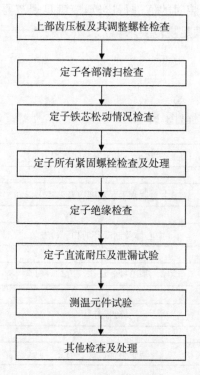

图 12-1 检修工艺流程

2. 定子各部清扫检查

首先用吸尘器对定子进行全面除尘,再用金属清洁剂对定子铁部件进行清洁,对定子绝缘部分采用无水酒精或丙酮并用白布清洗。

质量标准:干净,无异常。

3. 定子铁芯松动情况检查

用塞尺检查铁芯叠片是否松动,检查穿心螺栓是否松动,锁片(或焊点)是否松动或有裂纹,如有松动应按要求紧固或更换锁片。

质量标准:无松动。

4. 定子所有紧固螺栓检查及处理

检查所有螺栓的止动装置是否完好,用力矩扳手,调整对应螺栓所需要的力矩,对定子所有螺栓进行紧固情况检查,有松动按要求进行紧固。

质量标准:紧固、无松动。

5. 定子绝缘检查

用 2 500 V 兆欧表绝缘摇表分别对定子的三相绝缘情况和吸收比进行检查,吸收比不少于 1.6,绝缘电阻按机组检修相应值进行比较,应合格,否则分析原因,并处理至合格,若受潮按要求进行干燥。

质量标准:绝缘和吸收比合格。

6. 定子直流耐压及泄漏试验

在确定定子绝缘及吸收比合格后,对定子进行直流耐压试验,测量泄漏电流,所测得的泄漏电流与上次检修或安装时的值进行比较,应满足规范要求。

质量标准:泄漏电流应满足规范要求。

12.2.2 转子检查方案

12.2.2.1 检修工艺流程(图 12-3)

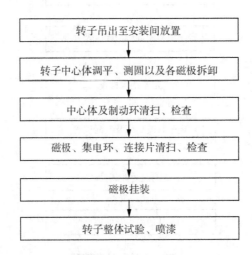

转子吊出至安装间放置

转子中心体调平、测圆以及各磁极拆卸

中心体及制动环清扫、检查

磁极、集电环、连接片清扫、检查

磁极挂装

转子整体试验、喷漆

图 12-3 检修工艺流程

12.2.2.2 各项目检查处理

1. 转子调出机坑后整体检查以及磁极拆卸

转子吊至安装间后,安装翻身工具,将转子翻身平吊至转子组装支墩上;调整转子中心体法兰水平度不大于 0.02 mm/m,安装转子测圆架,测量转子磁极圆度和磁极中心高程(磁极圆度偏差不大于 4%设计空气间隙值,磁极中心高程不大于 1 mm),并做好记录。

利用厂房桥机和磁极安装工具依次拆除阻尼环连接片、极间连接片和磁极把合螺栓,吊出磁极,依序摆放。

质量标准:测量准确,数据分析,满足要求。

2. 转子中心体及制动环检查清扫

转子中心体清洗干净后,对转子中心体与大立筋、大立筋、鸽尾处焊缝进行全面探伤检查和中心体圆度复测(偏差值不大于 3%设计空气间隙值),如圆度偏差超标,则进行修磨处理。制动环无裂纹和松动。

质量标准:干净,焊缝无裂纹,中心体圆度合格。

3. 磁极、集电环、连接片清扫检查

用无水酒精将磁极、集电环以及各连接片表面的污渍清除干净,检测集电环和每个磁极的绝缘良好,各连接片无裂纹和脱锡现象。

质量标准:干净、无裂纹、松动。

4. 转子磁极挂装及试验

(1)挂装磁极前,测量磁轭圆度。各半径与平均半径之差不应大于设计空气间隙的

±4%,检查磁轭平直度并作适当的修磨。

(2) 磁极开箱后,进行全面的清扫。逐个检查磁极的绝缘电阻,其值不应低于 5 MΩ,否则应予以处理。对每一个磁极进行交流耐压试验和交流阻抗测试,试验通过后方可挂装磁极。

(3) 按照制造厂编号挂装磁极。第一个磁极与最后一个磁极挂装位置要与转子引线的位置相对应。在磁极挂装时,应合理选择调整垫片,一方面可使磁极线圈与磁轭接触良好,另一方面可调整转子圆度。以转子中心体下法兰面的实际高程并参考定子铁芯的实际高程定出磁极铁芯高度。应保证机组总装后转子磁极铁芯中心平均高程比定子铁芯中心线平均高程低 1.5~3 mm;同时,各磁极中心线挂装高程与平均高程之差不应大于±1 mm。插入磁极键并锤击打紧。按图纸要求焊好鸽尾挡块。

(4) 检查转子圆度,各半径与平均半径之差应符合规范要求。

(5) 测量单个磁极线圈的交流阻抗值,其相互间不应有显著差别。试验所加电压不应大于额定励磁电压。

(6) 按图纸要求连接极间连线、阻尼环连接片和转子引线(注:在转子支架两个邻立筋挂钩下方有供把合转子翻身工具用的螺孔,相应之径向方向的两个磁极的连接件均先不相连)。所有螺栓螺母均应固定牢靠。极间连接片接头螺栓把合处以 0.05 mm 塞尺检查,塞入深度不应超过 5 mm。测量转子绕组绝缘电阻,其值不应低于 0.5 MΩ,否则应进行干燥处理。

(7) 转子绕组通电干燥前,应彻底清扫转子磁极及转子。在转子绕组中通以不超过额定励磁电流的直流电流,在对转子绕组进行干燥时,线圈表面温度不应超过 85 ℃,温度上升率不超过 5 ℃/h。当绝缘电阻稳定 6 h 左右后,即可降温停止干燥。

(8) 当转子绕组温度降至 40 ℃以下时,对绕组进行交流耐压试验,试验电压为 3 250 V。测量转子绕组直流电阻值,以便今后作比较。电气试验通过后,按图纸要求搭焊磁极键并将多余部分割去。

(9) 转子装配完毕后,应对转子进行全面清扫检查。除安放转子起吊工具的两个磁极外,所有锁片均应锁定牢固,以防松动。

(10) 按规范要求对转子做电气试验。最后按要求喷漆。

第三节　主轴、组合轴承拆除及回装方案

12.3.1　主轴拆除方案

12.3.1.1　主轴拆除现场施工条件要求及准备工作

(1) 检查门机的所有机械部分、连接部件、各种保护装置及润滑系统等的安装,注油情况,其结果应符合要求;并清除轨道两侧所有杂物;钢丝绳端的固定应牢固,在卷筒、滑

轮中缠绕方向应正确。

（2）检查行走机构的电动机转向已经正确,转速是否同步及抱闸工作情况。

（3）空载运转起升机构分别升、降住返三次,并检查电气和机械部分及抱闸正常。

（4）对参与此项工作的人员,进行专项安全技术交底,检查好钢丝绳、卸扣、手拉葫芦是否具备吊装条件。

（5）主轴拆吊应具备条件。

当天天气符合拆吊条件;

水封导流板已拆除;

主轴支架已拆除,并已做好拆前记号。

（6）主轴拆除准备。

安装好主轴移动小车及上游处吊具;

准备好主轴固定支架;

扇形板连轴销钉、螺栓拆卸（保留 X、Y 方向四个）;

测量记录检修前水导轴承的间隙和主轴水平度。

12.3.1.2　主轴吊装参数

主轴外形尺寸,起吊重量。

12.3.1.3　主轴吊出

（1）主轴吊出前,编制好主轴拆吊技术交底卡及拆吊安全技术交底卡,对施工人员进行详细的交底。

（2）厂房门机及检查:确认起重设备运转状态良好。

（3）根据图纸要求安装主轴吊具,上游侧吊耳与法兰面联接时用橡胶垫做好防护。主轴小车按照图纸位置进行安装。水导瓦上下游两点装吊环各用一个 3T 葫芦进行对拉。确保各部件的配合良好,吊具螺栓用力紧固。

（4）在门机主钩上挂好一条直径为 43 mm 的钢丝绳并形成两股,为上游侧主吊点,用托架转移受力使小车接触轨道。利用门机向上游走小车,主轴下游测与管型座 X 方向左右对称用两个 5T 手拉葫芦牵引,上游侧与机架 X 方向左右对称用两个 2T 葫芦拉住,防止大轴向上游退出时冲出轨道。

（5）当大轴向上游退到一定位置时（据上游吊点约 3 516 mm 处）,再挂好一条直径为 43 mm 的钢丝绳进行捆绑并与 2 个 30 t 手拉葫芦串联受力,作为下游侧主吊点,并做好防滑措施,即钢丝绳与大轴接触中间用木板或橡胶垫。

（6）利用手拉葫芦和门机吊钩高度来调整大轴拆吊水平度,调整水平后再向上游移动。

（7）用揽风绳将大轴旋转 90°,平稳向上起升至安装间摆放位置。

11.3.1.4　拆吊注意事项及安全措施

（1）现场施工人员要进行安全意识的防范教育,进入施工现场佩戴安全帽。交叉作业时,应进行合理安排。

（2）临时施工用电布置应合理,避免搭在设备上和交通过道上,工作场所布置一定数量的开关板,开关板上的开关要挂警示牌,以防止误操作。夜间施工应布置一定数量的灯具,以保证施工人员能够在有利的条件下施工。

（3）大件设备拆吊时注意保护好各工作面。起吊作业时应由专人统一指挥。

（4）施工人员在使用工具时,必须按照有关的安全规程和操作说明进行。

（5）在项目部、班、组建立三级安全检查制度,在项目部设立专职安全员,班、组设立兼职安全员。现场安全人员要随时进行检查,对不安全的隐患,制定相应的措施。

（6）安装吊具为高空作业,应系安全带并按有关高空作业安全规定执行。

（7）拆除螺栓时,所有工具应用绳吊牢,以防工具落下伤人。

12.3.2 主轴回装方案

12.3.2.1 现场施工条件要求及准备工作

（1）检查门机的所有机械部分、连接部件、各种保护装置及润滑系统等的安装,注油情况、其结果应符合要求;并清除轨道两侧所有杂物;钢丝绳端的固定应牢固,在卷筒、滑轮中缠绕方向应正确。

（2）检查行走机构的电动机转向是否正确,转速是否同步及抱闸工作情况。

（3）空载运转起升机构分别升、降往返三次,并检查电气和机械部分及抱闸是否正常。

（4）对参与此项工作的人员,进行专项安全技术交底,检查好钢丝绳、卸扣、手拉葫芦是否具备吊装条件。

（5）主轴吊装应具备条件。

当天天气符合拆吊条件。

（6）主轴吊装准备。

安装好主轴移动小车及上游处吊具。

12.3.2.2 主轴吊装参数

主轴机构共分件:主轴、推力轴承、导向轴承、水导轴承、轴承座、主轴操作油管及安装小车等。

12.3.2.3 主轴整体吊装及安装

对主轴机构吊装使用的起重设备进行一次全面检查,确保吊装设备的安全性能。

（1）安装好厂家到货的吊装工具后,检查吊装工具并按照《主轴吊装工具图》用螺栓把合紧度。

（2）相关人员配合司索将钢丝绳对折成两股,利用卸扣与主轴吊具相连。再将一条直径为43 mm的钢丝绳进行捆绑并与2个手拉葫芦串联受力,作为下游侧主吊点。做好防滑措施,即钢丝绳与大轴接触中间用木板或橡胶垫。

（3）主轴起吊前安装主轴移动装置时,在移动装置和主轴之间插入衬板,以便移动装置拧紧到导轴承上后主轴重量能支撑在移动装置上。

（4）主轴从安装间吊入框架盖板坑处。因为吊装水轮机主轴的空间狭窄,因此必须非常仔细地确保主轴和轴承的任何部位都不得与已经安装的任何部件相碰撞。

（5）主轴吊入发电机坑后,旋转90°,使主轴的轴线方向与水流方向一致。将主轴发电机侧放置在上游侧的支墩上,下游侧放置在移动轨道上,取下主轴中心位置的起吊钢丝绳,利用主轴移动装置将主轴向下游侧方向移动,就位。

(6) 主轴装到内壳体内安装位置后,必须固定。在主轴安装位置顶起主轴并调整安装支撑高度,取下用于防止吊装过程中移动的薄衬板,并完成轴承的最终安装。

(7) 顶起主轴,拆去主轴移动装置,而后降下主轴,将轴承支撑定位,用定位销和给定的扭矩拧紧导轴承。

12.3.3 组合轴承解体

(1) 主轴系统吊到安装间。

(2) 安装主轴系统支架。

(3) 加固安装主轴系统支架。

(4) 固定推力轴承支架。

(5) 拆卸轴承端盖。

(6) 拆卸推力轴承座。

(7) 推力轴承座解体。

(8) 拆除推力轴承支架。

(9) 解体导轴承座。

12.3.4 组合轴承回装

12.3.4.1 轴承轴瓦检查

将支撑主轴支架置于安装场地基础上,然后将主轴吊于支架上转动主轴上的与镜板连接的导向键槽位于轴上方,调整主轴水平,同时清扫主轴上轴承轴颈及两端法兰面。

12.3.4.2 正推力轴承组装

把轴承框架放支墩上,调整轴承框架水平度满足设计要求;将套筒、支柱螺栓及轴承座组装于轴承框架上,调整支柱螺栓高度。

把所有推力瓦放在支柱上,并且每块瓦均能自由活动,安装轴瓦的止推块或者限位块;安装测温电阻、油管和油槽等。

12.3.4.3 镜板组装

分瓣镜板组装在推轴颈后,检查组合面应无间隙,径向错牙符合设计要求,且按转动方向检查,后一块应低于前一块。

如镜板为整体,则采用热套法套入,加热方法根据厂家要求进行。

12.3.4.4 反推力轴承组装

将轴承支架置于支墩上,调整其水平度符合设计要求;安装推力瓦支柱座及支柱于轴承支架上,将全部反推瓦放置于支柱上,再将镜板置于瓦上,测量调整镜板水平度、镜板与轴承支架的相对高程应符合设计要求。将测温电阻按图纸设计要求布置在反推力瓦上。

12.3.4.5　轴承支架与导轴承组装

在轴颈处抹上猪油或凡士林,用于防锈及盘车时起润滑作用,将导轴承组装于主轴上,然后将支持环组装于轴承上。

用桥机吊起轴承支架于垂直位置,调整轴承支架水平满足设计要求;检查主轴水平度应符合要求。

吊轴承支架与支持环组装成一体,使反推轴瓦靠于镜板上,并用枕木临时支撑。

12.3.4.6　正、反推力轴承组装

将发导轴承向镜板方向推,使反推轴瓦与镜板靠拢,然后用桥机吊起正推轴承座与反推轴承座组装成一体,调整正推轴承调整螺栓,使正推瓦压紧镜板,以免主轴吊装时轴承移动。

12.3.4.7　发电机径向轴承安装

清扫并检查导轴瓦与主轴配合间隙使其符合设计要求。

先吊导轴瓦下半部于轴颈下软木上,再吊轴瓦上半部于轴颈上,同时采用临时固定措施,以免上半轴瓦滑动,然后再吊起下半轴瓦与之组合,组合时应保证绝对干净,以免损伤轴瓦,合缝检查应无间隙,旋转导轴瓦,使下半轴瓦朝上,与实际工作位置一致,检查导轴瓦与主轴配合间隙应符合设计要求。

12.3.4.8　大轴系统组装完毕后,安装专用吊装工具

12.3.5　其他检查

(1) 按规范对导承瓦面进行检查。

(2) 按规范对推力瓦面进行检查。

(3) 按规范对镜板进行检查。

第四节　调速器系统检修方案

12.4.1　修前的准备

12.4.1.1　严格执行《电力安全工作规程》

12.4.1.2　严格执行工作票管理制度,认真检查落实安全工作措施

12.4.1.3　备品备件

主供油阀 、阀门"O"型密封圈等

12.4.1.4　工具

内六角扳手、套筒扳手、梅花扳手、呆扳手、活动扳手、风动扳手、一字螺丝刀、十字螺丝刀、手锤、大锤、剪刀、三角刮刀、管钳、精磨油石、百分表、百分表架、游标卡尺、内径千分

尺、外径千分尺。

　　12.4.1.5　现场准备

　　（1）修前的机组甩负荷实验，记录机组最高转速（或频率）、导叶开度、调节过程时间、流道水压、尾水真空、轮叶与导叶协联。

　　（2）已做好检修安全措施，压油槽排气、排油、集油箱排油。

12.4.2　检修工序

　　（1）压力油罐卸压并将调速器油箱油排至油库。

　　（2）拆除相关管道。

　　（3）拆除主配压阀，进行清扫检查及密封更换，并对配压阀的基础进行复测，应符合要求，如在检查中发现问题应调整。

　　（4）检查并进行消缺处理。

　　（5）装复主供油阀进行耐压实验。

12.4.3　调速器检修、调试

　　（1）事故配压阀二段关闭阀解体检修、清洗、试验。

　　（2）主配压阀活塞、衬套、引导活塞、衬解体检修，处理；电转和直线位移转换器分解检修和处理。

　　（3）反馈机构、反馈钢丝检查，处理。

　　（4）机械过速系统检修调试。

　　（5）调速器机械部分试验及机电联调。

　　（6）调速器试验，机组甩负荷试验等。

12.4.4　压油泵检查

　　压油泵的主副螺杆无磨损，无毛刺，衬套内壁无磨损，表面光滑无划痕。测量主、从动螺杆的配合间隙符合图纸规定，无油泵装配后，转动灵活、无卡阻现象。

12.4.5　阀组解体检查

　　（1）各压力表、压力继电器校验合格，装复后接头不渗漏。

　　（2）油压装置调整试验。

　　（3）压油泵空载负载试验时，油泵运行平稳，无异音，不发热，振动小于 0.03 mm，油泵在额定油压工作时，油泵输油量符合设计要求。

　　（4）油压装置安全阀动作压力的测定（表 12-4）。

表 12-4 油压装置安全阀动作压力的测定

测试项目		
安全阀动作压力（M）	1#泵	开启
		全开
		关闭
	2#泵	开启
		全开
		关闭

（5）压油泵及阀组调试合格后油泵在自动、备用位置启动和停止时，阀组动作正常。

12.4.6 高压顶起油系统检查

（1）检查高顶动作压力值。

（2）检查高顶系统安全阀动作压力值。

（3）检查两台高顶泵动作压力值是否同步。

（4）清扫、检查高顶油泵进油口滤芯。

（5）检查导轴瓦面压力油池。

（6）管路检查。

（7）其他检查。

第五节　机组冷却水系统检修及油冷器、空冷器检查处理方案

12.5.1 水冲洗

12.5.1.1 质量保证项目

（1）工作介质为液体的管道，水冲洗的技术要求和结果，应符合《工业金属管道工程施工及验收规范》GB 50235 的相关规定。

检验方法：检查冲洗记录和水质分析报告。

检查数量：应全部检查。

（2）水冲洗合格的管道在投入运行前，其保持措施应符合《工业金属管道施工规范》GB 50235 的相关规定。

检查方法：检查系统封闭记录。

检查数量：应全部检查。

12.5.1.2 水冲洗工序流程

（1）确认机组停机，排干冷却水系统的冷却水。

（2）重新加入足够的水至循环水位。

（3）按一定用量加入冷却水系统管路除垢剂（未定）。

（4）冲洗时，宜采用最大流量，流量不低于 1.5 m/s，循环不低于 15 min。

（5）排放水应引入可靠的排水井或沟中，排放管的截面积不得小于被冲洗管截面积的 60%。排水时，不得形成负压。

（6）管道的排水支管应全部冲洗。

（7）水冲洗应连续进行，以排出口的水色和透明度与入口水目测一致为合格。

（8）当管路经水冲洗合格后暂时不运行时，应将水排净。

12.5.2 拆管及其附属设备的检查

（1）关闭上、下游检修闸门，排空流道内的水。

（2）确认冷却水系统无压并没有水。

（3）拆除冷却水泵、电机、油水冷却器、流道盖板上和竖井内的所有冷却水管路及其仪表等附属设备。

（4）松开流道盖板的连接螺栓，并将其吊出。

（5）开流道盖板进人孔，清理表面冷却器之间的淤泥、杂物等。

（6）拆除 4 节表面冷却器之间的连接管，并将其依次吊出。

（7）搭建脚手架，按顺序松开表面冷却器的全部固定的螺栓，并从上依次吊出 4 节表面冷却器。

（8）拆卸管路时，应该标记管路两法兰的原始对接位置，并依次将吊出设备摆放在指定的位置，并做好相应的顺序记录。

（9）拆除的管路、油水冷却器及仪表的接头处用干净的白布包扎好。

12.5.3 管路、表面冷却器和空气冷却器进行局部冲洗

12.5.3.1 对管路进行局部清洗

（1）对每个拆除的管路进行局部检查脏污程度，对不符合要求的进行局部清洗。

（2）清洗前应检查管道支、吊架的牢固程度，必要时予以加固。

（3）与清水按一定的比例加入除垢剂，外接水泵进行连续冲洗 15 min。

（4）排净清洗液，用水冲洗应连续进行，以排出口的水色和透明度与入口水目测一致为合格。

（5）当管路经水冲洗后暂时不运行时，应将水排净，并应及时吹干，并用白布包扎好管接头。

12.5.3.2 表面冷却器的局部冲洗

(1) 对每节拆除的表面冷却器进行脏污程度局部检查,对不符合要求的进行局部清洗。

(2) 其他工序同管路的局部清洗。

12.5.3.3 空气冷却器、油冷却器进行局部拆洗

(1) 抽芯清扫,对紫铜管内壁用小瓶刷进行擦洗,外壁用破布擦拭干净,最后用清水冲洗。

(2) 各承管板的密封圆盘根及石棉垫进行换新,其垫的厚度应与原规格相同。

(3) 当管路经水冲洗后暂时不运行时,应将水排净,并应及时吹干,并用干净的白布包扎好管接头。

12.5.4 局部设备压力试验

(1) 空气冷却器试压:冲入清水至空气冷却器到 0.5 MPa 的压力,保压 1 h,检查是否有渗漏。

(2) 分别对 4 节表面冷却器试压:冲入清水至空气冷却器到 0.5 MPa 的压力,保压 1 h,检查是否有渗漏。

12.5.5 管路的回装

(1) 空气交换器及其附属管路的回装。

(2) 表面冷却器回装,并将表面冷却器与进人孔竖井、定子、管型座连接把合。

(3) 检查绝缘电阻。

(4) 接 4 个表面冷却器之间的连接管。

(5) 装表面冷却器流道盖板。

(6) 表面冷却器以上及其竖井内的所有管路、管子连接处必须严密。

(7) 换新密封圆盘根及石棉垫,其垫的厚度应与原规格相同。

(8) 对所有管子、法兰和其他金属部件进行防锈处理。

(9) 检查所有管路的严密性和完整性。

(10) 有间断时,应及时封闭敞开的管路。

12.5.6 试验

(1) 对整个冷却水系统进行冲水建压到 0.5 MPa,期间并定期排气。

(2) 保压 1 h,检查测压仪表是否有明显的下降,并检查所有管接头法兰之间有无渗水。

附　录

附一　管道的简介

附.1.1　工业管道的分类和分级

工业管道通常按介质的压力、温度、性质分类,亦可按管道材质、温度和压力分类。

附.1.1.1　按介质压力分类

根据《工业金属管道工程施工及验收规范》GB 50235—1997 的规定,分为真空管道、低压管道、中压管道、高压管道四级,见附表-1。

附表-1　管道的压力分级

级别名称	压力 P(MPa)
真空管道	<0
低压管道	$0 \leqslant P \leqslant 1.6$
中压管道	$1.6 < P \leqslant 10$
高压管道	>10

亦可将真空管道与低压管道合并,分为低压、中压、高压、超高压管道四种,见附表-2。

附表-2　工业件道按介质压力分类

序号	分类名称	压力 PN(MPa)
1	低压管道	<2.5
2	中压管道	$4 \sim 6.4$
3	高压管道	$10 \sim 100$
4	超高压管道	>100

管道在介质压力作用下,应满足以下主要要求。

具有足够的机械强度,管道所用管材和管路附件,以及接头构造,在介质压力作用下均须安全可靠。特别是高压管道,还会产生振动。因此对高压管道还必须处理好防展加固问题。

具有可靠的密封性,保证管道和管路附件以及连接接头在介质压力作用下严密不漏,这就必须正确地选择连接方法和密封材料,合理地进行施工安装。

附.1.1.2　按介质温度分类

根据管道工作温度的不同分为常温、低温、中温、高温管道,见附表-3。

附表-3　工业管道按介质温度分类

序号	分类名称	介质工作温度 t（℃）
1	常温管道	−40～120
2	低温管道	−40 以下
3	中温管道	121～450
4	高温管道	450 以上

管道在介质温度作用下,应满足以下主要要求。

（一）管材耐热的稳定性。管材在介质温度的作用下必须独定可靠。对于同时承受介质温度和压力作用的管道,必须从耐热性和机械强度两个方面满足工作条件的要求。

（二）管道热应变的补偿。管道在介质温度和外界温度变化作用下,将产生热变形,并使管道承受热应力的作用。因此输送热介质的管道应设补偿器,以便吸收管道的热变形,减少管道的热应力。

（三）管道的绝热保温。为了减少管道的热交换和温差应力,输送热介质和冷介质的管道,管道外壁应设绝热层。

附.1.1.3　按介质性质分类

按介质的性质如腐蚀性、化学危险性、凝固性的不同,共分为汽水介质管道、腐蚀性介质管道、化学危险品介质管道、易凝固沉淀介质管道、含有粒状物料介质管道五类。

附.1.1.4　按管道材质、温度、压力综合分类

这种分类方法是基于对管道工作状态的可靠性和介质的危险性的一种分类方法,共分为五类(附表-4)。

附表-4 管道材质、介质温度和压力分类

材质	工作温度/（℃）	工作压力（MPa）				
		Ⅰ	Ⅱ	Ⅲ	Ⅳ	Ⅴ
碳钢 合金钢 不锈钢 铝及铝合金 铜及铜合金	≤370	>32	>10～32	>4～10	>1.6～4	≤1.6
	>370	>10	>4～10	>1.6～4	≤1.6	
	≤−70 或≥450	任意	—	—	—	
	−70～450	>10	>4～10	1.6～4	≤1.6	
	任意	—	—	—	≤1.6	
	任意	>10	>4～10	>1.6～4	≤1.6	

附.1.2 管道工程常用符号、代号、图例

附.1.2.1 管道工程文字符号和介质类别代号,常用文字符号,见附表-5。

附表-5 管道工程常用符号

序号	名称	符号	序号	名称	符号
1	管子外径	D_w、d_w	26	水力半径	R
2	管子内径	D_n d_n	27	功	$W(A)$
3	直径	D、d	28	功率	P
4	公称直径	DN	29	转速	N
5	管子截面半径	R、r	30	效率	η
6	力	F	31	平面角	α、β、γ、θ、ϕ
7	压力	P	32	长度	L、l
8	公称压力	PN	33	宽	B、b
9	应力	σ	34	厚	$S(d、b、t)$
10	许用应力	$[\sigma]$	35	高	H、h
11	力矩	M	36	容积	V
12	弯矩	W、M	37	面积	A、F、S
13	截面二次矩	Ia	38	时间	T
14	截面系数	W	39	质量	M
15	弹性模量	E	40	密度	ρ
16	流速	V、v、w	41	质量体积(比容)	V
17	流量	Q、G、q	42	热量	Q
18	扬程	H	43	焓	i、h
19	水头损失	H、h	44	温度	t、T、τ
20	水力坡降	I、i	45	热导率	λ、κ
21	运动黏度	υ	46	[动力]黏度	η、(μ)
22	雷诺数	Re	47	摩擦阻力系数	λ
23	局部阻力系数	ξ	48	流量系数	μ
24	谢才系数	c	49	纯膨胀系数	Al
25	体积膨胀系数	$\alpha\upsilon$、γ	50	传热系数	K

对钢管或有色金属管,管径的标注应采用"外径×壁厚"标注,如$\phi108×4$,$\phi32×3$,其中ϕ允许省略。对低压流体输送钢管、铸铁管、塑料管等其他管子,应采用公称通径"DN"标注。

附.1.3　管子和管路附件的公称直径

管子和管路附件的公称直径按 GB 1047 规定,以 Lin＝0.025 4 mm 计算,列于附表-6。

附表-6　管子、管路的公称直径及其相应的管螺纹

公称直径(DN)(mm)	相应的管螺纹(in)	公称直径(DN)(mm)	相应的管螺纹(in)	公称直径(DN)(mm)	相应的管螺纹(in)
1	—	10	3/8	65	2 1/2
2	—	15	1/2	80	3
3	—	20	3/4	100	4
4	—	25	1	125	5
5	—	32	1 1/4	150	6
6	—	40	1 1/2	175	7
8	1/4	50	2	200	8
225	9	900	—	2 200	—
250	10	1 000	—	2 400	—
300	12	1 100	—	2 600	—
350	—	1 200	—	2 800	—
400	—	1 300	—	3 000	—
450	—	1 400	—	3 200	—
500	—	1 500	—	3 400	—
600	—	1 600	—	3 600	—
700	—	1 800	—	3 800	—
800	—	2 000	—	4 000	—

附二　常用阀门的结构和原理

附.2.1　阀门的型号及类别意义

阀件的型号由六个单元组成,用来表示阀件的类别、驱动方式、连接形式和结构形式、密封圈或衬里材料、公称压力以及阀体材料附图-1。各单元的排列顺序及表示的意义如下。

第一单元用汉语拼音字母表示阀件类别,代号如附表-7所示。

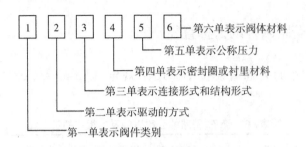

第一单表示阀件类别
第二单表示驱动的方式
第三单表示连接形式和结构形式
第四单表示密封圈或衬里材料
第五单表示公称压力
第六单表示阀体材料

附图-1　阀件各单元的排列顺序及表示的意义

附表-7　阀件类别及代号

阀门类别	闸阀	截止阀	止回阀	旋塞阀	减压阀	球阀	电磁阀	安全阀	调节阀	隔膜阀	蝶阀	节流阀
代号	Z	J	H	X	Y	Q	ZCLF	A	T	G	D	L

第二单元用一个阿拉伯数字表示阀件的驱动方式,代号见附表-8。

附表-8　阀件驱动方式及代号

驱动种类	蜗轮传动的机械驱动	正齿轮传动的机械驱动	伞齿轮传动的机械驱动	气动驱动	液压驱动	电磁驱动	电动机驱动
代号	3	4	5	6	7	8	9

第三单元第一部分用一位阿拉伯数字表示阀件的连接形式,代号见附表-9。

附表-9　阀件连接形式及代号

连接形式	内螺纹	外螺纹	法兰	法兰	法兰	焊接	对夹
代号	1	2	3	4	5	6	7

注:法兰连接代号3仅用于双弹簧安全阀,代号5仅用于杠杆安全阀,代号4代表单弹簧安全阀及其他类别阀门。

第三单元第二部分用阿拉伯数字表示结构形式,代号见附表-10。

附表-10　阀件结构型式及代号

类别	代号									
	1	2	3	4	5	6	7	8	9	10
闸阀	明杆楔式单闸板	明杆楔式双闸板	明杆平行式单闸板	明杆平行式双闸板	暗杆楔式单闸板	暗杆楔式双闸板	暗杆平行式单闸板	暗杆平行式双闸板		
截止阀	直通式(铸造)	直角式(铸造)	直通式(锻造)	直通式(锻造)	直流式		隔膜式	节流式	其他	
旋塞	直通式	调节式	直通填料式	三通填料式	保温式	三通保温式	润滑式	三通润滑式	液面指示器	

类别	代号									
	1	2	3	4	5	6	7	8	9	10
止回阀	直通升降式	立式升降式	直通升降式	单瓣旋启式	多瓣旋启式					
减压阀	外弹簧薄膜式	内弹簧薄膜式	膜片活塞式	波纹管式	杠杆弹簧式	气热薄膜式				
弹簧式	封 闭				不 封 闭				带散热器微启式	带散热器全启式
安全阀	微启式	全启式	带扳手微启式	带扳手全启式	微启式	全启式	带扳手微启式	带扳手全启式		
杠杆式安全阀	单杠杆微启式	单杠杆全启式	双杠杆微启式	双杠杆全启式		脉冲式				
调节阀	薄膜弹簧式				薄膜杠杆式		活塞弹簧式		浮子式	
	带散热片气开式	带散热片气关式	不带散热片气开式	不带散热片气关式	阀前	阀后	阀前	阀后		

第四单元用汉语拼音字母表示阀件的密封圈材料或衬里材料。代号见附表-11。

第五单元直接用公称压力的数值表示,并用短线与前五单元隔开。阀件的公称压力为:0.1、0.2、0.5、0.6、1.0、1.6、2.5、4.0、6.4、10.0、16.0、20.0、32.0 MPa。

第六单元用汉语拼音字母表示阀体材料,代号见附表-12。对于 $PN<1.6$ MPa 的灰铸铁阀体和 $PN>2.5$ MPa 的碳素钢阀体,则省略本单元。

附表-11 阀件密封圈或衬里材料及代号

密封圈或衬里材料	代号	密封圈或衬里材料	代号
铜(黄铜或青铜)	T	橡胶	X
耐酸钢或不锈钢	H	衬胶	J
渗氮钢	D	酚醛塑料	SD
巴氏合金	B	聚四氟乙烯	SA
硅铁	G	无密封圈	W
硬铅	Q	衬胶	J
蒙乃尔合金(镍铜合金)	M	衬铅	Q
渗硼钢	P	衬塑料	S
硬氏合金	Y	搪瓷	TC
尼龙	NS	石墨石棉(层压)	S

附表-12　阀件材料及代号

阀体材料	铸铁	可锻铸铁	球墨铸铁	铸铜	碳钢	硅铁	铬镍钛钢	316不锈钢
代号	Z	K	Q	T	C	S	P	R

附三　水电站有限空间作业的安全控制及防护

近年来,伴随着国务院及各级安委办对事故警示通报的内容可知,"有限空间作业"已然是各级安全管理的侧重点,是安全隐患排查难点,也是日常容易疏忽的环节。由于水电站机电安装多是在封闭或者半封闭环境中作业,且有着使用化学物品较多、地处潮湿环境作业等特点,本书特在附录中增加相关章节,意在增强认识,减少安全事故发生。

附.3.1　有限空间作业安全基础知识

附.3.1.1　有限空间定义

有限空间是指封闭或部分封闭、进出口受限但人员可以进入,未被设计为固定工作场所,通风不良,易造成有毒有害、易燃易爆物质积聚或氧含量不足的空间。有限空间一般具备以下特点。

(一)空间有限,与外界相对隔离。有限空间是一个有形的,与外界相对隔离的空间。有限空间既可以是全部封闭的,如各种检修排水井,也可以是部分封闭的,如高位水池等(附图-2)。

(a)全部封闭有限空间　　　　(b)部分封闭有限空间

附图-2　有限空间进出口受限但人员可以进入

(二)进出口受限或进出不便,但人员能够进入开展有关工作。有限空间限于本身的体积、形状和构造,进出口一般与常规的人员进出通道不同,大多较为狭小,如直径80 cm的井口或直径60 cm的入孔;或进出口的设置不便于人员进出,如转轮室内、尾水管、灯泡头、水机室等部位。虽然进出口受限或进出不便,但人员可以进入其中开展工作。如果开口尺寸或空间体积不足以让人进入,则不属于有限空间,如仅设有油压装置气罐、油槽箱等(附图-3)。

(三)未按固定工作场所设计,人员只是在必要时进入有限空间进行临时性工作(附图-3)。有限空间在设计上未按照固定工作场所的相应标准和规范,考虑采光、照明、通风和新风量等要求,建成后内部的气体环境不能确保符合安全要求,人员只是在必要时进入

（a）直径 80 cm 的井口或直径 60 cm 的入孔　　　（b）设有观察孔的储罐

附图-3　有限空间进出口受限但人员可以进入

进行临时性工作。或者通风不良,易造成有毒有害、易燃易爆物质积聚或氧含量不足。有限空间因封闭或部分封闭、进出口受限且未按固定工作场所设计,内部通风不良,容易造成有毒有害、易燃易爆物质积聚或氧含量不足,产生中毒、燃爆和缺氧风险。

附.3.2　有限空间的分类

有限空间分为地下有限空间、地上有限空间和密闭设备 3 类。

附.3.2.1　地下有限空间,如地下室、地下管沟、暗沟、隧道、深基坑等,如附图-4 所示。

（a）电力电缆井　　　　　　（b）深基坑和地下管沟　　　　　　（c）污水处理池

附图-4　地下有限空间

附.3.2.2　地上有限空间,如油罐、油箱等,如附图-5 所示。

（a）油罐

附图-5　地上有限空间

附.3.2.3 密闭设备,如灯泡头、发电机内部、油槽、水机室、管道等。

附.3.3 有限空间作业定义和分类

有限空间作业,是指人员进入有限空间实施作业。常见的有限空间作业主要有:清除、清理作业,如进入集水井进行疏通,进入管沟电缆沟清理等。设备设施的安装、更换、维修等作业,如进入水机室内、发电机室内、或者进入油槽油罐内更换设备等。涂装、防腐、防水、焊接等作业,如在储罐内进行防腐作业、在船舱内进行焊接作业等。

作业可分为经常性作业和偶发性作业。

附.3.3.1 经常性作业指有限空间作业是单位的主要作业类型,作业量大、作业频次高。例如,从事电站内部运维、巡检等作业,到机组内部巡检就属于单位的经常性作业。

附.3.3.2 偶发性作业指有限空间作业仅是单位偶尔涉及的作业类型,作业量小、作业频次低。例如安装检修过程中在机组内部作业、对密封罐、管道等有限空间进行清洗就属于单位的偶发性作业。

按作业主体划分,有限空间作业可分为自行作业和发包作业。

附.3.3.3 自行作业指由本单位人员实施的有限空间作业,通常为电站自行组织的作业。

附.3.3.4 发包作业指将作业进行发包,由承包单位实施的有限空间作业,如检修、安装等。

附.3.4 有限空间作业主要安全风险

有限空间作业存在的主要安全风险包括中毒、缺氧窒息、燃爆、淹溺、高处坠落、触电、物体打击、机械伤害、灼烫、坍塌、掩埋、高温高湿等。在某些环境下,上述风险可能共存,并具有隐蔽性和突发性。

附.3.4.1 中毒

有限空间内存在或积聚有毒气体,作业人员吸入后会引起化学性中毒,甚至死亡。有限空间中有毒气体可能的来源包括:有限空间内存储的有毒物质的挥发,有机物分解产生的有毒气体,进行焊接、涂装等作业时产生的有毒气体,相连或相近设备、管道中有毒物质的泄漏等,有毒气体主要通过呼吸道进入人体,再经血液循环,对人体的呼吸、神经、血液等系统及肝脏、肺、肾脏等脏器造成严重损伤。引发有限空间作业中毒风险的典型物质有:硫化氢、一氧化碳、苯和苯系物、氰化氢、磷化氢等。

附.3.4.2 缺氧窒息

空气中氧含量的体积分数约为 20.9%,氧含量低于 19.5% 时就是缺氧。缺氧会对人体多个系统及脏器造成影响,甚至使人致命。空气中氧气含量不同,对人体的影响也不同(附表-13)。

附表-13 不同氧气含量对人体的影响

氧气含量(体积浓度)/%	对人体的影响
15～19.5	体力下降,难以从事重体力劳动,动作协调性降低,易引发冠心病、肺病等
12～15	呼吸加重,频率加快,脉搏加快,动作协调性进一步降低,判断能力下降
10～12	呼吸加重、加快,几乎丧失判断能力,嘴唇发紫
8～10	精神失常,昏迷,失去知觉,呕吐,脸色死灰
6～8	4～5 min 通过治疗可恢复,6 min 后 50% 致命,8 min 后 100% 致命
4～6	40 s 内昏迷、痉挛、呼吸减缓、死亡

有限空间内缺氧主要有两种情形:一是由于生物的呼吸作用或物质的氧化作用,有限空间内的氧气被消耗导致缺氧;二是有限空间内存在二氧化碳、甲烷、氮气、氩气、水蒸气和六氟化硫等单纯性窒息气体,排挤氧空间,使空气中氧含量降低,造成缺氧。引发有限空间作业缺氧风险的典型物质有二氧化碳、甲烷、氮气、氩气等。水电站中易发生事故在清洗压力油槽、油箱过程中二氧化碳(CO_2)增多,造成缺氧窒息。

二氧化碳是引发有限空间环境缺氧最常见的物质。其来源主要为空气中本身存在的二氧化碳以及在生产过程中作为原料使用以及有机物分解、发酵等产生的二氧化碳。当二氧化碳含量超过一定浓度时,人的呼吸会受影响。吸入高浓度二氧化碳时,几秒内人会迅速昏迷倒下,更严重者会出现呼吸、心跳停止及休克,甚至死亡。

附.3.4.3 燃爆

有限空间中积聚的易燃易爆物质与空气混合形成爆炸性混合物,若混合物浓度达到其爆炸极限,遇明火、化学反应放热、撞击或摩擦火花、电气火花、静电火花等点火源时,就会发生燃爆事故。

有限空间作业中常见的易燃易爆物质有乙炔漏气造成的燃爆。

附.3.4.4 其他安全风险

有限空间内还可能存在淹溺、高处坠落、触电、物体打击、机械伤害、灼烫、坍塌、掩埋和高温高湿等安全风险。

(一)淹溺

水电站闸门或者冲水阀突然提起,造成排水系统无法正常排除,作业过程中突然涌入大量水,或者密封门系统失效,充水过程中不断上涨,引发水淹厂房等事故。以及作业人员因发生中毒、窒息、受伤或不慎跌入水中或者油中,都可能造成人员淹溺。发生淹溺后人体常见的表现有:面部和全身青紫、烦躁不安、抽筋、呼吸困难、吐带血的泡沫痰、昏迷、意识丧失、呼吸心搏停止。

(二)高处坠落

许多有限空间进出口距底部超过 2 m,一旦人员未配戴有效坠落防护用品,在进出有限空间或作业时有发生高处坠落的风险。高处坠落可能导致四肢、躯干、腰椎等部位受冲击而造成重伤致残,或是因脑部或内脏损伤而致命。

(三)触电

有限空间作业过程中使用电钻、电焊等设备可能存在触电的危险。当通过人体的电流超过一定值(感知电流)时,人就会产生痉挛,不能自主脱离带电体;当通过人体的电流超过 50 mA,就会使人呼吸和心脏停止而死亡。

（四）物体打击

有限空间外部或上方物体掉入有限空间内,以及有限空间内部物体掉落,可能对作业人员造成人身伤害。

（五）机械伤害

有限空间作业过程中可能涉及机械运行,如未实施有效关停,人员可能因机械的意外启动而遭受伤害,造成外伤性骨折、出血、休克、昏迷,严重的会直接导致死亡。

（六）灼烫

有限空间内存在的燃烧体、高温物体、化学品(酸、碱及酸碱性物质等)、强光、放射性物质等因素可能造成人员烧伤、烫伤和灼伤。

（七）坍塌

有限空间在外力或重力作用下,可能因超过自身强度极限或因结构稳定性破坏而引发坍塌事故。人员被坍塌的结构体掩埋后,会因压迫导致伤亡。

（八）掩埋

当人员进入粮仓、料仓等有限空间后,可能因人员体重或所携带工具重量导致物料流动而掩埋人员,或者人员进入时未有效隔离,导致物料的意外注入而将人员掩埋。人员被物料掩埋后,会因呼吸系统阻塞而窒息死亡,或因压迫、碾压而导致死亡。

（九）高温高湿

作业人员长时间在温度过高、湿度很大的环境中作业,可能会导致人体机能严重下降。高温高湿环境可使作业人员感到热、渴、烦、头晕、心慌、无力、疲倦等不适感,甚至导致人员发生热衰竭、失去知觉或死亡。

附.3.5　有限空间作业主要安全风险辨识

附.3.5.1　气体危害辨识方法

对于中毒、缺氧窒息、气体燃爆风险,主要从有限空间内部存在或产生、作业时产生和外部环境影响 3 个方面进行辨识。

（一）内部存在或产生的风险

1. 有限空间内是否储存、使用、残留有毒有害气体以及可能产生有毒有害气体的物质,导致中毒。

2. 有限空间是否长期封闭、通风不良,或内部发生生物有氧呼吸等耗氧性化学反应,或存在单纯性窒息气体,导致缺氧。

3. 有限空间内是否储存、残留或产生易燃易爆气体,导致燃爆。

（二）作业时产生的风险

1. 作业时使用的物料是否会挥发或产生有毒有害、易燃易爆气体,导致中毒或燃爆。

2. 作业时是否会大量消耗氧气,或引入单纯性窒息气体,导致缺氧。

3. 作业时是否会产生明火或潜在的点火源,增加燃爆风险。

（三）外部环境影响产生的风险与有限空间相连或接近的管道内单纯性窒息气体、有毒有害气体、易燃易爆气体扩散、泄漏到有限空间内，导致缺氧、中毒、燃爆等风险。对于中毒、缺氧窒息和气体燃爆风险，使用气体检测报警仪进行有针对性的检测是最直接有效的方法。

附.3.5.2 其他安全风险辨识方法

（一）对淹溺风险，应重点考虑有限空间内是否存在较深的积水，作业期间是否可能遇到强降雨等极端天气导致水位上涨。

（二）对高处坠落风险，应重点考虑有限空间深度是否超过 2 m，是否在其内进行高于基准面 2 m 的作业。

（三）对触电风险，应重点考虑有限空间内使用的电气设备、电源线路是否存在老化破损。

（四）对物体打击风险，应重点考虑有限空间作业是否需要进行工具、物料传送。

（五）对机械伤害，应重点考虑有限空间内的机械设备是否可能意外启动或防护措施失效。

（六）对灼烫风险，应重点考虑有限空间内是否有高温物体或酸碱类化学品、放射性物质等。

（七）对坍塌风险，应重点考虑处于在建状态的有限空间边坡、护坡、支护设施是否出现松动，或有限空间周边是否有严重影响其结构安全的建（构）筑物等。

（八）对掩埋风险，应重点考虑有限空间内是否存在谷物、泥沙等可流动固体。

（九）对高温高湿风险，应重点考虑有限空间内是否温度过高、湿度过大等。

附.3.6 常见有限空间作业主要安全风险辨识示例

常见有限空间作业主要安全风险辨识示例见附表-14。

附表-14 常见有限空间作业主要安全风险辨识示例

有限空间种类	有限空间	作业可能存在的主要安全风险
地下有限空间	尾水管、进、尾水流道	淹溺、高处坠落
	各处进人井	高处坠落、触电
	灯泡头内及发电机内	缺氧、高处坠落、高温高湿、灼烫
	检修井、渗漏井	缺氧、可燃性气体爆炸、高处坠落、淹溺
	水机室	可燃性气体爆炸、高处坠落
	预埋基坑	高处坠落、坍塌
地上有限空间	高位水池、消防水池	高处坠落、淹溺
	管廊道、电缆廊道	缺氧、中毒、高处坠落、触电
	油库及油处理室	缺氧、中毒、爆炸、高处坠落
密闭设备	各种油罐、油槽、油箱	缺氧、中毒
	油压装置气罐	缺氧、气体爆炸、高处坠落

附.3.7　安全器具

附.3.7.1　通风设备

移动式轴流风机(附图-6)是对有限空间进行强制通风的设备,通常有送风和排风两种通风方式。使用时应注意:移动式风机应与风管配合使用。使用前应检查风管有无破损,风机叶片是否完好,电线有无裸露,插头有无松动,风机能否正常运转,常用的轴流风机需要增加外罩。

附图-6　移动式轴流风机和风管

附.3.7.2　照明设备

当有限空间内照度不足时,应使用照明设备。有限空间作业常用的照明设备有头灯、手电(附图-7)等。使用前应检查照明设备的电池电量,保证作业过程中 能够正常使用。有限空间内使用照明灯具电压应不大于 24 V,在积水、结露等潮湿环境的有限空间和金属容器中作业,照明灯具电压应不大于 12 V。

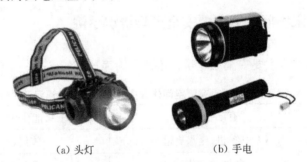

（a）头灯　　　　　　　　（b）手电

附图-7　照明设备

附.3.7.3　通信设备

当作业现场无法通过目视、喊话等方式进行沟通时,应使用对讲机(附图-8)等通信设备,便于现场作业人员之间的沟通。

附图-8　对讲机

附.3.7.4　围挡设备和警示设施

有限空间作业过程中常用的围挡设备如附图-9 所示，常用的安全警示标志或安全告知牌如附图-10 所示。

附图-9　围挡设备

附图-10　安全警示标志或安全告知牌

后 记

本书仅对一般机组的工艺流程作介绍,仅作为经验介绍和思路引导。伴随着特大型贯流式机组的不断应用,不同厂家设计中的发电机结构、水轮机结构也不尽相同,安装方法和顺序也会随之进行调整。本书以灯泡贯流式机组为例,同时介绍了竖井贯流式、轴伸贯流式机组的安装调试技术,出于应用角度,对于全贯流式机介绍组篇幅太少,今后伴随着技术的成熟应用,安装和检修内容将不断升级、精细。

伴随着水力机械设计加工能力的逐步提高,机组生产工艺的不断进步,大型立车、立镗开始数字化操作,个别部件采用机械人焊接,3D 技术打印的进一步推广,都会使得越来越多的部件在场内实现整体加工成型完成装配,精度得到了更好的保障,工地现场的装配工作趋于减少。因为新技术的成熟推广,更多的新材料被应用在传统行业中,密封材料也在不断进步。在接力器、受油器等关键部件使用高油压装配缩小设备尺寸,改善设备空间,已经成为了一种新的发展方向,进而实现了轴流式转轮轮毂无油化,极大地减少了运行成本,减小转轮轮毂比后使用效率提升,推行到灯泡贯流式机组转轮改造方向。同时随着 GPS 技术和 RS 技术不断普及,新兴的测量技术不断地被推到工程技术领域。传统的水准仪、水平仪和经纬仪等测量仪器,正逐渐被全站仪、光电水准仪、无人机测量等逐步取代。检测仪器的日益更新,向便携式、数字化、精细化、网络化过渡。

此外,灯泡贯流式水轮发电机技术逐步向其他相近领域外延拓展,作为灯泡贯流机组的替代产品,更多形式的贯流机组凭借着其电机小,重量轻的特点,将在低水头电站中得到更为广泛的应用,此外双向灯泡贯流式机组和全贯流机组还将在潮汐电站中投入研究。此外,作为流量大、水力损失小、低扬程的泵站选型,我国在南水北调东线率先使用了灯泡贯流式泵站,在超低扬程泵站中选用了竖井贯流式泵站。这些都是伴随着灯泡贯流式水轮发电机组技术成熟后衍生的产物,今后仍将在多个领域、不同地域推广使用。

水电站机电安装和检修是一项系统性的工程,不同于其他行业的情况,对于工艺及技术有很高的要求,水轮发电机组的安装、检修,已经发展成了一门既有理论又有实践的、综合性很强的专门学科。随着水电事业的发展和科学技术的进步,机组安装、检修中的新工艺、新材料、新技术还在不断出现,这门学科也就在不断地发展和丰富。做好技术分析,严格管理安装质量,对保证水电站工程的顺利实施,保证机电设备的安装效果具有非常重要的意义。

编 者

2022 年春于广州